Periodensystem der Elemente

W0473646

Hauptgruppenelemente

Periode	Gruppe I	II	III	IV	V	VI	VII	VIII
1	1,0079 H 1							4,0026 He 2
2	6,941 Li 3	9,0122 Be 4	10,811 B 5	12,011 C 6	14,0067 N 7	15,9994 O 8	18,9984 F 9	20,179 Ne 10
3	22,9898 Na 11	24,305 Mg 12	26,9815 Al 13	28,086 Si 14	30,9738 P 15	32,064 S 16	35,453 Cl 17	39,948 Ar 18
4	39,102 K 19	40,08 Ca 20	69,72 Ga 31	72,59 Ge 32	74,916 As 33	78,96 Se 34	79,909 Br 35	83,80 Kr 36
5	85,47 Rb 37	87,62 Sr 38	114,82 In 49	118,69 Sn 50	121,75 Sb 51	127,60 Te 52	126,9044 I 53	131,30 Xe 54
6	132,905 Cs 55	137,34 Ba 56	204,37 Tl 81	207,19 Pb 82	208,980 Bi 83	209 Po 84	210 At 85	222 Rn 86
7	223 Fr 87	226 Ra 88						

Metalle **Halbmetalle** **Nichtmetalle**

Nebengruppenelemente

Periode	Gruppe III	IV	V	VI	VII	VIII a	VIII b	VIII c	I	II
4	44,956 Sc 21	47,90 Ti 22	50,942 V 23	51,996 Cr 24	54,938 Mn 25	55,847 Fe 26	58,9332 Co 27	58,71 Ni 28	63,54 Cu 29	65,37 Zn 30
5	88,905 Y 39	91,22 Zr 40	92,906 Nb 41	95,94 Mo 42	99 Tc 43	101,07 Ru 44	102,905 Rh 45	106,4 Pd 46	107,870 Ag 47	112,40 Cd 48
6	138,91 La 57	178,49 Hf 72	180,948 Ta 73	183,85 W 74	186,2 Re 75	190,2 Os 76	192,2 Ir 77	195,09 Pt 78	196,967 Au 79	200,59 Hg 80
7	227 Ac 89	260 Rf 104	262,114 Db 105	263,1 Sg 106	262,12 Bh 107	265 Hs 108	266 Mt 109			

Lanthanoide

140,12 Ce 58	140,907 Pr 59	144,24 Nd 60	145 Pm 61	150,35 Sm 62	151,96 Eu 63	157,25 Gd 64	158,924 Tb 65	162,50 Dy 66	164,930 Ho 67	167,26 Er 68	168,934 Tm 69	173,04 Yb 70	174,97 Lu 71

Actinoide

232,038 Th 90	231 Pa 91	238,03 U 92	237 Np 93	244 Pu 94	243 Am 95	247 Cm 96	247 Bk 97	251 Cf 98	254 Es 99	257 Fm 100	256 Md 101	259 No 102	260 Lr 103

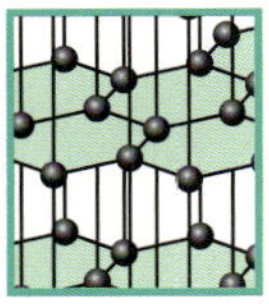

I. Einführung in die organische Chemie ... 7

II. Kohlenwasserstoffe ... 15

III. Chemische Reaktionen der Kohlenwasserstoffverbindungen .. 39

IV. Sauerstoffhaltige organische Verbindungen 57

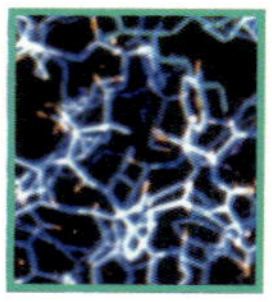

V. Chemie der Biomoleküle 85

VI. Maßgeschneiderte Stoffe in Technik und Alltag 105

VII. Aromatische Verbindungen 129

Das Buch deckt für die Wahlpflichtfächergruppe I den gesamten Lernstoff in Klasse 9, 2. Halbjahr, und Klasse 10 bzw. für die Wahlpflichtfächergruppen II/III den Stoff der Klasse 10 ab. Die nicht besonders gekennzeichneten Seiten wenden sich an Schüler und Schülerinnen aller Gruppen. Inhalte, die in Gruppe I zusätzlich oder vertieft behandelt werden, haben in der Überschrift ein Sternchen und sind mit einem ganzseitigen türkisen Raster unterlegt.

Grundwissen

A1 Aufgabe

V1 weniger gefährlicher Versuch; die Lehrkraft entscheidet, ob dieser Versuch auch von Schülern durchgeführt werden kann

V2 gefährlicher Versuch; nur für Lehrkräfte

Alles im Griff? Übungsseiten zur Wiederholung und Lernzielkontrolle

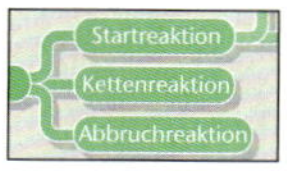

Mindmap – Schlüsselbegriffe des Kapitels im Zusammenhang

und dadurch ein neuer Körper entstände, lenkt
em meine Aufmerksamkeit auf diesen Gegenstan
Untersuchung hat das unerwartete Resultat geg
bei der Vereinigung von Cyansäure mit Ammonia
entsteht, eine auch in sofern merkwürdige Tha
s sie ein Beispiel von der künstlichen Erzeugun
anischen,
zwar sogenannten animalische
us unor
n Stoffen darbietet.
habe
angegeben, dafs man die obe
krystallis
Substanz am besten erhäl
n cyansaures
d durch Salmiak-Aufl
ler cyansaures
durch flüssiges Amm
etzt. Auf die letzt
abe ich mir die, z
Untersuchung angewen
ht unbedeutend
avon bereitet. Ich beka
farblosen, kl
mehr als zolllangen Kry
geschosse
ale rechtwinklige, vierseitige
hne b
Zuspitzung, bildeten.
kaustischem Kali oder mit Kalk en
di
er keine Spur von Ammoniak, mit Säu
eig
aus nicht die so leicht eintretenden Zersetzung

1 Wöhler gibt den Startschuss. Kohlenstoffverbindungen

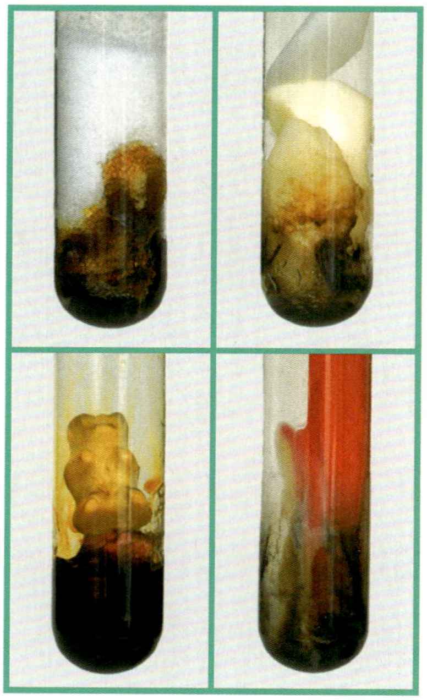

1 Kohlenstoffnachweis in organischen Verbindungen: Zucker, Eiweiß, Gummibärchen, Kunststoff

V1 In einem Reagenzglas erhitzt man Mehl, bis Verkohlung eintritt. Welche Schlussfolgerungen können über die elementare Zusammensetzung von Mehl gezogen werden?

2 Unfreiwilliger Kohlenstoffnachweis

Die Synthese einer organischen Verbindung. Zu Beginn des 19. Jahrhunderts teilte der schwedische Chemiker Berzelius (1779–1848) die Chemie in die **anorganische Chemie** und in die **organische Chemie** ein. „Organische Verbindungen" waren für ihn die chemischen Verbindungen, die **in Lebewesen gebildet** werden, z. B. Eiweiß, Fette, Zucker. Weitere Beispiele für bekannte organische Verbindungen sind Alkohol und Harnstoff. Die Chemiker konnten in ihren Laboratorien zwar viele anorganische Verbindungen herstellen, die Synthese organischer Verbindungen aber wollte nicht gelingen. Man vermutete deshalb eine unbekannte **„Lebenskraft"**, die zur Bildung der organischen Verbindungen erforderlich sei. Da geschah 1828 das Unglaubliche: Friedrich Wöhler (1800–1882) stellte im Labor die organische Verbindung **Harnstoff** ohne Zutun eines Lebewesens her. Die Hypothese von der Existenz einer „Lebenskraft" war damit durch ein chemisches Experiment widerlegt.

Allgemeine Eigenschaften organischer Verbindungen. Die Einteilung in anorganische und organische Chemie wird bis heute aus gutem Grund beibehalten. Chemische Untersuchungen bestätigen nämlich immer wieder: Organische Verbindungen sind ausschließlich **Kohlenstoffverbindungen**. Das gilt sowohl für Naturstoffe als auch für synthetisch hergestellte Verbindungen.
Beim **Erhitzen** unter Luftabschluss werden die meisten organischen Verbindungen **zersetzt** und bilden dabei wegen ihres Kohlenstoffgehaltes schwarze Reaktionsprodukte (V1), sie „verkohlen".
Viele organische Verbindungen lassen sich an ihrem Geruch erkennen. Beispiele sind Benzin, Klebstoffe, Aromastoffe in Gummibärchen, Backaromen, Fleckenwasser, Duftstoffe in Waschmitteln, Pfefferminzöl, Campfer in „Einreibemitteln" etc. (V3). Aber Vorsicht! Die Dämpfe bestimmter organischer Verbindungen sind gesundheitsschädlich, auch wenn der Geruch als angenehm empfunden wird. Außerdem sind sie häufig leicht entzündlich. Informieren Sie sich stets auf dem Gefahrstoffetikett!

Die Bedeutung der organischen Chemie. Im Anschluss an Wöhlers Entdeckung wurden Tausende von organischen Verbindungen im Labor synthetisiert. Viele davon haben als Wirkstoffe in Medikamenten, wie Acetylsalicylsäure (s. Kap. *52); oder als Farbstoffe, wie der Jeansfarbstoff Indigo, große wirtschaftliche Bedeutung erlangt. An Rhein und Main sowie in Mitteldeutschland entstanden riesige Anlagen der chemischen Industrie.

Die organische Chemie ist die Chemie der Kohlenstoffverbindungen.
Merkmale organischer Verbindungen: vielfach hitzeempfindlich, meist brennbar, häufig kennzeichnender Geruch.

Die Bedeutung der organischen Chemie liegt aber nicht nur in den synthetisch hergestellten Substanzen, sondern auch in der Erkenntnis, dass an sämtlichen Lebensvorgängen organisch-chemische Verbindungen maßgeblich beteiligt sind, sei es bei der Bereitstellung von Energie (Traubenzucker), beim Aufbau von Muskeln oder bei der Einlagerung von Reservestoffen.
Bei der Erforschung neuer Arzneistoffe findet ein steter Wettlauf mit resistenten Krankheitserregern statt. Eine besonders drastische Herausforderung ist die Immunschwäche AIDS. Eine andere Herausforderung ist der Bedarf an neuen Werkstoffen, z. B. für elektronische Speichermedien (DVD). Die vielfältigen Bedürfnisse zur Ernährung der Weltbevölkerung reichen von der Sicherung der elementaren Grundversorgung einerseits bis hin zu Vitaminsynthesen und Ersatzstoffen für eine kalorienreduzierte Ernährung (z. B. Süßstoffe wie Aspartam) andererseits.
Das Prinzip „von der Natur lernen" tritt immer stärker in den Vordergrund und stellt eine wichtige Triebfeder für Forschung und Entwicklung dar. Davon profitieren wir alle. So kann z. B. ein wichtiger Bestandteil des Vanilleduftes, das Vanillin, synthetisch hergestellt werden. Es ist somit in großen Mengen billig verfügbar. Ein anderes Beispiel ist die Synthese von Waschmitteln (Tensiden) aus den nachwachsenden Rohstoffen Fett und Zucker.
Auch in Zukunft wird der Bedarf an Farbstoffen, Treib- und Heizstoffen, Lacken, Kunststoffen, Textilfasern, Desinfektionsmitteln, Wirkstoffen in Kosmetika, Wasch- und Reinigungsmitteln, Schädlingsbekämpfungs- und Arzneimitteln gedeckt werden müssen. Bei alledem müssen Chemiker in Forschung und Produktion mit Rohstoffen sparsam umgehen und die Umwelt schonen.

„Die Natur hat einen Erfindungsreichtum bewiesen, der jeden Chemiker neidisch werden lässt."

P. Proksch

V2 Welche Verbrennungsprodukte können bei Erdgas, Propangas, Benzin, Brennspiritus nachgewiesen werden?

V3 Der Geruch organischer Substanzen ist schwer zu beschreiben, wie eine Geruchsprobe bei den folgenden Stoffen zeigt: Benzin, Ethanol (Weingeist), Essig, Olivenöl, Butter, Klebstoff, Fleckenwasser.

A1 Nennen Sie Kohlenstoffverbindungen, die zu den anorganischen Stoffen zählen.

A2 Benzin hat das Gefahrzeichen „leicht entzündlich". Welche Gefahr besteht in einem Raum, der nach Benzin riecht? Begründen Sie Ihre Antwort!

A3 Notieren Sie sich, mit welchen Stoffen Sie im Tagesablauf in Kontakt kommen! Versuchen Sie herauszubekommen, ob es sich dabei um organische Substanzen handelt!

A4 Nennen Sie Beispiele für organische Naturstoffe.

3 Mit organischen Verbindungen haben wir es täglich zu tun.

„Organische Chemie" behandelt die Chemie der Kohlenstoffverbindungen und ist mit der chemischen Industrie ebenso eng verknüpft wie mit den meisten Naturstoffen. Organisch-chemische Verbindungen sind eine wesentliche Grundlage für die Lebensvorgänge.

2 Ein Element mit verschiedenen Gesichtern Kohlenstoff

1 Diamanten (Natursteine)

V1 Prüfen Sie die elektrische Leitfähigkeit einer Bleistiftmine und eines Diamanten.

A1 Erklären Sie, warum Graphit den elektrischen Strom leitet, ein Diamant aber nicht.

A2 Erklären Sie die Namen Diamant (griech. adamas = der Unbezwingbare) und Graphit (griech. graphein = schreiben).

A3 Erklären Sie aus der Struktur des Graphits, wie ein Bleistiftstrich entsteht.

Aus der Geschichte. Das Element Kohlenstoff ist schon den Menschen der Vorzeit bekannt und in Form von Holzkohle und Ruß als Brennstoff und Pigment (Höhlenmalerei!) nützlich gewesen. Auch kannte man seit alters her **Diamant** und **Graphit**, aber niemandem kam es in den Sinn, dass zwischen diesen so unterschiedlichen Stoffen eine „Verwandtschaft" bestehen könnte. Erst seit etwa 1780, als der französische Chemiker Lavoisier Diamanten in reinem Sauerstoff verbrannte und dabei stets Kohlenstoffdioxid erhielt, weiß man: Graphit und Diamanten sind Erscheinungsformen (Modifikationen) desselben Elements. Sie bestehen aus reinem Kohlenstoff. Als Sensation wurde es in der Wissenschaft empfunden, als man vor wenigen Jahren eine dritte Modifikation des Kohlenstoffs entdeckte, die **Fullerene**.

Die Struktur bestimmt die Eigenschaften. Alle Kohlenstoff-Modifikationen sind nur aus Kohlenstoffatomen aufgebaut. Die zum Teil extremen Unterschiede in den Eigenschaften beruhen auf der **unterschiedlichen Anordnung der Atome im Kristallgitter**. Im Diamantgitter ist jedes Kohlenstoffatom gleichmäßig von vier weiteren Kohlenstoffatomen umgeben; dadurch entsteht ein dreidimensionales, festes Netzwerk. Beim Graphit bilden die Atome ebene Schichten, wobei jedes Atom mit drei weiteren Atomen durch eine Atombindung verbunden ist und jeweils ein Elektron pro Kohlenstoffatom frei bleibt. Diese Elektronen können sich innerhalb der Schichten frei bewegen, ähnlich wie bei den Metallen. Zwischen den Schichten des Graphits bestehen nur schwache Anziehungskräfte.

	Diamant	Graphit	Fulleren
Struktur	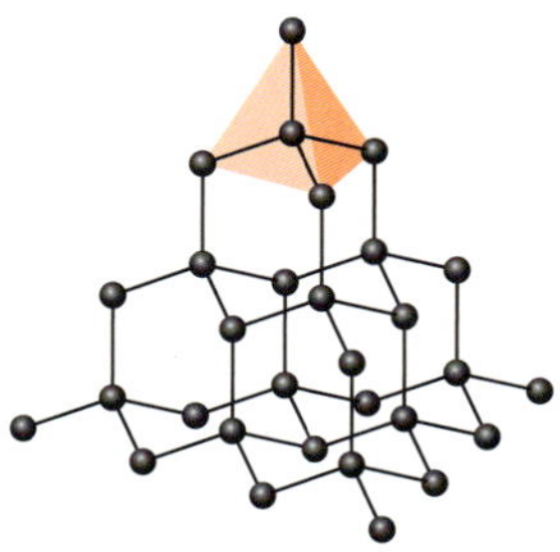	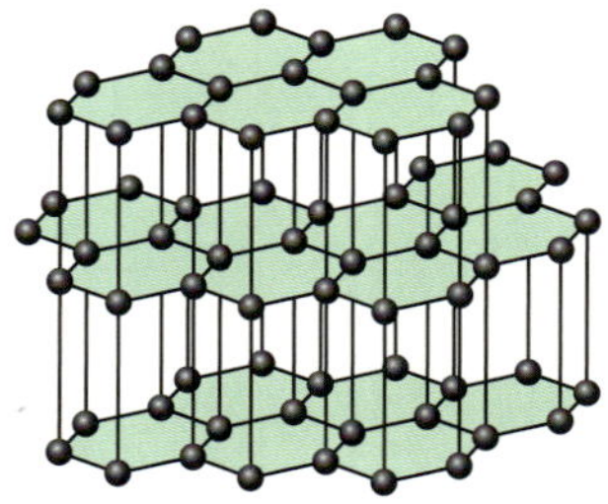	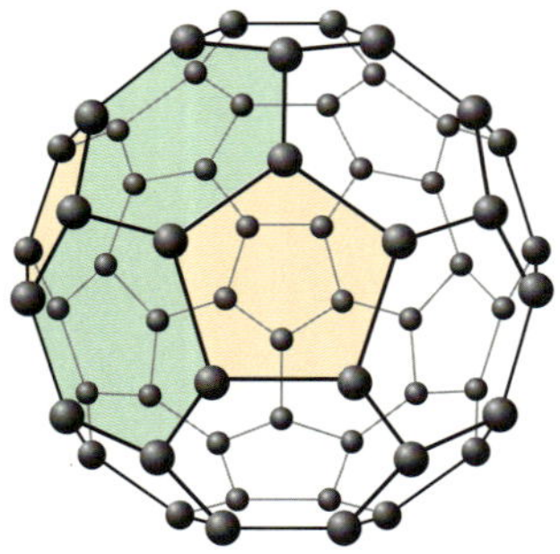
Farbe	farblos (reiner Diamant)	grau bis schwarz	schwarz-braun
Härte (Mohs)*	sehr hart (10)	weich (1)	ähnlich wie Graphit
elektr. Leitfähigkeit	Nichtleiter	Leiter	Halbleiter
Reaktion mit Sauerstoff	verbrennt zu CO_2	verbrennt zu CO_2	verbrennt zu CO_2

* Mohs: Die Mohs'sche Härteskala (1812) ermöglicht eine bequeme Kennzeichnung der Härtegrade von Mineralien, Metallen usw.

Eine ganz andere Anordnung der Kohlenstoffatome findet man bei den Fullerenen. Hier sind die Atome zu kugelförmig geschlossenen „Käfigen" aus 60 (oder auch mehr) Kohlenstoffatomen verbunden. Beim bekanntesten Fulleren ähnelt die Anordnung der Atome in Fünf- und Sechsecken einem Fußball. Die Tabelle zeigt die drei Kohlenstoff-Modifikationen im Vergleich.

Die Eigenschaften bestimmen die Verwendung. Obwohl die Erforschung der Fullerene erst begonnen hat, weisen die bisherigen Ergebnisse bereits darauf hin, dass den Fullerenen eine große Zukunft in Wissenschaft und Technik bevorsteht.
Beim Diamant beruht die Verwendung vor allem auf seiner extremen Härte (härtester natürlich vorkommender Stoff!) und seiner chemischen Widerstandsfähigkeit. Zwar denkt man bei Diamanten zunächst an die geschliffenen Schmucksteine (Brillanten), viel bedeutender ist jedoch der Einsatz in Industrie und Technik. Der Bedarf an Diamanten für Bohrwerkzeuge, Sägen, Schleifgeräte und Achslager ist so groß, dass man ihn durch die natürlichen Vorkommen gar nicht decken kann. Es lohnt sich daher, Diamanten synthetisch herzustellen, obwohl dazu ein hoher Aufwand notwendig ist. (Temperaturen von 1500–2000 °C, Druck bis etwa 100 000 bar!)
Häufiger als dem Diamanten begegnen wir im Alltag dem Graphit. Seine geringe Härte nutzt man bei der Verwendung als Schmiermittel und für Schreibstiftminen. Elektrische Leitfähigkeit und chemische Widerstandsfähigkeit machen ihn zum geeigneten Material für Elektroden, für feuerfeste Auskleidungen und Schmelztiegel.

Kohlenstoff im Alltag. Als unerwünschtes Nebenprodukt fällt **Ruß** bei unvollständigen Verbrennungsvorgängen an. Er ist nicht nur lästig, sondern wird sogar als gesundheitsschädlich und möglicherweise krebserregend eingestuft. Sehr begehrt ist hingegen der großtechnisch hergestellte **Industrieruß**, den man z. B. als hervorragendes Schwarzpigment und als Füllstoff und Verstärkungsmittel in Gummiartikeln (Autoreifen) einsetzt. Durch Erhitzen von Holz unter Luftabschluss wird Holzkohle gewonnen. Holzkohle hat eine lockere, poröse Struktur mit vielen Hohlräumen und dadurch eine große innere Oberfläche (bis über 1000 m^2/g!). Sie hat deshalb ein großes Adsorptionsvermögen und findet in Filtern als **Aktivkohle** vielfältige Verwendung.

Die drei Modifikationen des Elementes Kohlenstoff (Graphit, Diamant, Fullerene) unterscheiden sich in der Anordnung der Kohlenstoffatome. Die unterschiedliche Struktur bewirkt unterschiedliche Eigenschaften.

Mohs'sche Härteskala
Jede Härtestufe ist durch ein Mineral gekennzeichnet.

Mineral	Härtestufe
Talk	1
Gips	2
Kalkspat	3
Flussspat	4
Apatit	5
Kalkfeldspat	6
Quarz	7
Topas	8
Korund	9
Diamant	10

A4 Wo wird in Bayern Graphit abgebaut? (Atlas!)

2 Erdölbohrer mit Diamanten

3 Gegenstände aus Graphit

3 Einfach vielfältig
Der Kohlenstoff als Bindungspartner

Die Stellung des Kohlenstoffs im Periodensystem. Das Element Kohlenstoff steht im Periodensystem in der IV. Hauptgruppe und in der 2. Periode. Aufgrund dieser Stellung können über das Kohlenstoffatom folgende Aussagen getroffen werden:

IV. Hauptgruppe ⇒ 4 Außenelektronen
2. Periode ⇒ Die Außenelektronen sind in der 2. Schale.

Die Zahl der Elektronen in der äußeren Elektronenschale ist entscheidend für die Ausbildung chemischer Bindungen.

Wie sich das Kohlenstoffatom mit anderen Atomen verbindet. Sowohl die Aufnahme als auch die Abgabe von vier Elektronen würden beim Kohlenstoffatom zu einer abgeschlossenen, stabilen äußeren Schale führen. In beiden Fällen wäre jedoch der notwendige Energieaufwand sehr beträchtlich; er ist durch chemische Reaktionen kaum aufzubringen. Deshalb gehen Kohlenstoffatome fast ausschließlich **Atombindungen (= Elektronenpaarbindungen)** ein, z. B.:

$$\cdot\dot{\underset{\cdot}{C}}\cdot \;+\; 4\,H\cdot \;\longrightarrow\; H:\overset{H}{\underset{H}{\overset{..}{\underset{..}{C}}}}:H$$

In praktisch allen seinen Verbindungen ist das Kohlenstoffatom vierwertig oder vierbindig.
Das heißt, es kann vier gemeinsame Elektronenpaare mit Bindungspartnern ausbilden.

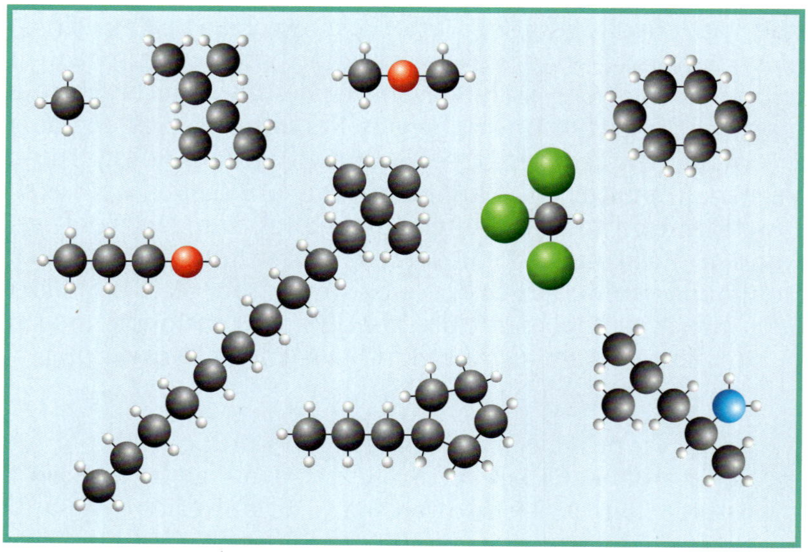

1 Die Vielfalt der Kohlenstoffverbindungen

A1 Verbinden Sie 5 Kohlenstoffatome zu einer Kette (Elektronenformel)! Wie viele einwertige Atome können noch gebunden werden? Verbinden Sie 5 Kohlenstoffatome zu einem Ring. Wie viele einwertige Atome können noch an den Kohlenstoffring gebunden werden?

A2 Geben Sie die Elektronenformel für CCl_4 an!

V1 Vergleichen Sie die elektrische Leitfähigkeit einer wässrigen Zuckerlösung mit der einer wässrigen Kochsalzlösung! Erklärung?

Die Besonderheit des Kohlenstoffs. Kohlenstoffatome besitzen die ausgeprägte Fähigkeit, sich praktisch unbegrenzt miteinander verbinden zu können. Dabei kann reiner Kohlenstoff entstehen (Graphit, Diamant) oder eine nahezu unendliche Vielfalt von **Kohlenstoffverbindungen**. Bei diesen finden wir immer das gleiche Aufbauprinzip: Die Kohlenstoffatome sind untereinander zu **Ketten** oder **Ringen** verbunden, an die andere Atome gebunden sind. Meistens sind diese Bindungspartner Wasserstoffatome, oft auch Sauerstoffatome; seltener andere Nichtmetallatome.

Woher kommen die vielen Kohlenstoffverbindungen? Die organischen Verbindungen auf der Erde stammen praktisch alle aus der **Photosynthese**. Dabei werden von den grünen Pflanzen (enthalten Chlorophyll!) unter Ausnutzung der Energie des Sonnenlichtes aus einfachen Ausgangsstoffen energiereiche Kohlenstoffverbindungen aufgebaut.

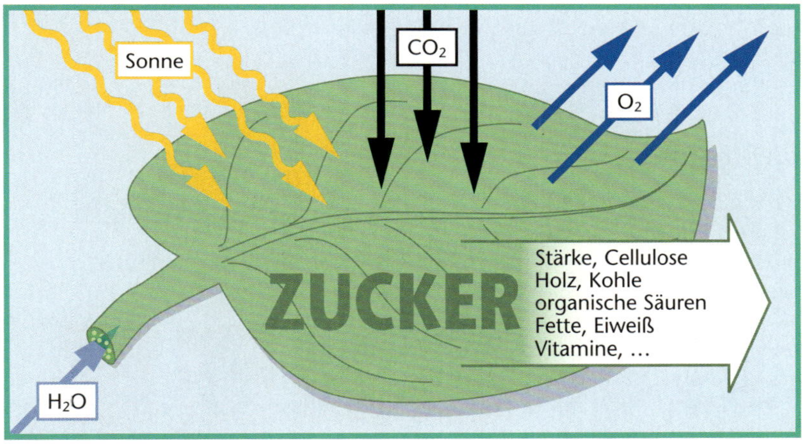

2 Schema der Photosynthese

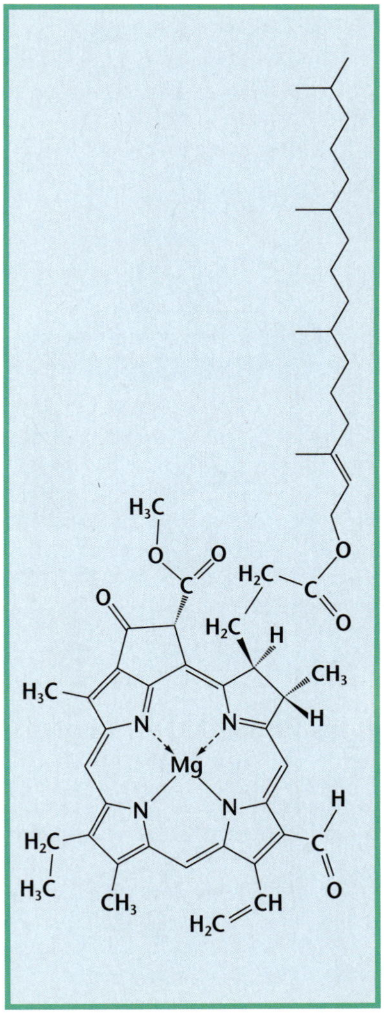

3 Strukturformel von Chlorophyll b

Vereinfachte Reaktionsgleichung:

Kohlenstoffdioxid + Wasser + *Energie* ⟶ **Zucker + Sauerstoff**

Durch eine Vielzahl von weiteren Aufbau-, Umbau- und Abbaureaktionen können daraus sämtliche organischen Stoffe gebildet werden. In den folgenden Kapiteln werden wir einige solcher Reaktionen und Stoffe kennenlernen.

Das Kohlenstoffatom hat die besondere Eigenschaft, sich mit weiteren Kohlenstoffatomen zu Ketten und Ringen zu verbinden.
Die Photosynthese ist die grundlegende Aufbaureaktion für organische Verbindungen.

Alles im Griff?

1. Anorganisch oder organisch?

Welche Stoffe stammen aus der organischen Chemie? Begründen Sie kurz Ihre Entscheidung!
Hilfe: Welche Farbe haben die Verbrennungsprodukte?

2. Eine kleine Auffrischung

Die Schilder sind durcheinander geraten. Ordnen Sie jedem Element den passenden Atombau zu!

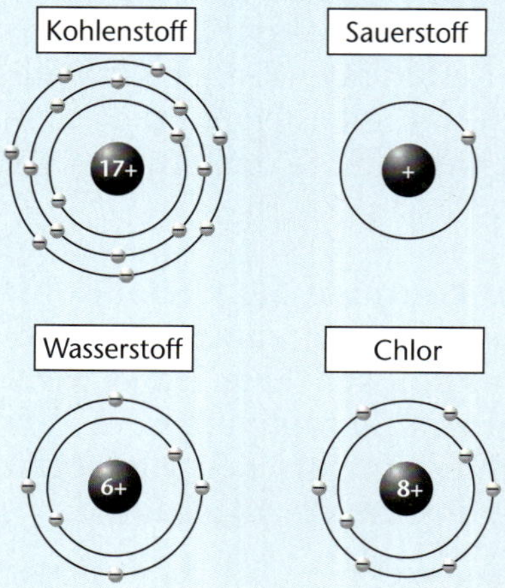

3. Produktion organischer Stoffe in der Natur!

Formulieren Sie die Reaktionsgleichung der Photosynthese. Verwenden Sie dafür folgende „Bausteine". Wie heißen die beteiligten Verbindungen?

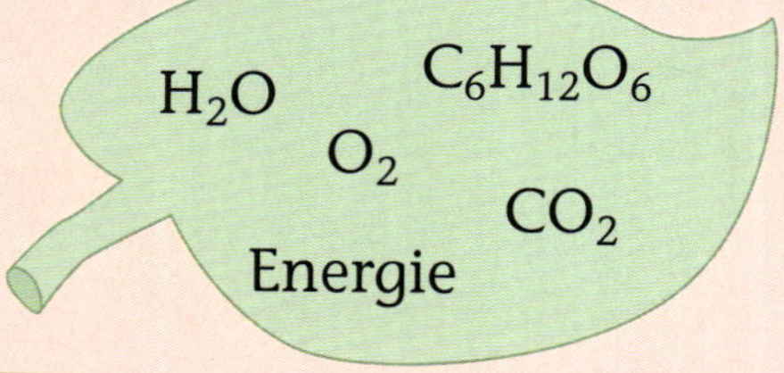

4. Wichtig im Umgang mit organischen Stoffen!

Informieren Sie sich über die Bedeutung folgender Symbole.

Nennen Sie je einen organischen Stoff, der mit einem oder mehreren dieser Symbole gekennzeichnet werden muss.

5. Probier's aus!

Kerzenwachs ist ein organischer Stoff. Bei der Verbrennung entsteht unter anderem Kohlenstoff.

V Halten Sie einen weißen, flachen Teller dicht über eine Kerzenflamme.

Woran erkennt man den frei werdenden Kohlenstoff?
Welche der drei Kohlenstoffmodifikationen liegt hier vor?

6. Das will ich genauer wissen!

Informieren Sie sich über die Fullerene, auch als „Buckyballs" bekannt (Bau, Anwendungsmöglichkeiten, Herstellungsverfahren).

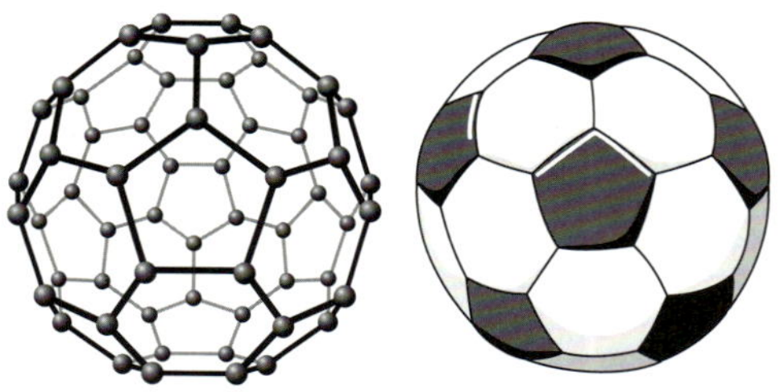

II. Kohlenwasserstoffe

4 Klein und stark
Methan, die einfachste Kohlenwasserstoffverbindung

1 Modell eines Methanmoleküls

Vorkommen. Verbindet sich ein Kohlenstoffatom mit vier Wasserstoffatomen, so entsteht ein Methanmolekül CH_4 (B1). Methan ist unter Normalbedingungen gasförmig und bildet sich in der Natur überall dort, wo organische Stoffe in Abwesenheit von Sauerstoff durch Bakterien zersetzt werden. Biogas, Klär- und Faulgas, Sumpfgas (B2) aber auch Erdgas und Grubengas enthalten alle einen hohen Anteil an Methan. Auch bei der Verarbeitung von Erdöl und Kohle fällt Methan als Nebenprodukt an.

Eigenschaften. In Versuch 1 lernen wir Methan als farbloses, geruchloses Gas kennen, das leichter als Luft ist. Es verbrennt mit schwach bläulicher Flamme zu Wasserdampf und Kohlenstoffdioxid. Dabei wird ein hoher Energiebetrag freigesetzt:

$$CH_4 + 2\ O_2 \longrightarrow CO_2 + 2\ H_2O + \textit{Energie}$$

Das entstehende Kohlenstoffdioxid lässt sich durch Kalkwasser nachweisen. In Wasser ist Methan praktisch unlöslich, in organischen Lösungsmitteln, z. B. Benzin, löst es sich dagegen gut.

2 Brennendes Sumpfgas. Die Gasblase wurde durch Auflockern des Faulschlamms freigesetzt.

V1 Vorsicht! Schutzbrille! Ein ca. 20 cm hoher Standzylinder wird mit Methan aus der Druckdose gefüllt und mit der Öffnung nach unten in ein Stativ gespannt. Das Gas wird mit einem Holzspan entzündet. Nach der Reaktion werden einige Milliliter Kalkwasser (Calciumlauge) in den Standzylinder gegossen und das Gefäß wird umgeschüttelt. Beobachtungen?

Verwendung. Methan spielt bei großtechnischen Synthesen, z. B. bei der Herstellung von Kunststoff, eine erhebliche Rolle. Auch Wasserstoff und Ruß (Reifenherstellung) werden aus Methan erzeugt. Als Hauptbestandteil (95%) von **Erdgas** ist Methan ein umweltfreundlicher Brennstoff, da beim Verbrennen weniger Kohlenstoffdioxid (ein **Treibhausgas**) entsteht als beim Heizen mit anderen Energieträgern. Erzeugt man nämlich durch Verbrennen von Erdgas bzw. Heizöl jeweils dieselbe Wärmemenge, entsteht dabei aus Erdgas nur etwa halb so viel Kohlenstoffdioxid wie aus Heizöl. Außerdem enthält Erdgas wenig Schwefel, sodass durch die Umstellung von Öl- und Kohleheizungen der Schwefeldioxidgehalt der Luft in Ballungsräumen entscheidend gesenkt werden konnte. In Hinblick auf die zukünftige Energieversorgung hat die Methanbildung in den Faultürmen der Kläranlagen und in Deponien zunehmende Bedeutung als erneuerbare Energiequelle.

Methan bildet sich bei der Zersetzung organischen Materials unter Luftabschluss. Es ist ein wichtiger Rohstoff für die Chemie, umweltfreundlicher als andere Brennstoffe und spielt als erneuerbarer Energieträger eine bedeutende Rolle.

Nur auf den ersten Blick ohne Nachteile. Trotz seiner Vorteile darf nicht vergessen werden, dass Methan zwei ganz unterschiedliche Gefahren in sich birgt: Zum einen ist es als Gas-Luft-Gemisch bei einem Volumenanteil zwischen 5 und 15% explosiv. In Kohlebergwerken führt es als Grubengas zu den gefürchteten Schlagwettern, die schwere Verwüstungen anrichten. Auch

Explosionen in Gebäuden sind ein Risiko, dem man aber durch Beachtung der notwendigen Sicherheitsmaßnahmen vorbeugen kann. Zum anderen hat Methan, das in die Atmosphäre gelangt, einen wesentlichen Anteil am Treibhauseffekt.

Aus dem Gleichgewicht gebracht. Die Menschheit beeinflusst den Treibhauseffekt der Atmosphäre, indem sie z. B. für ihren Energiebedarf aus fossilen Energieträgern Kohlenstoffdioxid freisetzt. Dieses Gas trägt zu einer weiteren Erwärmung der Erdatmosphäre bei; man spricht vom **„künstlichen" Treibhauseffekt.**

Wasserdampf als wichtigstes natürliches Treibhausgas absorbiert Wärmestrahlung in bestimmten Spektralbereichen fast vollständig, in anderen lässt er sie nahezu vollständig passieren. Gelangen andere Treibhausgase wie Kohlenstoffdioxid und Methan in die Atmosphäre, nehmen diese Gase die Wärmestrahlung auf, die vom Wasserdampf durchgelassen wird. Die offenen „Fenster" in der Wasserdampf-Absorption werden also zunehmend geschlossen, es kommt zu einem Wärmestau in der Atmosphäre.

Der Anteil von Methan in der Atmosphäre nimmt ständig zu. Als Methanquellen gelten Verluste bei der Erdöl- und Erdgasgewinnung sowie beim Erdgastransport und Emissionen beim Reisanbau und bei der Großtierhaltung. So entstehen im Magen eines Rindes ca. 150 Liter Methan pro Tag.

A1 Welche Vorteile hat Erdgas als Brennstoff hinsichtlich des Umweltschutzes?

A2 Welche Folgen könnte ein Temperaturanstieg auf der Erde nach Berichten der an der Weltklimakonferenz teilnehmenden Wissenschaftler haben?

Info: „natürlicher" Treibhauseffekt
Die Erdoberfläche wandelt den sichtbaren Anteil des Sonnenlichts teilweise in langwellige (infrarote) Strahlung um, die wieder in den Weltraum abgestrahlt wird. Bestimmte Gase können einen Teil der Wärmestrahlung der Erde absorbieren: Wasserdampf, Kohlenstoffdioxid und andere Gase tragen dazu bei, unter anderem auch Methan mit einem geschätzten Anteil von ca. 2%. Dieser „natürliche" Treibhauseffekt hebt die Durchschnittstemperatur der Erdoberfläche von ca. –18°C auf ca. +15°C an.

3 Methanquellen

Methan-Luft-Gemische sind explosionsgefährlich. Methan und sein Verbrennungsprodukt Kohlenstoffdioxid haben wesentlichen Anteil am Treibhauseffekt.

5 Die Verwandtschaft kommt! Alkane – weitere Kohlenwasserstoffverbindungen

Verbindungen des Kohlenstoffs mit Wasserstoff. Im Erdgas ist neben Methan noch ein weiteres brennbares Gas enthalten, das Ethan. Aus Alltag und Technik ist uns das Propangas gut bekannt. Welcher Zusammenhang besteht zwischen diesen chemischen Verbindungen? Untersuchungen (vgl. Kap. 4) zeigen, dass es sich um Verbindungen aus Kohlenstoff und Wasserstoff handelt: **Kohlenwasserstoffe.**

A1 Was versteht man in der Chemie unter einer „homologen Reihe"?

A2 Für folgende Alkane sollen Strukturformeln und Benennungen angegeben werden:
C_6H_{14}, C_8H_{18}, $C_{20}H_{42}$

Mit Modellen zu chemischen Formeln. In praktisch allen seinen Verbindungen ist das Kohlenstoffatom vierwertig oder vierbindig. Das heißt, es kann vier gemeinsame Elektronenpaare mit Bindungspartnern ausbilden.
Ein Wasserstoffatom des Methanmoleküls lässt sich durch ein weiteres Kohlenstoffatom ersetzen, an das wiederum drei Wasserstoffatome gebunden sind (Tabelle). Auf diese Weise erhält man das Ethanmolekül mit der Summenformel C_2H_6. Das Propanmolekül mit der Summenformel C_3H_8 lässt sich auf diesem Wege vom Ethanmolekül ableiten. Vom Propanmolekül gelangt man zum Butanmolekül C_4H_{10}. Neben den Summenformeln verwendet man in der organischen Chemie häufig die Strukturformeln, weil sie die Bindungsverhältnisse genauer und anschaulicher wiedergeben.

Niedere Alkane

Name	Methan	Ethan	Propan	Butan	*Alkan*
Molekülmodell			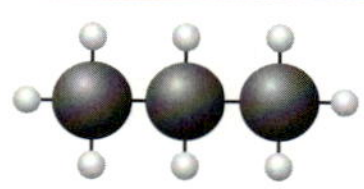		
Strukturformel	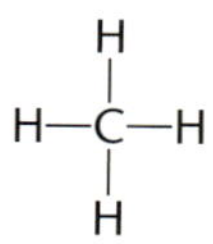	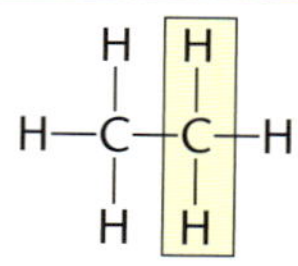	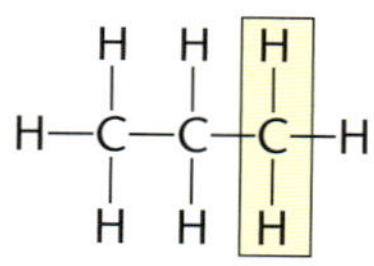	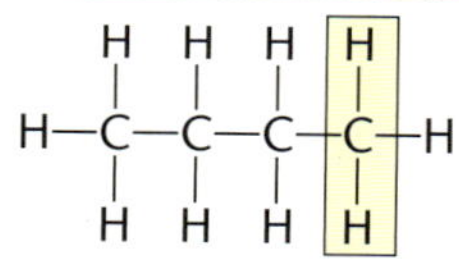	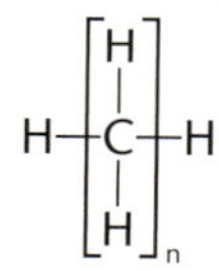
Summenformel	CH_4	C_2H_6	C_3H_8	C_4H_{10}	C_nH_{2n+2}

Hinweis: Ringförmige Alkane erhalten die Vorsilbe „Cyclo"; z. B. Cyclohexan, C_6H_{12}.

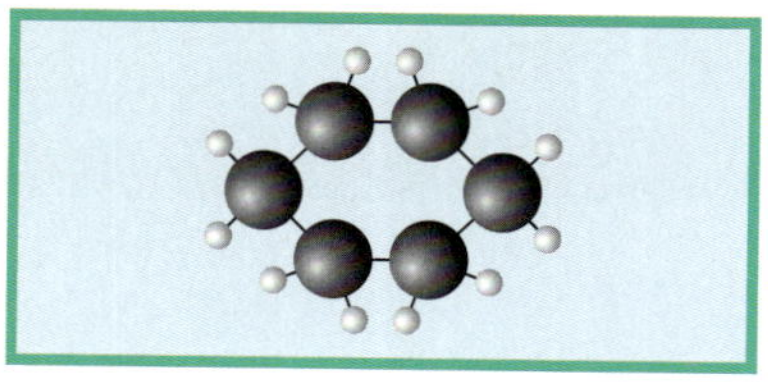

Alkane – Verwandtschaft verschafft Überblick. Die Strukturformeln in der Tabelle zeigen, dass alle Kohlenstoffatome durch eine Atombindung, die sogenannte **Einfachbindung**, miteinander verknüpft sind. Solche Verbindungen nennt man **Alkane**. Die gemeinsamen Strukturmerkmale werden durch die allgemeine **Endung -an** im Namen verdeutlicht. Da in Alkanen alle Kohlenstoffatome mit der größtmöglichen Anzahl an Wasserstoffatomen verbunden sind, nennt man sie auch **gesättigte Kohlenwasserstoffe.**

Was ist eine homologe Reihe? Vergleicht man die Alkane in der Tabelle miteinander, so stellt man fest, dass sie sich jeweils um ein Kohlenstoffatom und zwei Wasserstoffatome, also um eine **CH_2-Gruppe**, voneinander unterscheiden. Diese Regel lässt sich über das Butan hinaus fortsetzen. Die Formel des nächstfolgenden Alkans kann also vorausgesagt werden. So bildet sich eine Reihe, bei der allgemein für ein beliebiges Alkan gilt: Auf n Kohlenstoffatome kommen 2n+2 Wasserstoffatome. Solche gesetzmäßigen Aufeinanderfolgen von chemischen Verbindungen werden als **homologe Reihen** bezeichnet. Hier handelt es sich um die **homologe Reihe der Alkane**.

Die Alkane werden ab n = 5 nach der Anzahl der Kohlenstoffatome in der Summenformel benannt, indem man an die betreffende Vorsilbe (s. Tabelle) die Endung **-an** anhängt. Ein Alkan mit fünf Kohlenstoffatomen erhält so den Namen Pent**an**.

Benennung der Alkane

Zahl der C-Atome	Vorsilbe
eins	mono-
zwei	di-
drei	tri-
vier	tetra-
fünf	penta-
sechs	hexa-
sieben	hepta-
acht	octa-
neun	nona-
zehn	deca-

Unter einer homologen Reihe versteht man eine Gruppe von chemisch verwandten Verbindungen. Die Summenformeln zweier aufeinanderfolgender Verbindungen unterscheiden sich in dieser Reihe jeweils um eine CH_2-Gruppe. Die allgemeine Summenformel der Alkane lautet: C_nH_{2n+2}.

Alkyle oder Alkylreste. Wird einem Alkanmolekül ein Wasserstoffatom entzogen, erhält man ein Teilchen mit einem ungepaarten Elektron. Es ist einwertig, das heißt, es besitzt eine freie Bindung. Seinen Namen erhält man, indem man die Alkan-Endsilbe -an durch **-yl** ersetzt. Aus dem Methanmolekül CH_4 wird die Methylgruppe bzw. CH_3-Gruppe, aus dem Ethanmolekül die Ethylgruppe usw. Die allgemeine Bezeichnung lautet **Alkylgruppe** oder **Alkylrest**.

A3 Welche Summenformeln besitzen Alkane mit 10, 17 und 20 Kohlenstoffatomen?

A4 Wie viele Kohlenstoffatome enthält ein Alkan mit 34 Wasserstoffatomen?

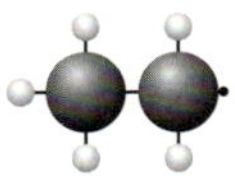

Ethylrest

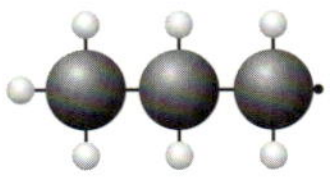

Propylrest

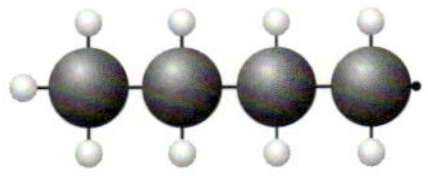

Butylrest

Durch die Abspaltung eines Wasserstoffatoms aus einem Alkanmolekül entsteht der Alkylrest. Alkylreste bzw. Alkylgruppen sind wichtige Bestandteile chemischer Verbindungen.

6 Grundsatzdiskussion über eine Familie Eigenschaften der Alkane

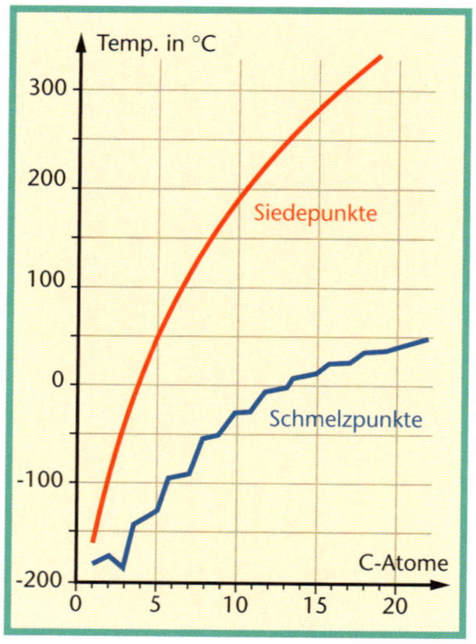

1 Alkane: Verlauf der Schmelz- und Siedepunkte

Verwandtschaft wird deutlich. Das Diagramm zeigt ein deutliches Ansteigen der Schmelz- und Siedepunkte bei den Alkanen. Betrachtet man in der Tabelle die Zahlenwerte für die Schmelz- und Siedetemperaturen und daneben die Summenformeln, so wird der Zusammenhang deutlich: Mit zunehmender Länge der Kohlenstoffkette steigen die Schmelz- und Siedepunkte. Dieser Sachverhalt wirkt sich unmittelbar auf den **Aggregatzustand** aus: Alkane mit kurzen Kohlenstoffketten sind bei Raumtemperatur und Normaldruck Gase, solche mit etwas längeren Ketten sind Flüssigkeiten und diejenigen mit deutlich längeren Molekülketten sind wachsartige Feststoffe (Paraffine). Wie lässt sich das erklären?

Anziehungskräfte zwischen Alkanmolekülen. Eine Deutung der Zusammenhänge wird durch die sogenannten „**van-der-Waals-Kräfte**" möglich. Das sind bei unpolaren Verbindungen wie Alkanen Anziehungskräfte zwischen einzelnen Molekülen. Eine Vorstellung über diese schwachen zwischenmolekularen Kräfte liefert B2:

Kurzzeitig kann es vorkommen, dass die Elektronen ungleichmäßig um den Atomkern verteilt sind. In dieser kurzen Zeit wirkt das gesamte Atom nach außen als polarisiertes Teilchen mit einer negativ und einer positiv geladenen Seite. Wenn in diesem Moment ein Atom von einem anderen Molekül nah genug ist, werden seine Elektronen zur positiven Teilladung des ersten Atoms hin verschoben. Es kommt zu einer Anziehung zwischen entgegengesetzten elektrischen Ladungen. Weil sich durch die ständige Bewegung der Elektronen die Ladungsverteilung in Atomen oder Molekülen dauernd verändert, sind diese Anziehungskräfte (= van-der-Waals-Kräfte) nur sehr schwach.

V1 Vorsicht! Keine offene Flamme! Man lässt verschiedene flüssige Alkane oder Alkangemische (z. B. leichtes Heizöl, Paraffinöl) aus der Vorratsflasche in dünnem Strahl in ein Becherglas fließen. Beobachten Sie dabei die unterschiedliche Zähflüssigkeit! Wie können Sie die Beobachtungen erklären?

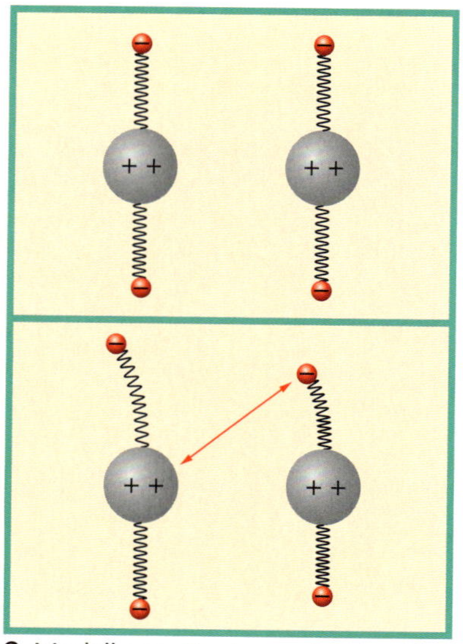

2 Modell zur Deutung der van-der-Waals-Kräfte am Beispiel von Heliumatomen: Wechselwirkung zwischen Kern und Elektronen benachbarter Atome

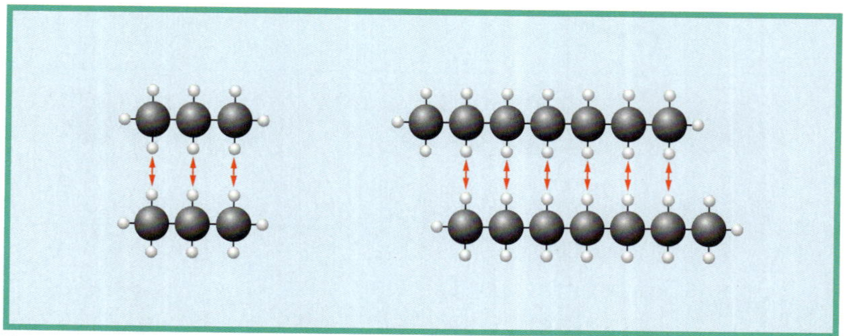

3 Zunahme der van-der-Waals-Kräfte mit steigender Kettenlänge.

Die Anziehungskräfte wirken zwischen den Atomen an der Oberfläche der Moleküle. Sie summieren sich daher bei Alkanen mit der Zahl solcher Atome, nehmen also mit der Länge der Molekülketten bzw. der Oberfläche zu (B3).
Andere zwischenmolekulare Anziehungskräfte, wie die relativ starken Dipol-Dipol-Wechselwirkungen, gibt es bei unpolaren Verbindungen nicht. Die Summe aller zwischenmolekularen Anziehungskräfte ist daher bei Alkanen insgesamt sehr schwach.

Bei gasförmigen Alkanen (kurze Molekülketten!) treten kaum Anziehungskräfte auf. Bei den wachsartigen Feststoffen sind die Anziehungskräfte zwischen den größeren Molekülen dagegen deutlich stärker. Die beim Schmelzen oder Sieden zur Überwindung dieser Anziehungskräfte notwendige Energie ist entsprechend hoch.

**Der Aggregatzustand der Alkane hängt von ihrer Kettenlänge ab.
Die Schmelz- und Siedepunkte steigen mit zunehmender Kettenlänge, da die Anziehungskräfte zwischen den Molekülen (van-der-Waals-Kräfte) stärker werden.**

Namen und Eigenschaften wichtiger Alkane

Name	Summenformel	Smp. °C	Sdp. °C	Aggregatzustand bei 20°C
Methan	CH_4	–182,6	–161,7	
Ethan	C_2H_6	–183,3	–88,6	
Propan	C_3H_8	–187,1	–42,2	
Butan	C_4H_{10}	–138,5	–0,5	
Pentan	C_5H_{12}	–129,7	36,1	
Hexan	C_6H_{14}	–94,0	68,7	
Heptan	C_7H_{16}	–90,5	98,4	
Octan	C_8H_{18}	–56,8	125,6	
Nonan	C_9H_{20}	–53,7	150,7	
Decan	$C_{10}H_{22}$	–29,7	174,0	
...				
Hexadecan	$C_{16}H_{34}$	18,1	287,0	
Heptadecan	$C_{17}H_{36}$	22,0	303,0	
...				
Eicosan	$C_{20}H_{42}$	36,4		

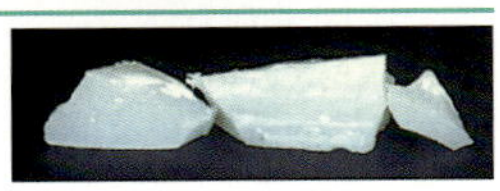

Keine Ähnlichkeit mit Wasser. Da es sich bei den Alkanen um unpolare Verbindungen handelt, lösen sie sich nicht in Wasser, sie sind **hydrophob** („wasserfeindlich"). Zur Deutung wenden wir die Löslichkeitsregel an: „Ähnliches löst sich in Ähnlichem" – Wassermoleküle sind polar und daher als Lösemittel nur für polare Verbindungen geeignet (B4).
Dagegen lösen sich Alkane gut in unpolaren Lösemitteln wie Benzin (B5) oder flüssigen Fetten (Ölen). Man bezeichnet sie deswegen als **lipophil** („fettfreundlich").

Alkane sind hinsichtlich ihres Lösungsverhaltens hydrophob und lipophil. Flüssige Alkane eignen sich gut als Lösemittel für Fette und andere unpolare Stoffe.

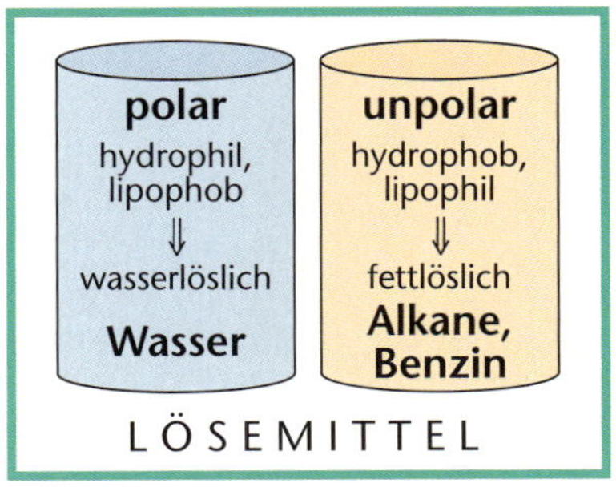

4 Einteilung der Lösemittel

V2 Octan wird zu Hexan gegeben. Beobachtung?

A1 Warum haben nicht alle Alkane in der homologen Reihe bei 20°C den gleichen Aggregatzustand?

A2 In der Tabelle ist für das Eicosan kein Siedepunkt angegeben. Ist hier ein Fehler aufgetreten?

A3 Welche der folgenden Begriffe gehören zusammen: unpolar, hydrophil, polar, lipophil, hydrophob, lipophob?

5 Pentan löst sich nicht in Wasser (blau angefärbt), aber gut in Benzin (gelb angefärbt).

7 Die Vielfalt unterscheiden
Isomerie bei Alkanen

Gleich und doch verschieden. Bei den Molekülmodellen der Alkane stößt man erstmals beim Butan (Summenformel C_4H_{10}) auf eine interessante Tatsache: Es sind zwei verschiedene Strukturformeln möglich. Tatsächlich existieren zwei verschiedene gasförmige Verbindungen mit der Summenformel C_4H_{10}.

A1 Versuchen Sie, mit dem Molekülbaukasten aus vier Kohlenstoffatomen und 10 Wasserstoffatomen unterschiedliche Molekülstrukturen für Butan zusammenzubauen.

A2 Zeigen Sie am Molekülmodell, warum es keine Propan-Isomere geben kann.

A3 Der Inhalt einer Campingbrenner-Kartusche wird mit „Butan" angegeben. Handelt es sich um einen Reinstoff oder um ein Stoffgemisch?

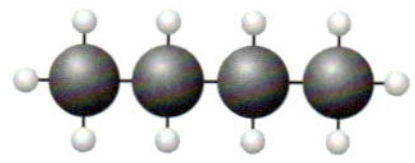

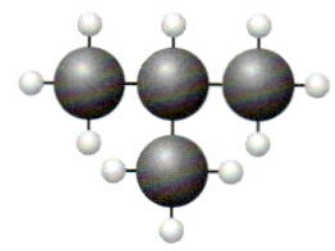

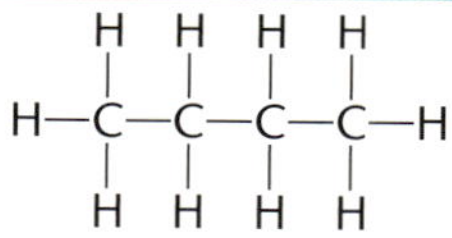

n-Butan

Smp.: −138 °C
Sdp.: −0,5 °C

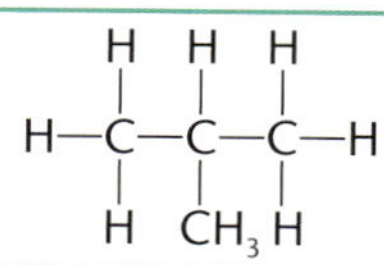

iso-Butan = 2-Methylpropan

Smp.: −159 °C
Sdp.: −12 °C

Das Vorkommen von Verbindungen mit gleicher Summenformel, aber unterschiedlichem Molekülbau, bezeichnet man als **Isomerie**. „Isomer" bedeutet gleiche Anzahl gleicher Atome (griech. isos = gleich, meros = Teil).

Verbindungen mit gleicher Summenformel, aber unterschiedlicher Strukturformel, nennt man isomere Verbindungen oder kurz Isomere.

Zahl der möglichen Isomere bei Alkanen

Name	Summenformel	Zahl der Isomeren
Pentan	C_5H_{12}	3
Hexan	C_6H_{14}	5
Heptan	C_7H_{16}	9
Octan	C_8H_{18}	18
Nonan	C_9H_{20}	35
Decan	$C_{10}H_{22}$	75
Eicosan	$C_{20}H_{42}$	366319

„Normal"-Alkane und verzweigte Alkane. Da die unverzweigte Kette von Kohlenstoffatomen als der Normalfall betrachtet wird, nennt man so gebaute Alkane Normal-Alkane oder **n-Alkane**. Alkane mit verzweigter Kohlenstoffkette werden als **iso-Alkane** bezeichnet.

Zunehmende Kohlenstoffzahl – mehr Isomere. Die Tabelle verdeutlicht, dass die Zahl der Isomeren eines Alkans mit zunehmender Anzahl der C-Atome im Molekül rasch ansteigt. Bereits vom Decan sind 75 Isomere möglich. Dies ist einer der Gründe für die riesige Anzahl organischer Verbindungen. Computerprogramme erleichtern den Chemikern heute den Überblick über mögliche isomere Molekülstrukturen.

Unterschiedliche Eigenschaften isomerer Verbindungen. Am Beispiel des Pentans lassen sich deutliche Unterschiede bei den Schmelz- und Siedetemperaturen der Isomere feststellen.

Eigenschaften der Pentan-Isomere und Aggregatzustände bei Raumtemperatur und Normaldruck

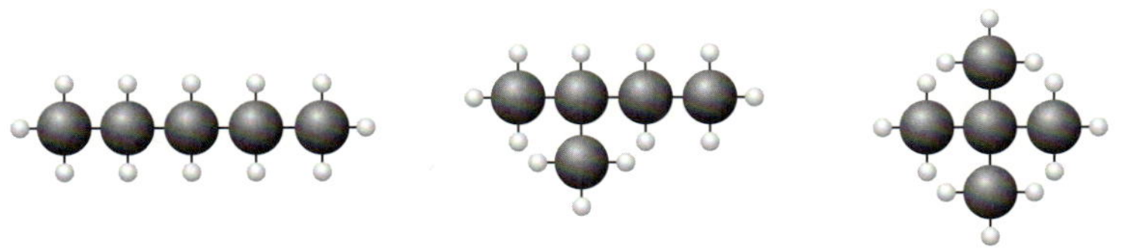

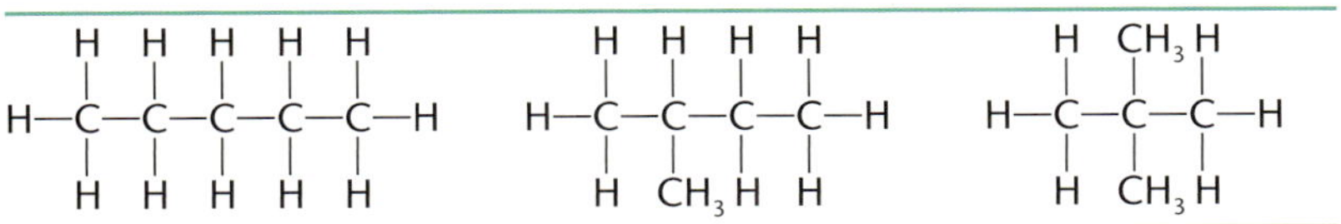

n-Pentan	2-Methylbutan	2,2-Dimethylpropan
Smp.: –130 °C	Smp: –160 °C	Smp.: –17 °C
Sdp.: +36 °C	Sdp.: +28 °C	Sdp.: +9,4 °C
flüssig	flüssig	gasförmig

Alkane mit verzweigter C-Kette besitzen stets einen niedrigeren Siedepunkt als das isomere Alkan mit unverzweigter C-Kette. Am niedrigsten ist die Siedetemperatur, wenn die Moleküle fast kugelförmig sind, wie z. B. bei 2,2-Dimethylpropan. Eine Erklärung liefern wiederum die van-der-Waals-Kräfte, die von der Moleküloberfläche abhängen.

Benennung von verzweigten Verbindungen. Um Verbindungen mit verzweigten Ketten eindeutig bezeichnen zu können, wurden klare Richtlinien erstellt. Eine Übersicht der Benennungsregeln ist im Schema rechts anhand eines Isomeren des Octans dargestellt.

1. Wir suchen die längste Kohlenstoffkette und nummerieren sie: Sie besteht bei diesem Beispiel aus fünf Kohlenstoffatomen und ergibt so den Stammnamen der Verbindung: **-pentan**.
2. Bei der Nummerierung gehen wir so vor, dass die Kohlenstoffatome, von denen Seitenketten (Alkylgruppen) abzweigen, möglichst kleine Ziffern erhalten: somit **2,2,4-** (nicht 2,4,4-). Das zweite Kohlenstoffatom nennt man zweimal, weil an ihm zwei Alkylgruppen sitzen.
3. Wir drücken die Anzahl gleicher Alkylgruppen mit Zahlwörtern aus. Hier drei Alkylgruppen, somit **Tri-**.
4. Wir nennen den Namen der Alkylgruppen: **-methyl**.

Der Name des Octanisomeren lautet also: 2,2,4-Trimethylpentan.

Isomere unterscheiden sich in ihren physikalischen Eigenschaften. Für ihre Benennung gibt es klare Regeln.

Contergan – ein Medikament mit zwei Wirkungen: Die Bedeutung der Kenntnisse über isomere chemische Verbindungen lässt sich am Schicksal Contergan-geschädigter Frauen und Männer ermessen: Man weiß heute, dass das bis 1961 hergestellte Beruhigungsmittel zwei räumlich unterschiedlich gebaute Molekülsorten einer chemischen Verbindung enthielt. Die Wirkung der einen Sorte ist tatsächlich beruhigend, die andere kann eine Keimschädigung bewirken.

A4 Versuchen Sie, alle möglichen Strukturformeln für die Isomere des Hexans zu finden!

A5 Was ist bei Isomeren gleich, was ist verschieden?

A6 Wie verändern sich die Schmelz- und Siedepunkte bei den drei Isomeren des Pentans? Finden Sie eine Erklärung dafür!

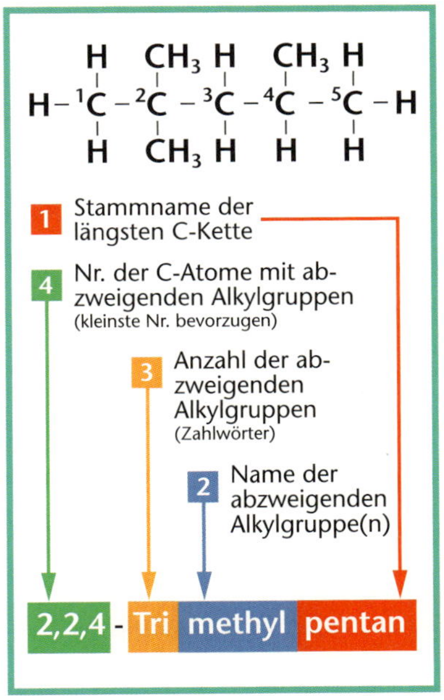

1 Benennung von Isomeren

*8 Trennung muss sein. Erdöl als Rohstoffquelle

1 Ansicht einer Raffinerieanlage mit Destillationstürmen

V1 In einer Destillationsvorrichtung werden 50 ml Erdöl zum Sieden erhitzt; der Verlauf der Siedetemperatur wird kontrolliert. Am besten mit Heizpilz und Schliffgeräten arbeiten (vgl. B4). Die Vorlage wird bei 70°C, 100°C und 150°C gewechselt. Zündquellen ausschließen!

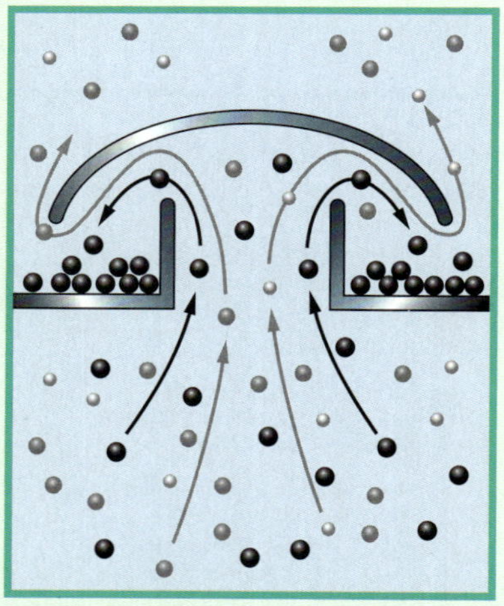

3 Glockenboden im Destillationsturm (schematisch)
An den kappenförmigen Überdeckungen (den „Glocken") dieser Böden kühlt sich das gasförmige Gemisch von Kohlenwasserstoffen in verschiedenen Fraktionen ab: Stoffe mit höherer Molekülmasse, also höheren Siedetemperaturen, kondensieren auf den unteren Glockenböden, Stoffe mit geringeren Molekülmassen, also niedrigeren Siedetemperaturen, weiter oben.

Treibstoffe – Destillationsprodukte des Erdöls. Damit wir Mopeds oder Autos betreiben können, benötigen wir Benzin oder Dieselkraftstoff. Beide Kraftstoffe gewinnt man aus Erdöl, einem flüssigen, natürlich vorkommenden Gemisch unterschiedlicher Kohlenwasserstoffe und anderer Verbindungen. Das Erdöl wird in der **Raffinerie** zuerst bei Normaldruck in der **atmosphärischen Destillation** destilliert und dabei entsprechend den unterschiedlichen Siedebereichen der enthaltenen Komponenten in einzelne **Fraktionen** aufgetrennt. Man spricht deshalb von einer **fraktionierten Destillation.**
Unter Fraktionen verstehen wir Stoffgemische, deren Bestandteile nahe beieinanderliegende Siedebereiche haben. Die fraktionierte Destillation nutzt aus, dass Verbindungen, die ein flüssiges Stoffgemisch bilden, nicht in derselben Zusammensetzung verdampfen, in der sie im Gemisch vorhanden sind. Stattdessen verdampfen zu Beginn der Destillation bevorzugt die leichter flüchtigen Verbindungen. Deshalb ist das zuerst aufgefangene Destillat leichter an niedrig siedenden Verbindungen als das Ausgangsgemisch. Je länger eine Destillation läuft, desto größer wird der Anteil an schwerer flüchtigen Bestandteilen im Destillat.

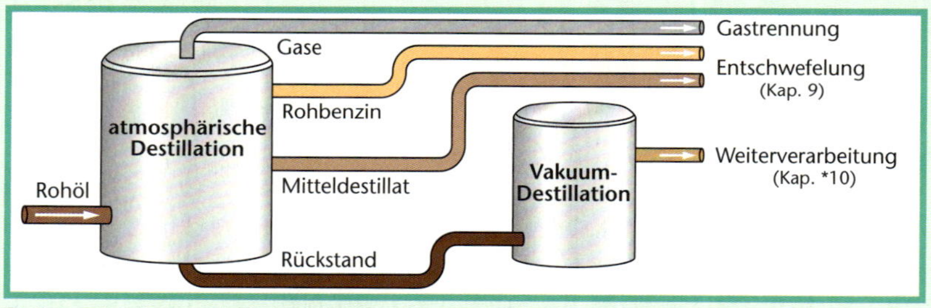

2 Schaubild einer Mineralölraffinerie (Destillationsteil)

An die atmosphärische Destillation schließt sich die **Vakuumdestillation** an. Da Siedepunkte mit abnehmendem Druck sinken, kann man nämlich hoch siedende Stoffgemische bei vermindertem Druck und relativ niedrigen Temperaturen trennen. Damit vermeidet man eine thermische Zersetzung bei zu hohen Destillationstemperaturen.
Bei der **fraktionierten Destillation** in V1 müssen wir die Vorlage bei bestimmten Temperaturen wechseln, um im Verlauf des jeweils nächsten Siedebereichs neues Destillat aufzufangen. In der Raffinerie „stapelt" man die Vorlagen übereinander: Das auf etwa 350°C aufgeheizte Öl strömt als Gasgemisch in den bis zu 60 m hohen Destillationsturm. Er ist in mehrere Stockwerke unterteilt, sogenannte „Glockenböden" (B3).

Unter Fraktionen verstehen wir Stoffgemische, deren Bestandteile nah beieinanderliegende Siedepunkte besitzen.

Man kann bei den Erdölfraktionen im Wesentlichen vier Siedebereiche unterscheiden:

Fraktionen der Erdöldestillation

Siedebereich	Fraktion	Zahl der C-Atome	Verwendung
unter 30 °C	Gase	1–4	Heizgase, Flüssiggas Ausgangsstoffe für chemische Synthesen
30–185 °C	Rohbenzin	5–12	Lösemittel Treibstoffe (Ottokraftstoffe) Ausgangsstoffe für chemische Synthesen
185–350 °C	Mitteldestillat	13–20	Flugturbinenkraftstoff (Kerosin) Dieselöl/leichtes Heizöl
über 350 °C	Rückstand	über 21	schweres Heizöl, Schmierstoffe Bitumen

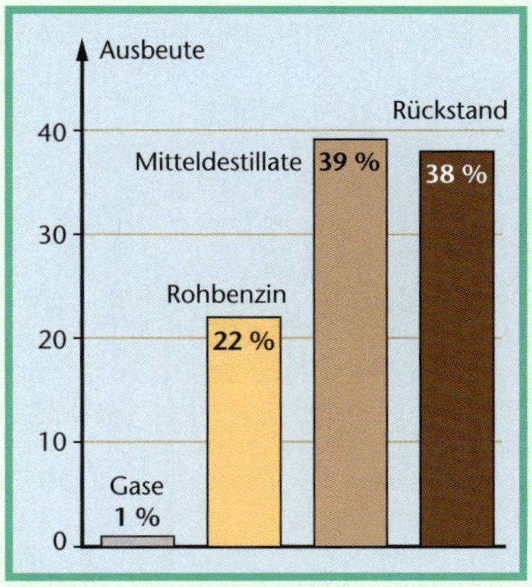

Massenanteil der Fraktionen aus libyschem Erdöl in Prozent

Die Raffinerie PCK in Schwedt an der Oder kann pro Jahr ca. 10,5 Millionen Tonnen (Mio t) Rohöl atmosphärisch destillieren, 5,5 Mio t können unter reduziertem Druck (Vakuumdestillation) destilliert werden.

A1 Beschreiben Sie den Weg des Rohöls durch die einzelnen Stationen der Destillationsanlage! Was passiert chemisch in den einzelnen Anlageteilen?

Mineralöle: Öle, die im Gegensatz zu pflanzlichen oder tierischen Ölen aus Erdöl oder Kohlenteer gewonnen werden.

4 Anlage zur Destillation von Erdöl

A2 Welche Überlegungen könnten die Wahl der Raffinerie-Standorte Wilhelmshaven, Leuna und Burghausen bestimmt haben?

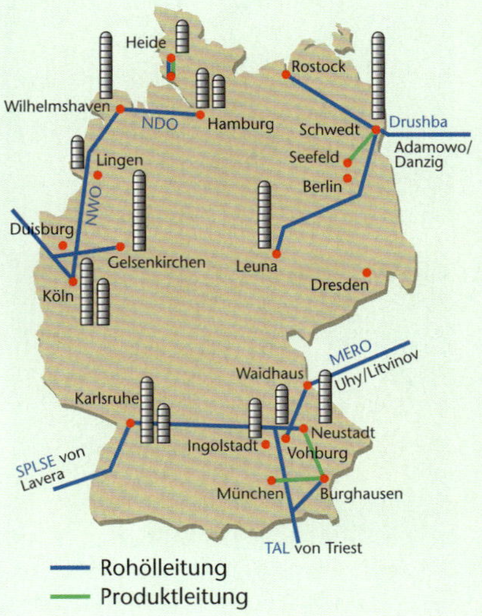

Die fraktionierte Destillation trennt Gemische in Fraktionen mit unterschiedlichen Siedebereichen auf. Aus Erdöl, einem Gemisch von Kohlenwasserstoffen, erhält man dabei Gase, Benzine, Mitteldestillate (Dieselöl) und Rückstände (schweres Heizöl, Bitumen).

9 Vorwärtskommen garantiert. Benzin und Diesel

1 Heizöl unterscheidet sich im Prinzip nicht von Dieselöl, ist aber steuerlich begünstigt. Deshalb wird es zur Unterscheidbarkeit von Dieselöl eingefärbt.

V1 In ein Porzellanschälchen werden ca. 10 ml Dieselkraftstoff eingetropft. Mit einem brennenden Holzspan versucht man, den Dieselkraftstoff zu entzünden. Beobachtung?

V2 Mithilfe eines Zerstäubers (möglichst mit Metalldüse) zerstäubt man eine geringe Menge Dieselkraftstoff in Richtung einer brennenden Kerze.
Vorsicht: In der Nähe sollten sich keine brennbaren Stoffe befinden!
Beobachtung?
Vergleichen Sie die beiden Experimente und erklären Sie die unterschiedlichen Beobachtungen!

Vom Rohbenzin und Mitteldestillat zum Treibstoff. Benzine werden aus der Rohbenzin-Fraktion des Erdöls gewonnen (s. Kap. *8). Diesel stammt aus dem Mitteldestillat. Es besteht daher aus Kohlenwasserstoffmolekülen mit größerer durchschnittlicher Kettenlänge. Um Benzin und Diesel als Motorenkraftstoff verwenden zu können, müssen sie von unerwünschten Begleitstoffen wie z. B. Schwefelverbindungen gereinigt („raffiniert") werden.
Die Qualität von Kraftstoffen wird vor allem durch den **Schwefelgehalt** bestimmt, bei Benzin auch durch die **Oktanzahl**.

Entschwefeln in der Raffinerie. Je nach Herkunftsland kann der Anteil an chemisch gebundenem Schwefel im Rohöl zwischen „fast schwefelfrei" (Libyen) und 3,1% (Mexiko) variieren. Im Durchschnitt liegt der Schwefelgehalt bei 1,8%. Würden die Schwefelverbindungen nicht in der Raffinerie entfernt, setzten sie sich beim Verbrennen im Motor zu Schwefeloxiden um. Die Folge wären Korrosion des Zylinders und der vom Abgas durchströmten Motorteile sowie Luftverschmutzung.

Die Schwefelentfernung aus den Erdölprodukten ist ein Musterbeispiel für einen aus mehreren Stufen zusammengesetzten chemisch-technischen Prozess. In der ersten Stufe (**katalytische Druckentschwefelung**) reagieren Schwefelverbindungen an einem Katalysator bei 400 °C und erhöhtem Druck mit Wasserstoff zu Schwefelwasserstoff H_2S. In der zweiten Stufe (**Claus-Verfahren**) wird der Schwefelwasserstoff, wiederum in zwei Stufen, zu sehr reinem Schwefel umgesetzt. Dieser Schwefel ist kein Abfall, sondern Rohstoff für weitere chemische Umsetzungen.

Bei der Raffination werden Benzin und Diesel von unerwünschten Begleitstoffen wie Schwefel gereinigt.

2 Dieselöl lässt sich nicht ohne weiteres entzünden (vgl. V1). In die Flamme gesprüht (Oberflächenvergrößerung), verbrennt es explosionsähnlich.

3 Anlage zur Entschwefelung

Ottomotor-Gemische. Die unerwünschte Selbstzündung des Kraftstoff-Luft-Gemisches im Zylinder des Ottomotors während der Kompressionsphase bezeichnet man als **Klopfen**. Das Gemisch verbrennt dabei mit bis zu zehnmal höherer Geschwindigkeit als bei kontrollierter, von den Zündkerzen ausgelöster Verbrennung. Klopfen kann zu Leistungsverlust und im Extremfall zu Schäden am Kolben führen; man vermeidet dies mit **klopffestem** Benzin. Ein Maß für die Klopffestigkeit des Benzins ist die **Oktanzahl** (OZ). Als Bezugskraftstoffe werden iso-Octan (OZ = 100) und n-Heptan (OZ = 0) gewählt.

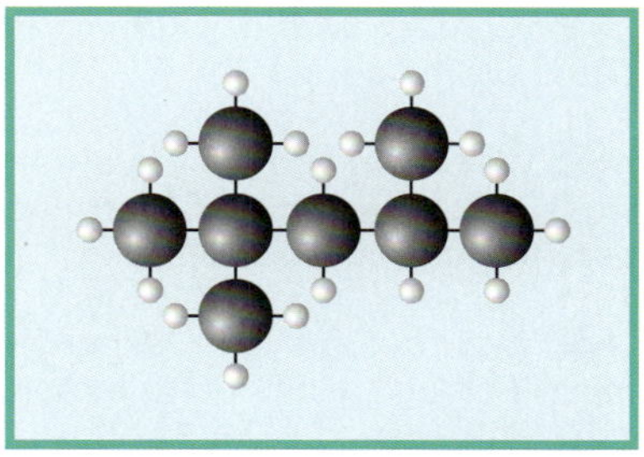

Bezugssubstanz für OZ = 100: 2,2,4-Trimethylpentan („iso-Octan")

Wie erhält man klopffeste Benzine? Verbindungen mit verzweigten Molekülketten und spezielle ringförmige Kohlenwasserstoffe (sogenannte Aromaten) sind besonders klopffest. Durch Zumischung solcher Komponenten kann man die Oktanzahl gezielt einstellen. Früher als „Klopfbremse" verwendete Bleiverbindungen sind wegen ihrer gesundheitsschädigenden Wirkung seit dem 1. Januar 2000 für alle Benzinqualitäten verboten.

Info: In Prüfstandsmotoren wird die **O**ktan**z**ahl von Benzin nach der **R**esearch-Methode festgestellt. Die gesetzlichen Vorgaben sind die **ROZ**-Werte, die wir an den Zapfsäulen finden:
Normalbenzin ≥ 91, Super ≥ 95, Superplus ≥ 98

Moderne Ottomotoren besitzen Klopfsensoren in den Zylindern. Sie erkennen Klopfgeräusche und melden sie dem Steuersystem für die Kraftstoffeinspritzung. Dieses regelt den Zündzeitpunkt knapp unterhalb der „Klopfgrenze" ein. So kann kurzfristig auch weniger klopffester Kraftstoff getankt werden, wenn kein Benzin mit höherer Oktanzahl zur Verfügung steht. Die Nachteile sind erhöhter Verbrauch und verminderte Leistung.

**Antiklopfmittel verhindern die unkontrollierte Selbstentzündung (Klopfen) von Benzin im Zylinder.
Ein Maß für die Klopffestigkeit ist die Oktanzahl.**

4 Tankstellen-Zapfsäule mit verschiedenen Benzinsorten

Dieselkraftstoff. Die Selbstentzündung des Gemisches aus Luft und eingespritztem Dieselkraftstoff beginnt bei Dieselmotoren ohne Zündfunken, lediglich durch Erhitzung als Folge der Druckerhöhung beim Komprimieren. Bei tieferen Temperaturen müssen Zusatzstoffe das Erstarren des Dieselkraftstoffes in den Leitungen verhindern.

Eingesprühter Dieselkraftstoff entzündet sich im heißen Zylinder von selbst.

Info: In modernen Dieselmotoren wird der Kraftstoff mit hohem Druck (> 2000 bar) eingespritzt. Solche Dieselmotoren vereinigen hohe Leistung mit geringem Schadstoffausstoß.

Moderne Motoren für Benzin- und Dieselkraftstoff arbeiten mit Direkteinspritzung unter hohen Drücken und mit Abgasaufladung. Der Abgasturbolader nutzt die Energie der Abgase zur Verdichtung („Aufladung") der Ansaugluft. Dies führt zu einer Leistungserhöhung, da auch entsprechend mehr Kraftstoff zugeführt werden kann.

A1 Wodurch wird das Klopfen in Ottomotoren ausgelöst?

A2 Welche Art von Kohlenwasserstoffen muss Benzin enthalten, um besonders klopffest zu sein?

A3 Warum führt der Magergemisch-Betrieb eines Ottomotors zum Ansteigen der Stickstoffoxidkonzentration im Abgas?

Dieselmotoren sind sparsamer im Kraftstoffverbrauch als Ottomotoren, erzeugen aber mehr Stickstoffoxide und Rußpartikel. Abhilfe schafft ein **Oxidationskatalysator** in Kombination mit einem **Rußfilter**. Sobald der Ruß in den Filterporen den Durchlass der Abgase zu sehr einschränkt, wird kurz zusätzlicher Kraftstoff eingespritzt, dem eine katalytisch wirkende Verbindung zugesetzt wurde. Die Folge ist eine Erhöhung der Abgastemperatur, wodurch der Ruß vom Filter abbrennt.

Moderne Motoren – chemische Probleme. „Magermotoren" sind Ottomotoren mit Hochdruck-Benzineinspritzung, die unter Teillast mit hohem Luftüberschuss, einem sogenannten „mageren" Gemisch, laufen. Diese Betriebsart ermöglicht sehr günstige Verbrauchswerte, es entsteht aber ein hoher NO_x-Anteil im Abgas. Da der Dreiwegekatalysator im Magerbetrieb die Stickstoffoxide nicht abbauen kann, wird ihm ein **DeNOx-Speicherkatalysator** vorgeschaltet.

NO_x
Sammelbezeichnung für Stickstoffmonooxid und Stickstoffdioxid

Ist ein Großteil der DeNOx-Katalysatoroberfläche mit NO_x belegt, löst ein Sensor eine kurzzeitige „fette" Verbrennung und damit einen Temperaturanstieg im Abgas aus. Dadurch wird NO_x von der Speicherkatalysatoroberfläche abgelöst und dann vom Dreiwegekatalysator unter „fetten" Betriebsbedingungen abgebaut.

Schwefelverbindungen würden die Oberfläche des DeNOx-Speicherkatalysators zusätzlich belegen (B5). Dann müsste die Regeneration des Speichers häufiger durchgeführt werden und der Benzinverbrauch würde steigen. Deshalb schreiben die Motorhersteller für Magergemisch-Motoren sogenanntes „Superplus-Benzin" mit hoher Klopffestigkeit und geringem Schwefelgehalt vor (ROZ 98; Schwefelgehalt $\leq 10\,ppm$).

Info: 10 ppm bedeutet, dass unter einer Million Benzinteilchen nur 10 Schwefelteilchen enthalten sein dürfen.

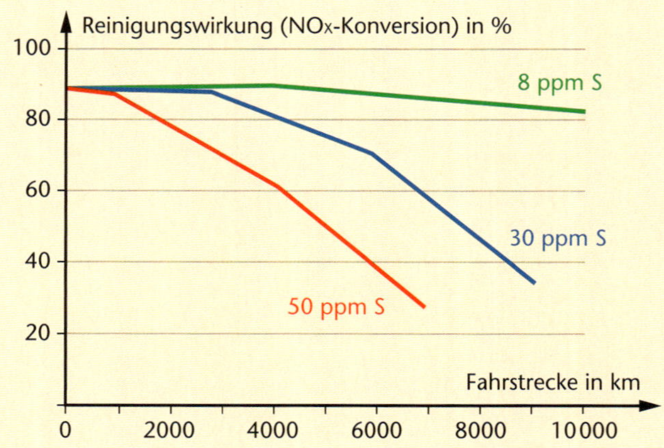

5 Reinigungswirkung des DeNOx-Speicherkatalysators in Abhängigkeit vom Schwefelgehalt des Kraftstoffs

Benzin für moderne Motoren soll eine hohe Oktanzahl und einen sehr geringen Schwefelgehalt aufweisen.

Immer mehr, immer besser
Cracken und Reformieren von Erdölfraktionen 10*

Qualitäts- und Quantitätsverbesserung von Benzin. Um Benzin klopffest zu machen, benötigt man verzweigte oder aromatische Kohlenwasserstoffe (Kap. *50). Nach der Entschwefelung bestehen die flüssigen Fraktionen des Erdöldestillats aber immer noch überwiegend aus Kohlenwasserstoffen mit langen, unverzweigten Molekülketten mit unerwünscht niedrigen Oktanzahlen. Es wäre nun unwirtschaftlich und technisch schwierig, die Oktanzahl nur über die Zugabe weiterer Verbindungen („Additive") einzustellen. Daher verfügt eine **Kraftstoffraffinerie** neben den Destillationsanlagen auch noch über technische Einrichtungen, die der **Qualität**sverbesserung der Kraftstoffeigenschaften dienen und die **Quantität** der aus der Ausgangsfraktion erzeugten Benzinmenge erhöhen.

Im Gegensatz zu Kraftstoffraffinerien dienen **petrochemische Raffinerien** überwiegend der Gewinnung von Grundchemikalien wie Paraffinen, Ethen oder Ethin (s. Kap. 11).

Qualitätsverbesserung durch Reformieren. Bei diesem wichtigen katalytischen Raffinerieprozess wird erhitztes Rohbenzin unter Druck in Reaktoren geleitet. Unter dem Einfluss von Katalysatoren laufen zwei verschiedene Prozesse nebeneinander ab: Unverzweigte Kohlenwasserstoffe (n-Alkane) werden über einem Platinkatalysator in verzweigte Kohlenwasserstoffe (iso-Alkane) umgewandelt (**Isomerisierung**) und aus ringförmigen Kohlenwasserstoffverbindungen wird Wasserstoff entfernt (**Dehydrierung**). Der Wasserstoff wird als wertvoller Rohstoff abgetrennt und wieder verwendet. Der Katalysator ist mit Edelmetall beschichtetes Aluminiumoxid.

Beim Reformieren entstehen aus unverzweigten Kohlenwasserstoffen verzweigte Moleküle (Isomerisierung) und cyclischen Kohlenwasserstoff-Verbindungen wird Wasserstoff entzogen (Dehydrierung).

A1 Interpretieren Sie das Schaubild B1. Suchen Sie im Atlas auf einer Karte der Bodenschätze die entsprechenden Länder heraus.

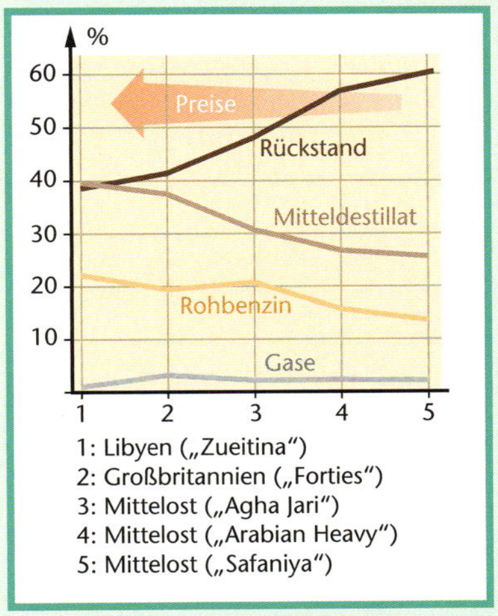

1 Produktausbeuten bei Erdöl unterschiedlicher Herkunft

A2 Warum reformiert man Erdöldestillate?

A3 Welche Reaktionen laufen beim Reformieren von Kohlenwasserstoffen ab?

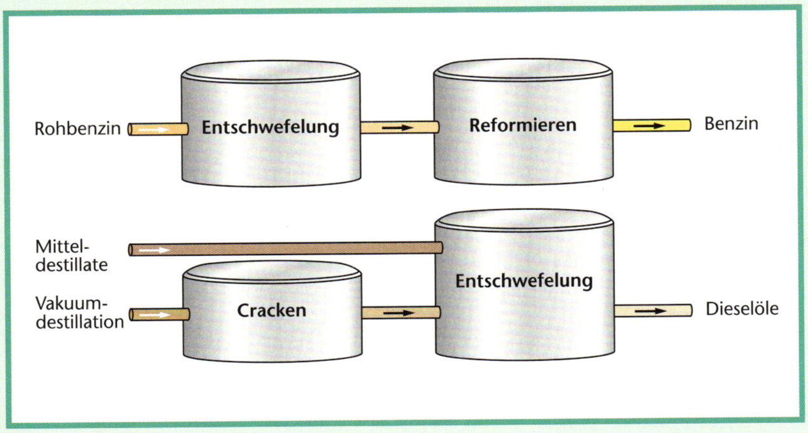

2 Schaubild einer Mineralölraffinerie (Reformer und Cracker)

Cracken und Reformieren von Erdölfraktionen

V1 Vorsicht! Ein schwer schmelzbares Reagenzglas wird etwa zur Hälfte mit Perlkatalysator gefüllt. Dazu gibt man einige Milliliter Paraffinöl (oder schweres Heizöl) und verschließt locker mit einem Bausch Glaswolle. Der Perlkatalysator wird kräftig erhitzt. Die entweichenden Gase können kondensiert oder abgefackelt werden (B3).

3 Modellversuch zum Cracken. Im U-Rohr sammeln sich flüssige Kohlenwasserstoffe.

A4 Wie unterscheiden sich thermisches und katalytisches Cracken?

A5 Welche Vorteile bietet das Hydrocracken?

Quantitätsverbesserung durch Cracken. Gemische mit niedrigem Siedebereich eignen sich gut als Energieträger für Fortbewegung und Heizung. Ihr bei der Erdöldestillation anfallender Anteil ist aber relativ gering. Deshalb erzeugt man niedrig siedende Kohlenwasserstoffe durch Umwandlungsverfahren wie das **Cracken**, bei dem langkettige Kohlenwasserstoffketten bei hohen Temperaturen „zerbrochen" werden. Beim Verkürzen der Ketten entstehen „ungesättigte", wasserstoffärmere Kohlenwasserstoffmoleküle (Alkene, Kap. 11).
Beim **thermischen Cracken** werden die Kohlenwasserstoffketten allein durch die hohen Temperaturen (480–505 °C) zerbrochen.
Beim **katalytischen Cracken** erhält man mithilfe von Katalysatoren auf Siliciumbasis verkürzte Ketten und hohe Anteile von verzweigten Kohlenwasserstoffen im Crackbenzin.

Beim katalytischen Cracken erhöhen sich Ausbeute und Qualität des Crackbenzins.

Beim **Hydrocracken** arbeitet man mit metallbeschichteten Siliciumkatalysatoren und führt Wasserstoff bei Drücken bis zu 200 bar und Temperaturen bis 450 °C zu. So erreicht man gleichzeitig, dass Kohlenwasserstoffmoleküle gecrackt und dass die dabei entstehenden Alkene zu Alkanen hydriert werden. Das Verfahren kann so gesteuert werden, dass das Verhältnis der Ausbeuten von Benzin- und Dieselkraftstoff genau dem aktuellen Bedarf entspricht.

Hydrocracken bewirkt gleichzeitig die Verkürzung der Kohlenstoffketten und das Entstehen von gesättigten Kohlenwasserstoffen.

Die wichtigsten Veredelungsverfahren einer Kraftstoffraffinerie

Anlagenteil		Verfahren
Reformer		Umwandlung der Benzinfraktion in wirtschaftlich höherwertigen Vergaserkraftstoff
Cracker	Catcracker	Umwandlung langkettiger Paraffine in kürzerkettige Moleküle
Cracker	Coker	thermische Spaltung von Kohlenwasserstoffen
Cracker	Hydrocracker	Spaltung langkettiger Moleküle Hydrierung
Hydrotreater (HAT)		Entfernung von Katalysatorgiften für Magergemisch-Motoren

Reifungsprozess. Im Herbst kommt es oft vor, dass vor den ersten Nachtfrösten noch zahlreiche grüne Tomaten an einer Pflanze hängen. Diese sind für die Heimgärtner aber nicht verloren: Wenn sie die unreifen Tomaten pflücken und zwischen rote Exemplare legen (B1), werden die grünen schnell zur Reife gebracht.
Diese altbekannte Methode funktioniert deshalb so gut, weil reifende Früchte ein **Hormon** (= Botenstoff) produzieren, das ihre Entwicklung fördert. Es handelt sich um das Gas **Ethen**. Auch im großtechnischen Umfang wird es eingesetzt: Viele tropische Früchte wie Ananas oder Bananen werden unreif abgeerntet, damit sie auf dem langen Transport nach Europa nicht verderben. In den Lagerhallen der Importeure erfolgt dann eine **Begasung mit Ethen**, um „erntefrische" Ware anbieten zu können.

1 Rote Tomaten beschleunigen das Heranreifen der grünen Früchte.

Gewinnung. Ethen wird für industrielle Zwecke nicht etwa aus Pflanzen gewonnen, wie man vielleicht vermuten könnte. Diesen technisch sehr bedeutsamen Stoff (s. Kap. 20) erzeugt man durch gezieltes **Cracken** von Alkanmolekülen. Bei hohem Druck und hoher Temperatur werden sie in Bruchstücke mit nur zwei C-Atomen zerlegt.

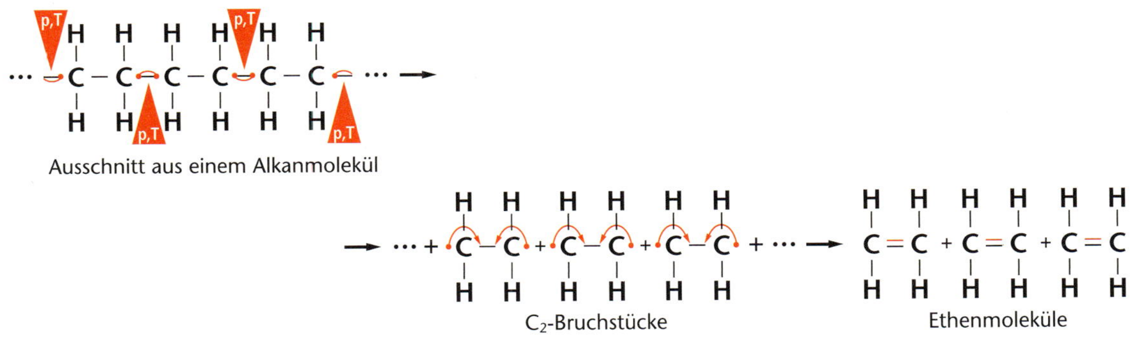

2 Ethen wird durch gezieltes Cracken (engl. to crack = zerbrechen) bei hohem Druck p und hoher Temperatur T hergestellt. Damit möglichst wenig andere Produkte entstehen, müssen die Reaktionsbedingungen genau abgestimmt sein.

Formel und chemische Bindung. Ethen ist ein Kohlenwasserstoff mit der **Summenformel C_2H_4**. Folglich binden die C-Atome nicht die größtmögliche Anzahl an H-Atomen wie bei Ethan C_2H_6. Man spricht daher von einer **ungesättigten Verbindung**. Da die C-Atome der C_2-Bruchstücke jeweils ein ungepaartes (einzelnes) Elektron in ihrer Außenschale besitzen, verfehlen sie den stabilen, energiearmen Zustand des Oktetts. Dieser kann aber dadurch erreicht werden, dass die C-Atome untereinander eine zusätzliche Elektronenpaarbindung eingehen. Im Ethenmolekül liegt daher eine **C=C-Doppelbindung** vor.

Die Gentechnik verändert die Haltbarkeit von Tomaten.
Seit Mitte der 90er Jahre gibt es Tomatensorten, die extrem lange haltbar sind. Dies wurde durch eine gezielte Veränderung der Erbinformation (DNS) erreicht: Bei einigen Sorten schaltete man dabei den DNS-Abschnitt (= das Gen) aus, der für die Herstellung von Ethen zuständig ist. Folglich reifen diese „Gentomaten" nur dann heran, wenn sie künstlich mit Ethen begast werden.

Ethen als typisches Alken

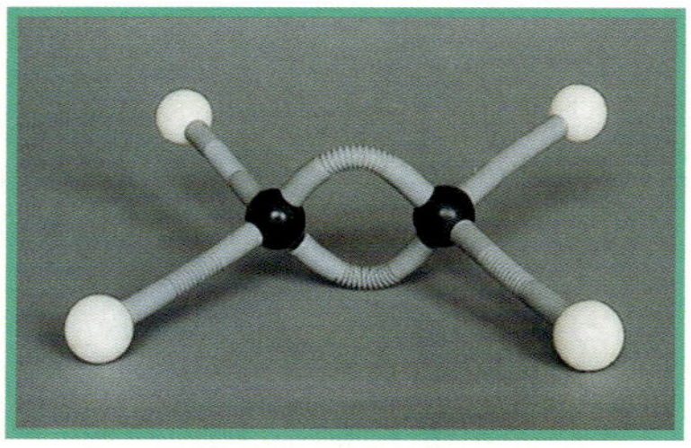

3 Das Ethenmolekül als Kugel-Stab-Modell

A1 Warum vermeidet man es in großen Lagerhäusern, früh reifende Tomaten gemeinsam mit spät reifenden zu lagern?

A2 Wie viele ungepaarte Außenelektronen besitzen beim Cracken die C-Atome in den Alkanbruchstücken? Begründen Sie, warum dieser Zustand nicht stabil ist.

A3 Bauen Sie mit dem Molekülbaukasten ein Ethenmolekül (B3). Was verdeutlicht die „Bohnenform" der Verbindungsstücke, die die Doppelbindung darstellen?

A4 Kann es ein Alken mit dem Namen Methen geben? Begründen Sie Ihre Antwort.

A5 Welche Summenformel besitzt Hexen? Zeichnen Sie seine Strukturformel.

A6 Sagen Sie den Aggregatzustand bei Raumtemperatur und das Löslichkeitsverhalten des Hexens voraus.

Ethen C_2H_4 ist durch eine C=C-Doppelbindung gekennzeichnet. Alle Moleküle mit Mehrfachbindungen werden als ungesättigt bezeichnet.

Die Alkene. Die Bruchstücke des Crackens können bei entsprechenden Reaktionsbedingungen auch aus mehr als zwei C-Atomen bestehen. Ihnen ist aber immer gemeinsam, dass sie eine C=C-Doppelbindung besitzen. Solche Kohlenwasserstoffe heißen **Alkene**: Ihre Namen (Eth**en**, Prop**en**, But**en** etc.) leiten sich von den entsprechenden Alkanen ab, wobei die Endsilbe **-en** auf den ungesättigten Charakter hinweist. Dieser kommt auch in der allgemeinen Summenformel $\mathbf{C_nH_{2n}}$ zum Ausdruck. Wie ihre gesättigten Verwandten, die Alkane, bilden auch die Alkene eine **homologe Reihe**.

Die einfachsten Vertreter der Alkene

Name	Strukturformel	Kugelmodell	Smp. °C	Sdp. °C
Ethen	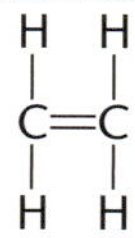	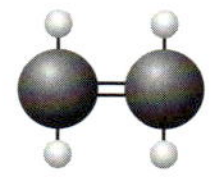	–169	–104
Propen	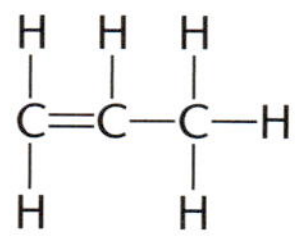	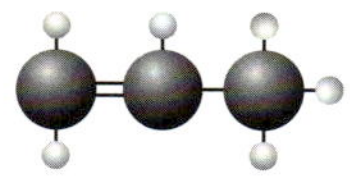	–185	–47
Buten	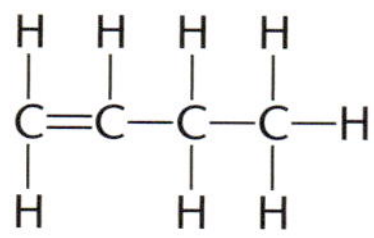	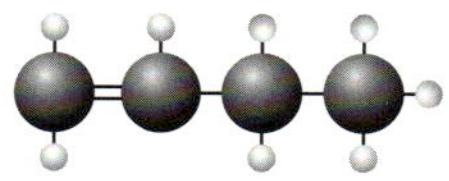	–185	–6

Zudem sind sich beide Arten von Kohlenwasserstoffen in den physikalischen Eigenschaften (z. B. Aggregatzustand, Löslichkeitsverhalten) sehr ähnlich. Der Einfluss der C=C-Doppelbindung auf das chemische Verhalten der Alkene wird im nächsten Kapitel am Beispiel des Ethens aufgezeigt.

Ethen ist das erste Glied in der homologen Reihe der Alkene. Alkene sind ungesättigte Kohlenwasserstoffe mit einer C=C-Doppelbindung im Molekül. Ihre Summenformel lautet C_nH_{2n}.
Die Alkene haben ähnliche physikalische Eigenschaften wie die Alkane.

Doppelt gebunden hält nicht besser. Eigenschaften des Ethens 12

Herstellung von Ethen aus Ethan. Man kann Ethen auch dadurch gewinnen, dass von einem Ethanmolekül zwei Wasserstoffatome abgespalten werden. Damit eine solche **Dehydrierung** (= Abspaltung von Wasserstoff) bei einem Alkan abläuft, muss ständig Energie in Form von Wärme zugeführt werden. Außerdem ist ein Katalysator nötig.

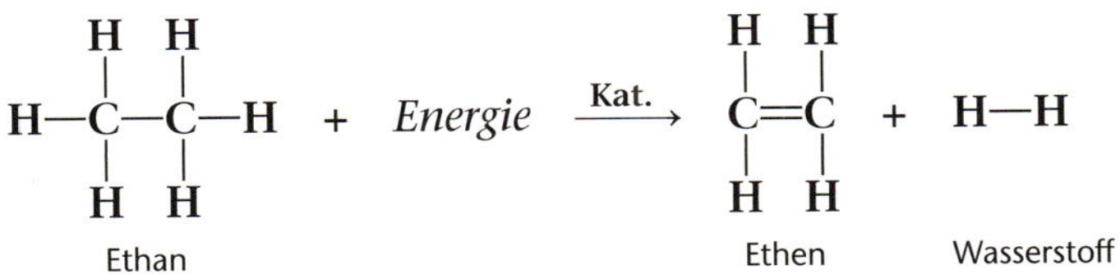

Da die Dehydrierung eines Alkans eine endotherme Reaktion darstellt, muss Ethen einen höheren Energieinhalt besitzen als Ethan.

Ethen und Ethan im Vergleich. Offenbar kann unsere Nase die C=C-Dopelbindung riechen: Während das gesättigte Ethan von uns als geruchlos empfunden wird, nehmen wir beim ungesättigten Ethen einen **leicht süßlichen Duft** wahr. Es gibt aber auch eine exakte Methode, um diese beiden farblosen Gase voneinander zu unterscheiden: die **Bromwasserprobe**.
Wenn beide Gase durch Bromwasser geleitet werden, dann **entfärbt nur Ethen** diese orange Lösung (B1). Natürlich können Brommoleküle nicht einfach „verschwinden". Also muss Ethen – im Gegensatz zu Ethan – in der Lage sein, mit ihnen eine chemische Reaktion einzugehen.

Ursache der unterschiedlichen Reaktivität. Durch die C=C-Doppelbindung ist Ethen energiereicher, also instabiler und reaktionsfreudiger als Ethan. Da sie die **chemischen Eigenschaften** der gesamten Verbindung bestimmt, bezeichnet man die C=C-Doppelbindung als **funktionelle Gruppe** des Ethens.

Der Teil einer Verbindung, der ihre Eigenschaften entscheidend bestimmt, wird funktionelle Gruppe genannt.

Reaktionen des Ethens. Bei der Bromwasserprobe mit Ethen lagert sich ein Br_2-Molekül an die C=C-Doppelbindung an. Man spricht hier von der **Addition** des Broms an die Doppelbindung (B2). Dabei bricht die Doppelbindung auf und es bleibt eine C—C-Einfachbindung.

Bromwasserprobe: Bei Bromwasser handelt es sich um eine Lösung von Brom in Wasser. Die orange Färbung des Bromwassers zeigt an, dass sich Br_2-Moleküle darin befinden.

V1 **Vorsicht!** Die Gase Ethen und Ethan werden jeweils durch eine Waschflasche mit Bromwasser (ätzend!) geleitet.

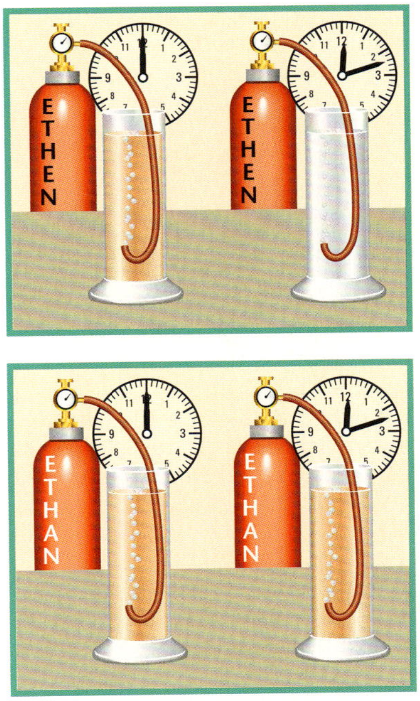

1 Ethen entfärbt das Bromwasser von Versuch 1, Ethan dagegen nicht.

V2 Ethen wird über Wasser in einem starkwandigen Glaszylinder aufgefangen. Dieser wird anschließend mit der Öffnung an einen brennenden Span gebracht. Beschreiben Sie Ihre Beobachtung.

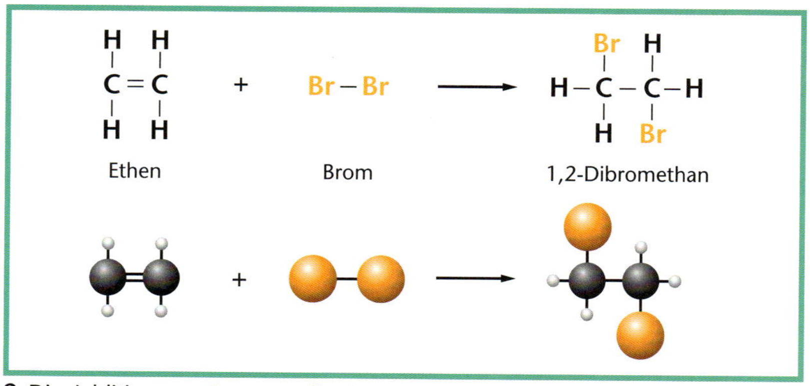

2 Die Addition von Brom an die C=C-Doppelbindung des Ethens

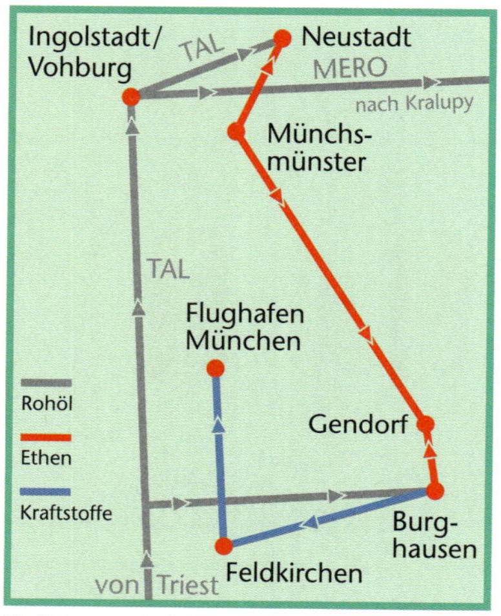

3 Ethen wird über eine 112 km lange Pipeline von der Raffinerie in Münchsmünster zu verarbeitenden Betrieben in Gendorf transportiert.

A1 Warum führt ein hoher C-Anteil in einem Kohlenwasserstoff zu einer unvollständigen Verbrennung an der Luft?

A2 Erkundigen Sie sich: Welche Produkte werden in Gendorf aus Ethen hergestellt?

Technisch bedeutsamer ist jedoch eine Reaktion, bei der man die Herstellung von Ethen durch Cracken im Prinzip umkehrt: Aus vielen Tausend Ethenmolekülen kann durch Aufhebung der C=C-Doppelbindung ein langes Riesenmolekül hergestellt werden. Man erhält so **Polyethen** (s. Kap. 20).

Wie alle Kohlenwasserstoffe kann auch Ethen **verbrannt (oxidiert)** werden. Bei der Oxidation an Luft-Sauerstoff beobachtet man eine gelbe, leicht rußende Flamme (V2). Dies ist ein Hinweis auf eine **unvollständige Verbrennung**. Sie beruht darauf, dass der **relative Kohlenstoffanteil** im Ethenmolekül (Verhältnis C:H = 1:2) wegen der C=C-Doppelbindung höher ist als im Ethanmolekül (Verhältnis C:H = 1:3). Der Sauerstoffanteil in der Luft (ca. 21 %) reicht offenbar nicht aus, um alle Atome des Ethens zu oxidieren.

Die **vollständige Verbrennung** des Ethens ist durch zusätzliche Zufuhr von Sauerstoff, z. B. unter Druck, möglich:

$$C_2H_4 + 3\,O_2 \longrightarrow 2\,CO_2 + 2\,H_2O + \textit{Energie}$$

Diese Reaktion liefert pro Ethenmolekül **mehr Energie** als die vollständige Verbrennung des Ethans: ein weiterer Beweis für den hohen Energieinhalt der C=C-Doppelbindung.

Die chemischen Eigenschaften des Ethens werden von der energiereichen C=C-Doppelbindung bestimmt, die man deshalb als funktionelle Gruppe bezeichnet. Da an die Doppelbindung Moleküle wie Brom angelagert werden können (= Addition), entfärbt Ethen Bromwasser.

Herstellung aus Ethen. Selbst aus einem Ethenmolekül können in einer endothermen Reaktion noch zwei Wasserstoffatome abgespalten werden. Bei dieser **Dehydrierung** entsteht ein Kohlenwasserstoff mit der **Summenformel** C_2H_2. Diese Verbindung, **Ethin** oder – mit altem Namen – **Acetylen**, ist durch eine **C≡C-Dreifachbindung** gekennzeichnet:

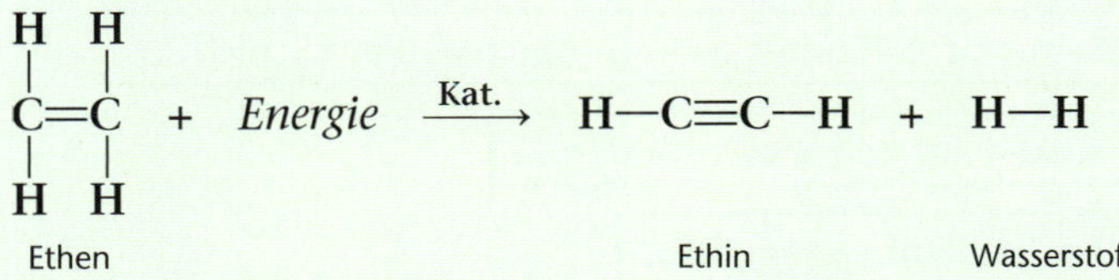

A1 Vergleichen Sie den Energieinhalt von Ethan, Ethen und Ethin.

V1 Herstellung von Ethin: In einem Gasentwickler mit Druckausgleich wird vorsichtig Wasser auf Calciumcarbid getropft. Das entstehende Ethin wird in eine pneumatische Wanne geleitet, wo es in einen starkwandigen Glaszylinder gefüllt wird.

Energieinhalt. Nach der Reaktionsgleichung muss Ethin noch energiereicher sein als Ethen. Durch seine C≡C-Dreifachbindung besitzt Ethin einen **sehr hohen Energieinhalt**. Es ist relativ instabil und bildet zusammen mit Sauerstoff explosive Gemische (bei einem Ethin-Anteil zwischen 1,5 und 82%).Um seinen plötzlichen Zerfall zu verhindern, wird Ethin zunächst in einer Füllmasse gelöst, bevor es in Stahlflaschen gefüllt wird. Diese müssen gemäß EU-Verordnung einen braunen Anstrich tragen.

Technische Bedeutung. Den hohen Energieinhalt des Ethins nutzt man heute vor allem beim **Schweißen** als Verbrennungswärme. Durch **Oxidation** dieses Gases lässt sich nämlich eine Temperatur von ca. 3000°C erzeugen:

$$2\ C_2H_2 + 5\ O_2 \longrightarrow 4\ CO_2 + 2\ H_2O + \textit{Energie}$$

Damit ein möglichst hoher Energiebetrag frei wird, führt man in einem Schweißbrenner (B1) dem Ethin reinen Sauerstoff zu. So können alle Kohlenstoff- und Wasserstoffatome zu Kohlenstoffdioxid bzw. Wasser oxidiert werden. Man erreicht also eine vollständige Verbrennung.
An Luft verbrennt Ethin nur unvollständig, mit einer leuchtend gelben, stark rußenden Flamme (V2).

1 Ein Schweißbrenner besitzt eine Ethin- und eine Sauerstoffzufuhr.

Die Alkine. Ethin und längere Kohlenwasserstoffe mit einer C≡C-Dreifachbindung werden als **Alkine** bezeichnet.

A2 Erstellen Sie eine Tabelle, in der Sie Namen, Strukturformel und Summenformel der ersten vier Alkine angeben.
Welche allgemeine Summenformel haben die Alkine?

Das einfachste Alkin ist Ethin (Acetylen). Dieses besitzt wegen seiner C≡C-Dreifachbindung einen hohen Energieinhalt.

V2 **Schutzscheibe!** Der Glaszylinder aus V1 wird mit der Öffnung an eine Brennerflamme gebracht. Erklären Sie Ihre Beobachtung.

Alles im Griff ?

1. Vom Lebewesen zum Brennstoff!

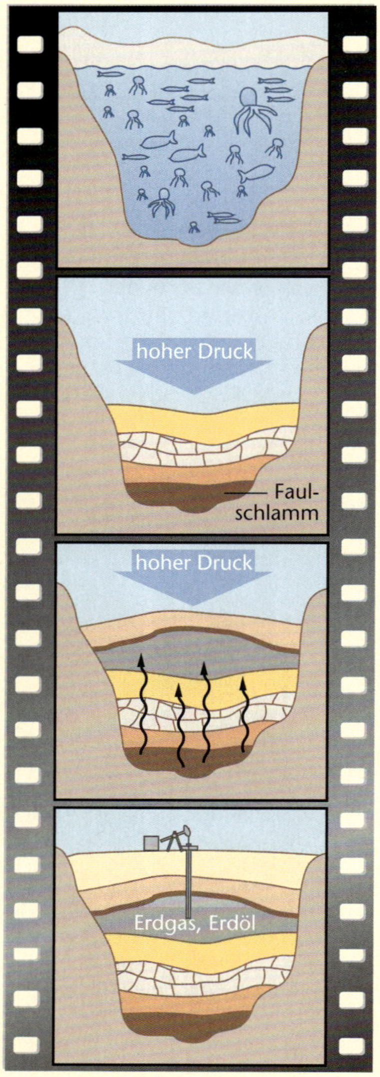

Beschreiben Sie die Entstehungsgeschichte von Erdöl.
Verwenden Sie dafür folgende Satzbausteine:

- … Abbau des organischen Materials ohne Sauerstoff durch Bakterien …
- … sterben ab …
- … sammelt sich unter einer undurchlässigen Schicht …
- … sinken auf den Meeresboden …
- … Faulschlamm entsteht …
- … vor mehr als 500 Millionen Jahren …
- … Flüsse schieben Sand und Geröll darüber …
- … hoher Druck und hohe Temperaturen …
- … Erdöl entsteht Schritt für Schritt …
- … große Meere mit vielen Kleinstlebewesen …
- … wandert durch Erdschichten nach oben …

3. Verzwickt verzweigt!

Stutzig versucht möglichst viele verschiedene Strukturformeln von iso-Hexan zu zeichnen.

a) Wie viele hat er gefunden?
b) Gibt es noch mehr Möglichkeiten?
c) Benennen Sie jede Molekülstruktur chemisch eindeutig!

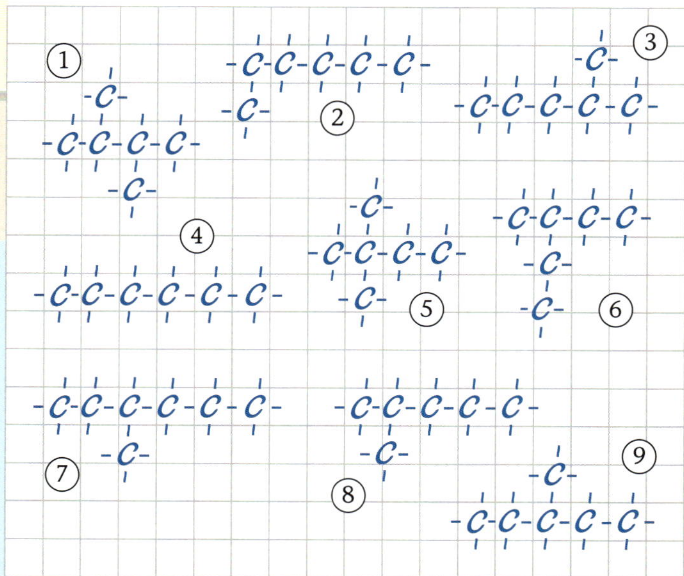

* 2. Sinn oder Unsinn?

iso-Propan

$C_{390}H_{782}$

2-Buten

Methen

Hexen

n-Decan

C_2H_2

2,2,2-Trimethylethan

4. Die Erleuchtung!

Was ist Carbid und wie funktioniert diese Carbidlampe?
Es findet folgende Reaktion statt:

$$CaC_2 + 2\,H_2O \longrightarrow Ca(OH)_2 + C_2H_2$$

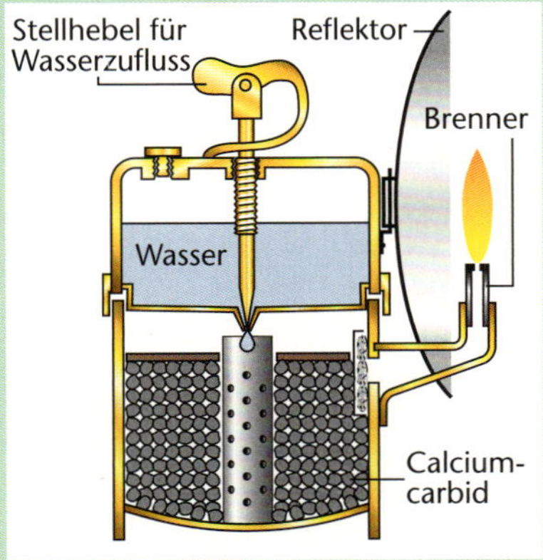

5. Zum Grübeln!

Stutzig soll die Flaschen mit den Namens- und Strukturformel-Etiketten bekleben. Da er nur die Siedepunkte der Chemikalien vorgegeben hat, kommt er stark ins Grübeln. Können Sie ihm helfen?

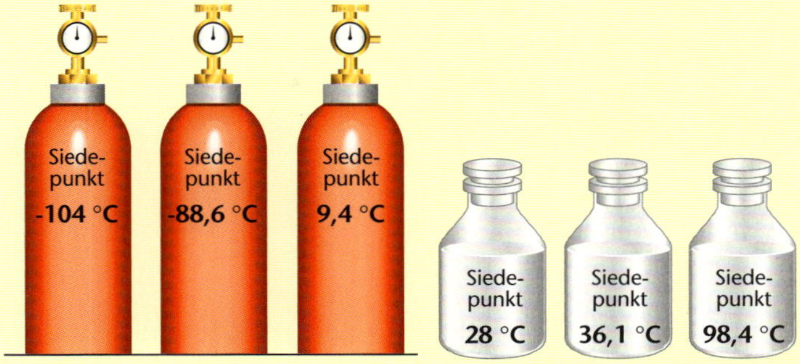

n-Pentan	2,2-Dimethylpropan	Ethen
n-Heptan	Ethan	2-Methylbutan

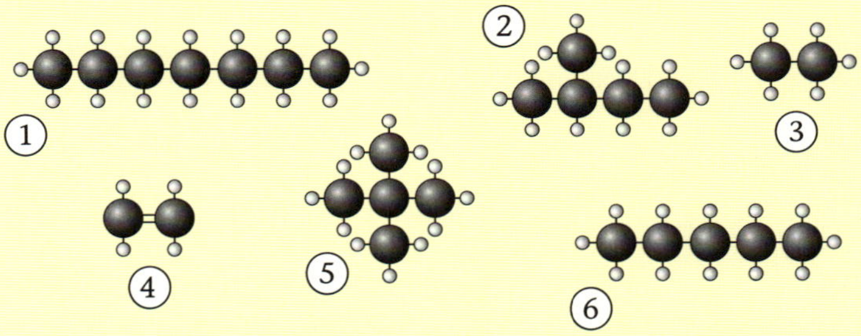

6. Isomer oder nicht?

Welche dieser Verbindungen sind isomer zu 2,2,4-Trimethylpentan?

2,2,4-Trimethylpentan ---?---

- n-Pentan
- 3-Methylheptan
- n-Heptan
- 2,3-Dimethylheptan
- 3-Methyl-3-ethylpentan
- n-Octan
- 3-Ethylhexan

★ 7. Erst gesättigt, dann ungesättigt!

Ordnen Sie die Begriffe in das Schema, sodass Stoffgruppe, allgemeine Summenformel und Reaktionstyp ersichtlich werden.

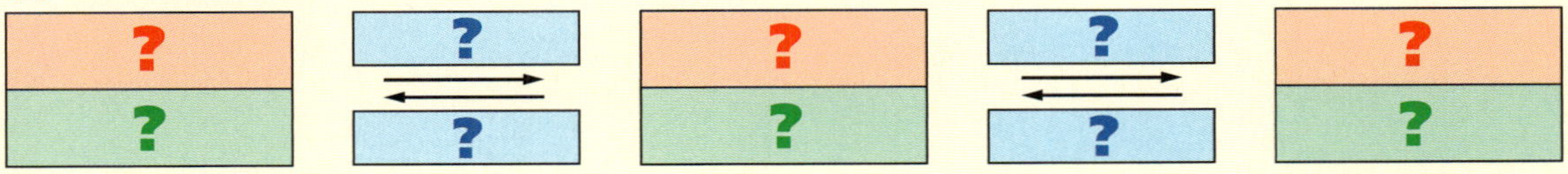

Dehydrierung	Alkine	$C_n H_{2n+2}$	Alkane	Hydrierung
$C_n H_{2n-2}$	Hydrierung	Dehydrierung	Alkene	$C_n H_{2n}$

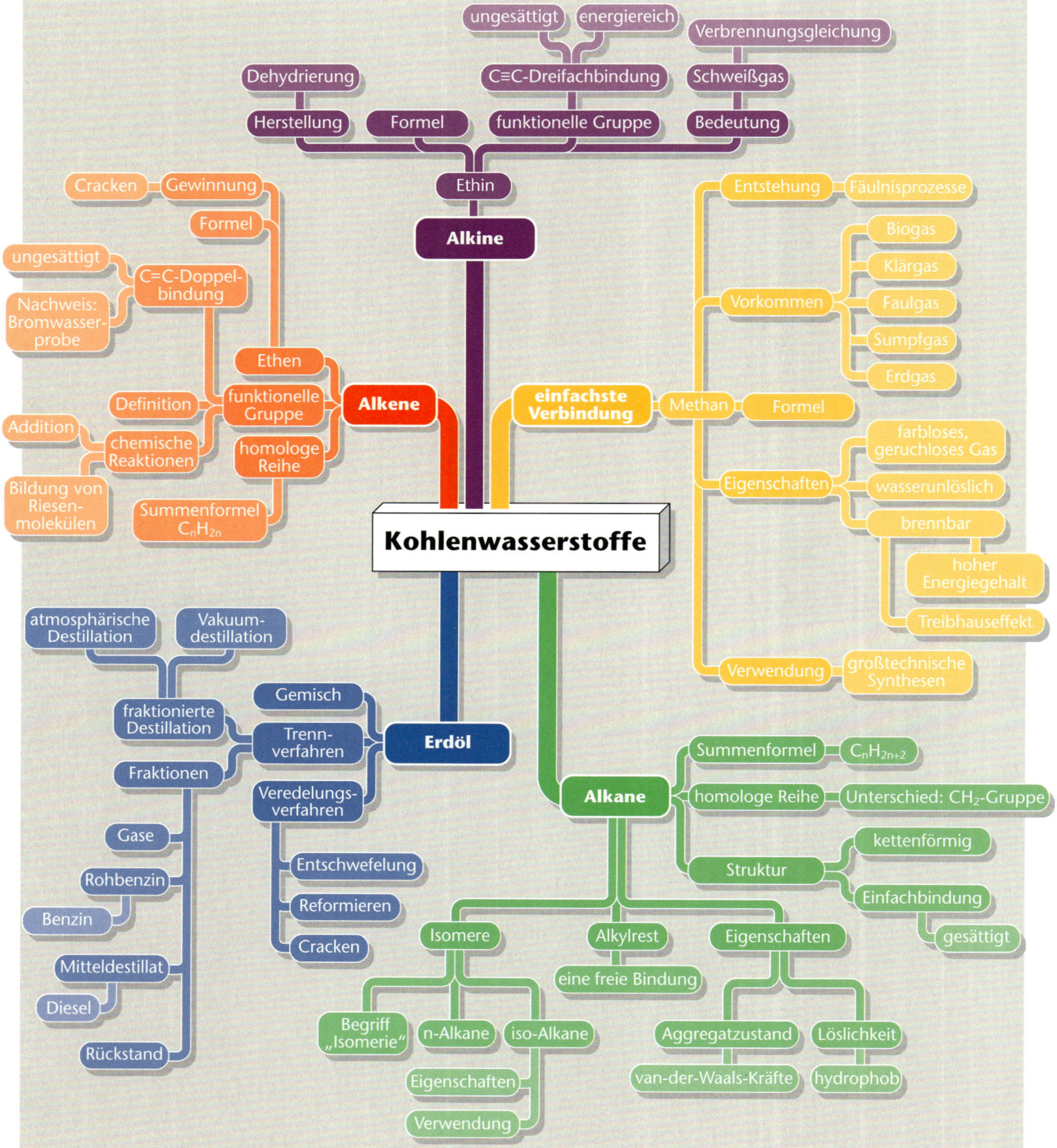

Denken, ohne etwas gelernt zu haben, ist unheilvoll.

OFF
H
ON
Cl
H
Cl
No more H's;
I'm saturated.
C
Free
radical

14 Mit voller Kraft voraus! Kohlenwasserstoffe als Energieträger

Heizwerte fossiler Energieträger

Energieträger	Heizwert in kJ
1 kg Steinkohle	ca. 30000
1 kg Braunkohle	ca. 9000
1 kg Erdöl	ca. 42000
1 m^3 Erdgas	ca. 35000

Erster Überblick. Wenn wir etwas verbrennen, um Nutzenergien wie Wärme- oder Bewegungungsenergie zu bekommen, greifen wir in der Regel auf Steinkohle, Braunkohle, Erdgas oder Erdöl zurück. Weil diese Brennstoffe im Laufe von Jahrmillionen aus Pflanzen und Mikroorganismen entstanden sind, bezeichnet man sie auch als **fossile** Energieträger. Betrachten wir die genannten Stoffe von der chemischen Seite, so stellen wir fest: Es handelt sich bei allen um Kohlenstoffverbindungen. Vergleichen wir ihre Heizwerte, erkennen wir: Den größten Heizwert haben Erdgas und Erdöl, die vorwiegend Kohlenwasserstoffverbindungen enthalten.

Rückblick. Erdöl und Erdgas waren den Menschen schon lange vor unserer Zeitrechnung bekannt. Dokumente berichten aus der Zeit um 3000 vor Christus über „ewige Feuer" im Mittleren Osten. Es wird vermutet, dass es sich dabei um Gasaustrittstellen handelte. Babylonische Baumeister verwendeten einen aus Erdöl gewonnenen Asphaltmörtel. Die Ägypter benutzten eben diesen zum Einbalsamieren. Bei den Römern diente Erdöl bereits zur Beleuchtung der Städte und in Europa setzte man das „Steinöl" (Petroleum) vor allem als Heilmittel ein, z. B. bei Haut- und Gelenkerkrankungen. Auch die Indianer kannten das Erdöl. Damals wurde aber noch nicht nach Öl gebohrt. Es genügte die Menge, die aus dem Boden sickerte. Das eigentliche „Erdölzeitalter" begann 1859 mit der ersten Bohrung von Edwin Drake im US-Staat Pennsylvania. Beim Versuch, einen artesischen Brunnen zu graben, stieß man auf eine Ölquelle.

A1 Nennen Sie mögliche Folgen, die sich aus der ungleichen Verteilung der Erdöl- und Erdgasvorkommen ergeben.

A2 Informieren Sie sich über den Begriff „OPEC". Welche Staaten gehören dazu?

A3 Nennen Sie mögliche Konsequenzen, die sich aus einer mangelnden Erdölversorgung der Industriestaaten ergeben könnten.

Einblick in Vorkommen und Verbrauch. Weltweit haben Erdöl und Erdgas den **höchsten Anteil am Primärenergieverbrauch.** Diese beiden Energieträger sind ungleich über die Erde verteilt. Innerhalb eines Gebietes, das sich vom Nahen Osten bis nach Westsibirien erstreckt, lagern 70% der bekannten Weltölreserven, ähnlich verhält es sich mit den Erdgasvorkommen. Der Vergleich der Karten zeigt, dass die Hauptlagerstätten oft weit entfernt von den größten Verbraucherregionen liegen.

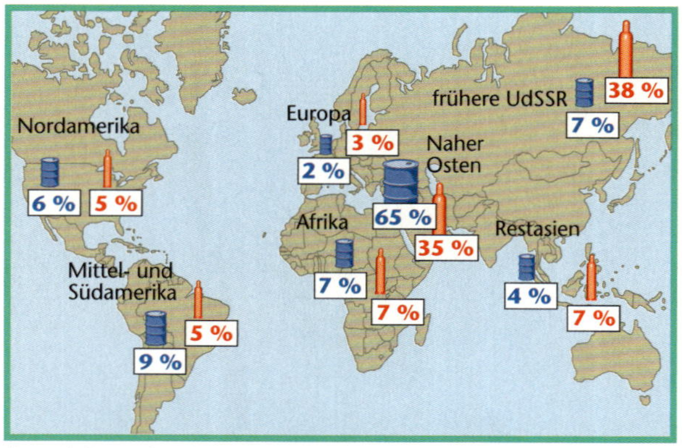

1 Erdöl- und Erdgasreserven in Prozent der Gesamtvorräte

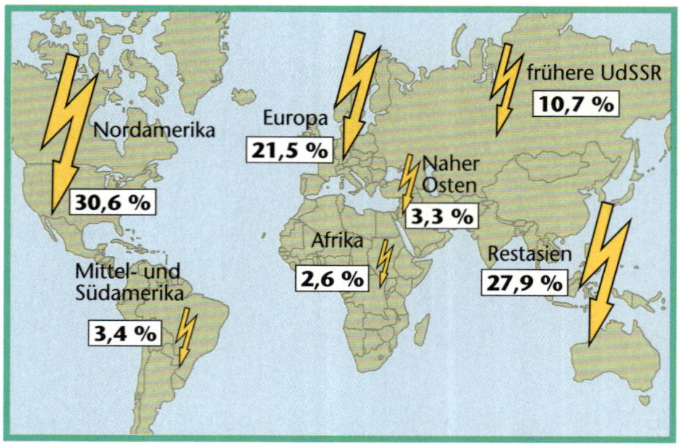

2 Verbraucherregionen (Primärenergieverbrauch)

Durchblick. Kohlenwasserstoffe sind **Primärenergieträger**, ihre chemische Energie wird durch die Reaktion mit Sauerstoff direkt in Wärmeenergie umgewandelt. Warum aber wird bei der Reaktion von Kohlenwasserstoffen mit Sauerstoff Energie in großen Mengen frei? Eine vereinfachte Erklärung findet man beim Vergleichen der Ausgangsstoffe der Methan-Verbrennung mit den Verbrennungsprodukten:

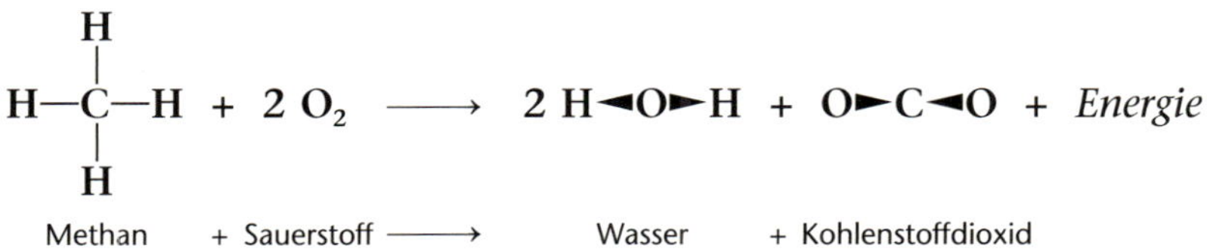

Dabei gilt: Polare Bindungen sind erheblich stabiler und damit energieärmer als unpolare. Die beim Übergang von der unpolaren in die polare Atombindung frei werdende Energie wird in Form von Wärme abgegeben.

Vorausblick. Erdöl wird in der ersten Hälfte des 21. Jahrhunderts seine Führungsposition als Energieträger abgeben. Noch vorhandene Reserven werden nur noch unter erhöhtem technischem und finanziellem Aufwand zu fördern sein. Als Alternative zum Erdgas trat zu Ende des vergangenen Jahrhunderts **Methanhydrat** in den Blickpunkt des Interesses.

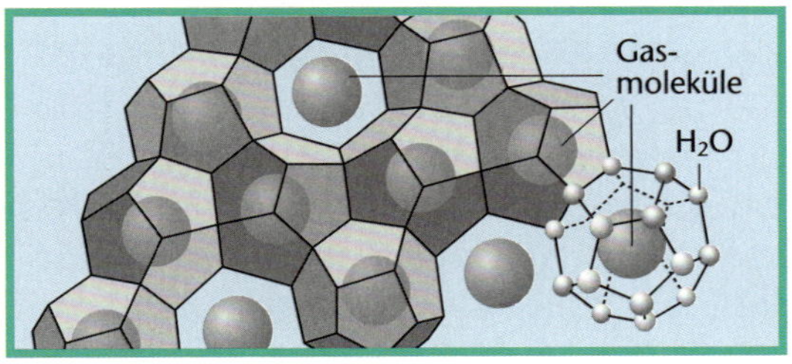

4 Methanhydrat: Modell des Molekülkäfigs

Bei diesem Feststoff handelt es sich um Methanmoleküle, die in winzigen Käfigen aus Wassermolekülen eingeschlossen sind. Man findet Methanhydrat in den Permafrostböden Sibiriens und Nordamerikas und in den Ozeanen. Schätzungen zufolge lagern in den Weltmeeren in Tiefen zwischen 500 und 900 m Methanhydratvorräte, die sämtliche Kohle-, Erdöl- und Erdgasvorkommen der Erde um das Zwei- bis Dreifache übertreffen. Theoretisch könnte Methanhydrat für dieses Jahrhundert die Lösung aller Energieprobleme darstellen. Doch stehen vor seiner Nutzung noch große ökologische und technische Fragen offen.

Kohlenwasserstoffe bleiben auch in nächster Zukunft weltweit die wichtigsten Energieträger. Ihr Heizwert ist in der Bindungsenergie der Moleküle gespeichert.

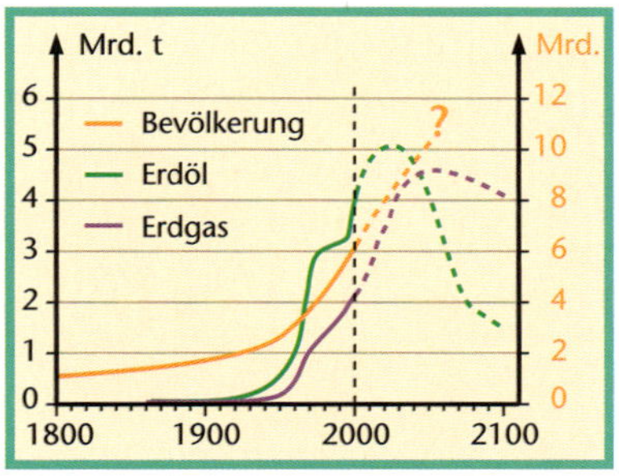

3 Entwicklung des Energieverbrauchs der Weltbevölkerung

A4 Informieren Sie sich, aus welchen Ländern Deutschland Erdgas bzw. Erdöl bezieht.

A5 Informieren Sie sich, wie hoch derzeit in Deutschland der Anteil von Erdöl und Erdgas am Primärenergieverbrauch ist.

5 Methanhydrat als „brennendes Eis"

6

15 Gegen dicke Luft
Die Verbrennung von Kohlenwasserstoffen

Info 1: Die Abgase eines Autos mit Ottomotor in Vol.-%

CO_2	87,6
CO	10,3
C_xH_y	1,07
NO_x	0,6
SO_2	0,06

V1 2 ml Octan werden mit einem langen Glimmspan entzündet. Zuerst wird über die Flamme ein trockenes Becherglas gehalten, dann ein Becherglas, das mit Kalkwasser ausgespült wurde. Beobachtungen?

V2 In eine Kerzenflamme wird eine Porzellanschale gehalten. Beobachtung?

1 Nichtleuchtende und leuchtende Flammen

Der Gesetzgeber schreibt vor. Bei der Abgasuntersuchung (AU) wird die Konzentration von Kohlenstoffmonooxid im Abgas von Kraftfahrzeugen gemessen. Falls der Grenzwert der CO-Konzentration (0,5 Vol.-% im Leerlauf und 0,3 Vol.-% bei erhöhtem Leerlauf) nicht eingehalten wird, lautet das Ergebnis „nicht bestanden". Fehleinstellungen oder Schäden müssen dann behoben werden.
Der rußverschmierte „schwarze Mann" mag zwar noch als Glücksbringer gelten, ansonsten ist dieses Bild vom Kaminkehrer überholt. Neben der Kehrarbeit ist seine zentrale Aufgabe die jährliche Überprüfung der Heizungsanlage, die Ermittlung der Rußzahl, die Bestimmung des Kohlenstoffdioxid-Gehalts in den Abgasen und die Messung der Abgastemperatur. Vom Ergebnis der Auswertung dieser Daten hängt die Erlaubnis für das weitere Laufen der Anlage ab.

Vollständige Verbrennung gewünscht. Verbrennungsprozesse laufen also nicht immer gleich ab. Nur bei ausreichender Sauerstoffzufuhr werden Kohlenwasserstoffe immer in Kohlenstoffdioxid und Wasser umgewandelt. Dabei reagieren alle H-Atome mit Sauerstoff und auch alle C-Atome werden vollständig oxidiert. Alle unpolaren Atombindungen gehen in polare Atombindungen über, was mit der höchstmöglichen Energieausbeute einhergeht. Kennzeichnend für die vollständige Verbrennung ist die blaue, **nichtleuchtende Flamme**.
Beispiel für eine vollständige Kohlenwasserstoff-Verbrennung:

$$2\ C_8H_{18} + 25\ O_2 \rightarrow 16\ CO_2 + 18\ H_2O + \textit{Energie}$$

Verbrennen Kohlenwasserstoffe bei ausreichender Sauerstoffzufuhr vollständig, entstehen immer Kohlenstoffdioxid und Wasser; Energie wird frei. Die Energieausbeute ist maximal.

Unvollständige Verbrennung unerwünscht. Steht bei Verbrennungsvorgängen nicht ausreichend Sauerstoff zur Verfügung, können neben Kohlenstoffdioxid und Wasser Kohlenstoffmonooxid, Ruß und kurzkettige Kohlenwasserstoffe entstehen (Info 2). Da unter diesen Reaktionsbedingungen nicht alle H- und C-Atome optimal mit Sauerstoff reagieren, ist die Energieausbeute geringer. Kennzeichnend für die unvollständige Verbrennung ist die durch glühende Kohlenstoffteilchen gelbe **leuchtende Flamme**.
Beispiel für eine unvollständige Kohlenwasserstoff-Verbrennung:

$$2\ C_8H_{18} + 13\ O_2 \rightarrow 2\ CO_2 + 7\ CO + 4\ C + C_3H_6 + 15\ H_2O + \textit{Energie}$$

Verbrennen Kohlenwasserstoffe unvollständig, entstehen neben Kohlenstoffdioxid und Wasser kurzkettige Kohlenwasserstoffe, Kohlenstoffmonooxid und Ruß. Die unvollständige Verbrennung ist umweltbelastend und unwirtschaftlich.

Folgenschwere Begleiterscheinung. Bei hohen Verbrennungstemperaturen, die bei vollständiger Verbrennung häufig auftreten, entstehen Stickstoffoxide (NO_x) aus dem Stickstoff in der zugeführten Verbrennungsluft. Stickstoffoxide gehören zu den Treibhausgasen, außerdem beeinflussen sie katalytisch die Zerstörung der atmosphärischen Ozonschicht und gleichzeitig sind sie maßgeblich an der Bildung von bodennahem Ozon beteiligt.

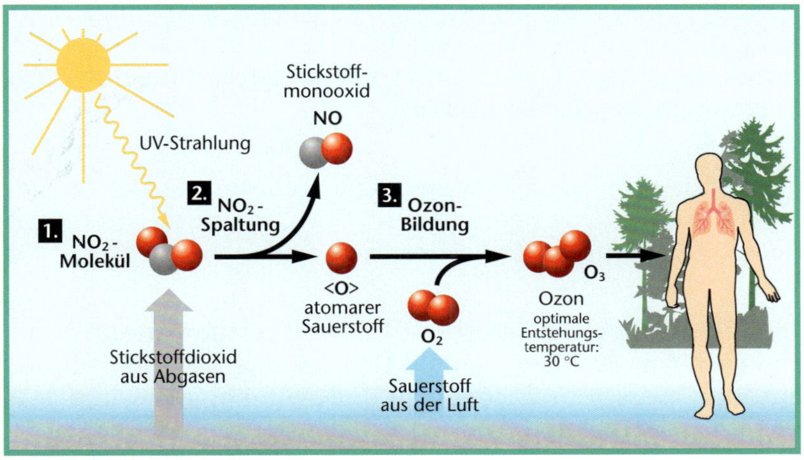

2 Entstehung von bodennahem Ozon

Brennstofftechnologie. Nur die vollständige Verbrennung garantiert eine maximale Energieausbeute bei gleichzeitig geringer Schadstoffemission. Maßnahmen wie feinste Verteilung des Brennstoffes, Regulierung der Sauerstoffzufuhr und Niedrighalten der Verbrennungstemperatur dienen der Optimierung dieses Prozesses. Anfallende Schadstoffe werden der Abgasreinigung unterzogen, z. B. im Dreiwegekatalysator bei Ottomotoren. In ihm werden die Schadstoffe CO, NO_x und C_xH_y entfernt (Info 1).

Die Verbrennung von Kohlenwasserstoffen muss so gesteuert werden, dass man sowohl maximale Energieausbeute als auch einen möglichst geringen Schadstoffausstoß erhält.

A1 Warum kann man die unvollständige Verbrennung eines Alkans nicht nur mit einer einzigen Reaktionsgleichung beschreiben? Formulieren Sie für die unvollständige Verbrennung von Octan noch drei weitere Gleichungsbeispiele!

A2 Warum begünstigt das Vollgas-Fahren den Ausstoß von Stickstoffoxiden?

A3 Informieren Sie sich, bei welchem Wert Ozonwarnung gegeben wird.

Info 2: CO, Ruß und kurzkettige Kohlenwasserstoffe (C_xH_y) sind zum Teil gesundheitsschädlich oder umweltbelastend oder beides:
CO und Ruß unterstützen die Bildung von bodennahem Ozon.
CO ist ein Atemgift.
Ruß und C_xH_y können Krebs erregen.

A4 Informieren Sie sich über umweltbewusstes Autofahren.

16 Der Preis ist hoch. Kohlenwasserstoffe und die Umwelt

Info: Svante Arrhenius (Nobelpreis 1903) stellte bereits 1896 die Hypothese auf, dass das stabile CO_2 an der Erwärmung der Troposphäre beteiligt ist.

A1 Informieren Sie sich über den vollständigen Inhalt des Protokolls von Kyoto und über den aktuellen Stand der Umsetzung.

V1 Öl verschmutzt Wasser.
In einem Erlenmeyerkolben wird ein kleiner Tropfen (0,1 ml) Dieselöl mit 100 ml Wasser geschüttelt und der Geruch geprüft. Dieser Mischung wird 1 ml entnommen und in einem neuen Kolben zusammen mit 100 ml Wasser wieder geschüttelt. Der Geruch wird erneut überprüft. Gegebenenfalls muss der Vorgang wiederholt werden. Ab welcher Verdünnung ist kein Ölgeruch mehr feststellbar?

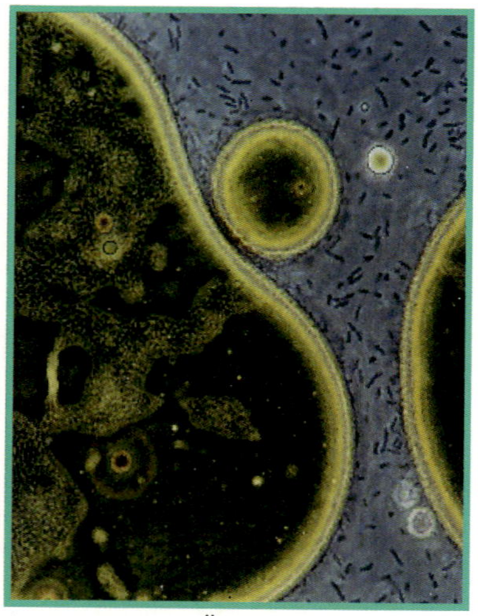

1 Bakterien an Öltropfen

Indirekte Umweltbelastung – Treibhauseffekt. Der Verbrennungsprozess von Kohlenwasserstoffen kann durch verschiedene Maßnahmen optimiert werden. Optimal aber wird diese Art der Energiegewinnung nie sein, denn das Reaktionsprodukt Kohlenstoffdioxid hat großen Anteil am Treibhauseffekt. Obwohl die Details des Treibhauseffekts noch nicht vollständig aufgeklärt sind, wäre es töricht, ohne Gegenmaßnahmen auf Gewissheit zu warten. Da es aber keine bezahlbare Möglichkeit gibt, das Abgas Kohlenstoffdioxid zu „entfernen", setzt man auf eine **Verminderung des CO_2-Ausstoßes** durch die **Verringerung des Verbrauchs fossiler Brennstoffe**.

Nach den heutigen Erkenntnissen belasten Kohlenwasserstoffe als Energieträger immer die Umwelt, da sie zur Erwärmung der unteren Erdatmosphäre beitragen.

Direkte Umweltbelastung – Umweltverschmutzung. Bei Havarien von Öltankern verteilt sich auslaufendes Erdöl schnell auf der Wasseroberfläche. Die Ausbreitungsgeschwindigkeit hängt vor allem von der Zusammensetzung und Dichte des Öls, der Wasser- und Lufttemperatur und von der Windstärke ab. Der natürliche „Abbau" des Öls an der Wasseroberfläche geschieht durch mehrere Prozesse: Etwa 1% der ausgelaufenen Menge löst sich im Meerwasser. Die kurzkettigen Bestandteile des Rohöls verdunsten innerhalb der ersten 2 bis 3 Tage; die Kohlenwasserstoffe mittlerer Kettenlänge bilden Tröpfchen von Öl in Wasser (Öl-Wasser-Emulsion). Kleine Tröpfchen können bis in 10 m Tiefe vordringen. Bakterien bauen sie – vor allem in wärmeren Gewässern – im Laufe von Jahren unter großem Sauerstoffverbrauch ab. Häufig werden große Mengen der Öl-Wasser-Emulsion als „Ölschwamm" an Land gespült, der bis zu 80% Wasser enthalten kann. Er wird schlecht abgebaut, ebenso wie die langkettigen Bestandteile, die verklumpen, dann auf den Meeresboden sinken oder mit der Strömung die Küsten erreichen.

Die Auswirkungen von Öl im Meerwasser. Der Ölfilm stört den lebensnotwendigen Gasaustausch zwischen Luft und Wasser und der Sauerstoffgehalt im Wasser wird infolge des aeroben Abbaus vermindert. Tiere, die nicht fliehen können, sterben an Sauerstoffmangel oder an den Schädigungen, die Haut und Gefieder durch den direkten Kontakt mit dem Öl erleiden. Öl gelangt in die Nahrungskette und reichert sich aufgrund seiner Wasserunlöslichkeit im Fettgewebe der Tiere an. Missbildungen, Erbgutschäden, Verhaltensstörungen oder der Tod sind mögliche Auswirkungen.

Die ganze Tragweite der Tankerunfälle wird sichtbar, wenn trotz Ölsperren, Ölpumpen oder Bindemitteln nicht verhindert werden kann, dass Teile des Ölteppichs auf die Küsten zutreiben. Dann bedeckt der Ölschlamm Klippen, Kies- und Sandstrände. Mühsame und teure Sanierungsmaßnahmen müssen durchgeführt werden.

Auf dem Festland und an den Küsten verursacht auslaufendes Öl große Schäden im Boden. Es besteht immer Gefahr für das Grundwasser. Verseuchtes Erdreich muss abgetragen und zur Entsorgung gebracht werden.

V2 Reinigung von ölverschmutztem Wasser
In ein zu etwa zwei Dritteln mit Wasser gefülltes Becherglas gibt man 2 bis 3 ml Dieselöl, bis sich eine deutliche Schicht bildet. Nun drückt man einen Polyurethanblock (mit dem Durchmesser des Becherglases) langsam in die Flüssigkeit und zieht ihn nach kurzer Zeit wieder heraus. Beobachtung?

1 Liter Öl entwertet 1 Million Liter Trinkwasser.

Was wird getan, um solche Unfälle zu vermeiden? Dafür einige Beispiele: Ab dem Jahr 2025 müssen Öltanker einen doppelten Schiffsrumpf haben. Man setzt Öl absorbierende Kunststoffe ein. Forscher suchen nach Lösungen, die das Auslaufen von Öl auf dem Transportweg verhindern sollen. Dazu soll es mithilfe eines Sicherheitsgels zu einer Art Gummi verfestigt werden. Beide Stoffe können später durch leichtes Erhitzen wieder voneinander getrennt werden. Ebenso wird mit Mikroorganismen experimentiert. Hefepilze oder Bakterien sollen aus Öl Eiweiß produzieren.

A2 Informieren Sie sich an einer Tankstelle über die Maßnahmen zum Umweltschutz (z. B. Altölsammlung, Reinigung der Abwässer aus der Waschanlage, Isolation des Kraftstofftanks).

2 Auswirkungen einer Ölpest:
❶ Ölfilm auf dem Meerwasser
❷ Gefährdung der Tierwelt
❸ Ölklumpen
❹ Bodenverschmutzung

Der Umgang mit Kohlenwasserstoffen stellt für die Luft, für das Wasser und für den Boden eine Gefahr dar.

17 Radikaler Partnerwechsel Substitution im Überblick

V1 Vorsicht! Abzug! Im Abzug gibt man in ein Becherglas ca. 1 cm hoch Hexan und tropft unter Umschwenken Brom dazu, bis die Lösung dunkelorange gefärbt ist. Nach Abdecken des Becherglases mit einer Petrischale wird es aus dem Abzug genommen und auf den eingeschalteten Tageslichtprojektor gestellt. Wenn die Entfärbung der Lösung eingetreten ist, saugt man im Abzug mit einem Kolbenprober den Dampf ab, der über der Flüssigkeit steht. Dieser wird dann je zur Hälfte in eine Universalindikator- bzw. Silbernitrat-Lösung geblasen.

Stabilität der Alkane. Seit Millionen von Jahren sind die Alkanmoleküle im Erdöl chemisch unverändert geblieben. Gesättigte Kohlenwasserstoffe reagieren also nicht ohne Weiteres mit anderen Stoffen. Dennoch gehen die **reaktionsträgen** Alkane neben der Verbrennung eine weitere chemische Reaktion ein. Dazu werden aber sehr reaktionsfreudige Partner benötigt: die „aggressive Truppe" der **Halogene**.

Die **Halogene** bilden die 7. Hauptgruppe des PSE. Die Elemente **Fluor, Chlor, Brom und Iod** erreichen als zweiatomige Moleküle (F_2, Cl_2, Br_2 und I_2) eine volle Achterschale und damit einen einigermaßen stabilen Zustand. Diese Moleküle können z. B. durch energiereiches Licht in hoch reaktive Halogenatome gespalten werden.

Reaktion von Hexan mit Brom. Wenn man ein Hexan-Brom-Gemisch mit energiereichem Licht bestrahlt, werden an Hexanmolekülen Wasserstoffatome durch Bromatome ersetzt. Dabei entstehen Bromwasserstoff (HBr) und bromierte Kohlenwasserstoffe, zum Beispiel Monobromhexan:

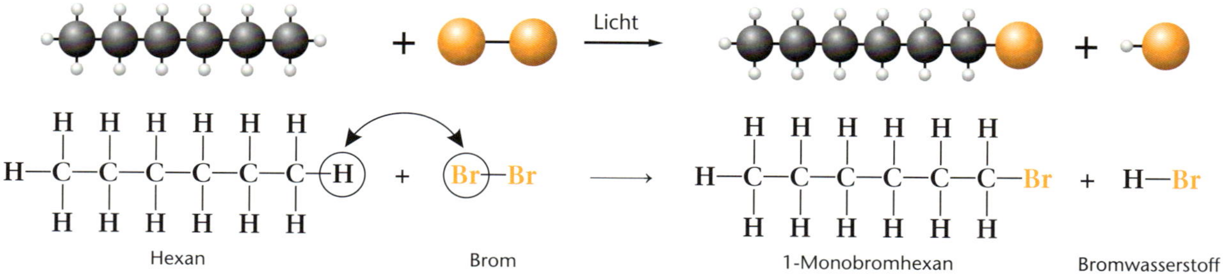

A1 Warum muss das Hexan-Brom-Gemisch von V1 mit energiereichem Licht bestrahlt werden?

Zwei Beobachtungen aus Versuch 1 beweisen diesen Reaktionstyp: Erstens verschwindet die orange Farbe des Hexan-Brom-Gemischs; alle Br_2-Moleküle müssen also mit den Hexanmolekülen reagiert haben.

1 Reaktion von Hexan mit Brom nach V1

Zweitens bildet sich ein farbloses, stechend riechendes Gas, das mit der Feuchtigkeit der Luft einen Nebel bildet. Da dieser Stoff sauer reagiert (Verfärbung des Indikators) und zudem Bromid-Ionen in ihm nachgewiesen werden können (gelber Niederschlag mit Silbernitrat-Lösung), muss es sich um Bromwasserstoff (HBr) handeln. Das Wasserstoffatom im HBr-Molekül kann nur vom Hexan stammen: An den Hexanmolekülen müssen folglich Wasserstoffatome durch Bromatome ersetzt worden sein.

Eine solche Reaktion, bei der in einem Molekül bestimmte Atome durch gleichwertige andere Atome ersetzt werden, nennt man **Substitution**.

Substitution ist der Ersatz von Atomen durch gleichwertige andere Atome (z. B. von Wasserstoffatomen durch Halogenatome).

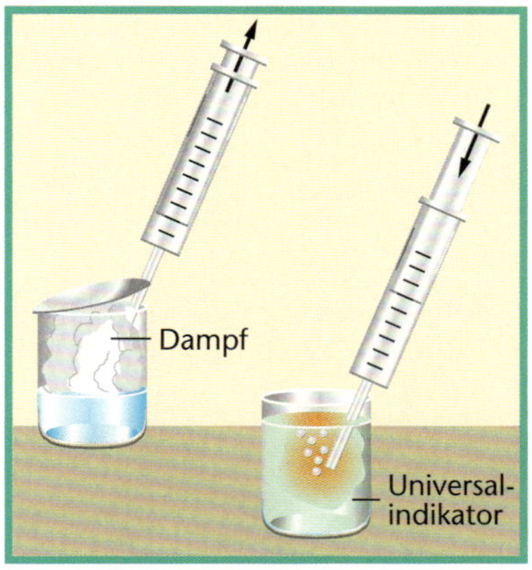

2 Einleiten des Gases von V1 in Universalindikator

Produkte der Substitutionsreaktion. Bei der Substitution entstehen aus einem Alkan (z. B. Hexan) und einem Halogen (z. B. Brom) im ersten Schritt immer ein Halogenalkan (z. B. Monobromhexan) und ein Halogenwasserstoff (z. B. Bromwasserstoff). Eine Substitution kann so lange ablaufen, bis alle Wasserstoffatome eines Alkans durch Halogenatome ersetzt sind. So können aus Methan und Chlor mithilfe von Licht vier verschiedene **chlorierte Methane** hergestellt werden:

Alkan + Halogen
↓ *Energie*
Halogenalkan + Halogenwasserstoff

Allgemeine Reaktionsgleichung für Substitutionsreaktionen

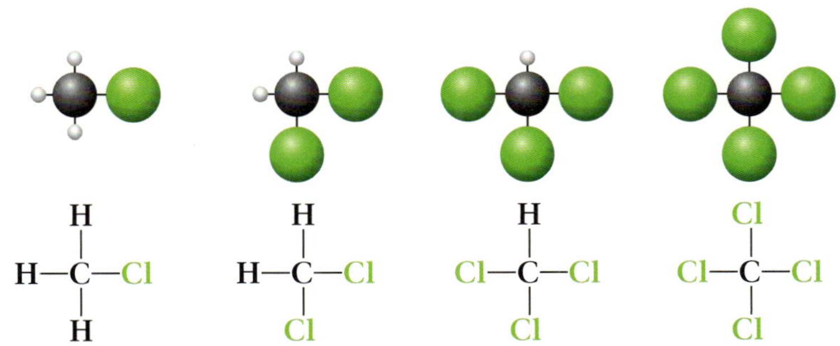

Monochlormethan | Dichlormethan | Trichlormethan (Chloroform) | Tetrachlormethan

Die Halogenalkane unterscheiden sich von den entsprechenden Alkanen in wichtigen physikalischen und chemischen Eigenschaften. Dadurch ergeben sich vielfältige technische Einsatzmöglichkeiten. Einige Halogenalkane verursachen allerdings schwere Umweltschäden (s. Kap. *19).

Die Substitution ist eine wichtige Reaktion der Alkane. Mithilfe von energiereichem Licht werden an Alkanmolekülen Wasserstoffatome durch Halogenatome ersetzt. Als Produkte erhält man Halogenalkane und Halogenwasserstoff.

A2 Welches Halogenalkan entsteht bei Versuch 1 als Endprodukt (Summen- und Strukturformel), wenn genügend Brom vorhanden ist?

A3 Aus Methan wird durch Substitution a) Monochlormethan und im weiteren Verlauf b) Trichlormethan hergestellt. Formulieren Sie die Reaktionsgleichungen.

* 18 Wenn müde Moleküle munter werden Substitution

A1 Ordnen Sie folgende Teilchen nach dem steigenden Energieinhalt: Chloratom, Chlorid-Ion, Chlormolekül. Begründen Sie die Reihenfolge.

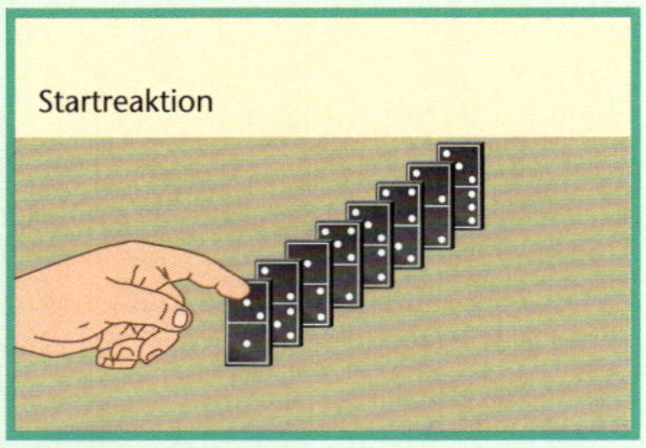

1 Startreaktion

A2 Formulieren Sie die Kettenreaktion, die sich zwischen einem Chlorradikal und Methan abspielt (beide Teilgleichungen).

A3 Welche drei Verbindungen entstehen mindestens, wenn Chlorradikale und Methylradikale miteinander reagieren? (Strukturformeln)

2 Kettenreaktion

Ablauf einer Substitutionsreaktion. Bei einer Substitution werden an stabilen Alkanmolekülen Wasserstoffatome durch Halogenatome ersetzt. Dieser „Partnerwechsel" muss durch energiereiches Licht angestoßen werden. Erst nach mehreren **Teilreaktionen** ist die Substitution dann abgeschlossen. Diese Teilreaktionen sollen im Folgenden am Beispiel der Substitution eines Alkans mit Brom aufgezeigt werden.

Start. Licht liefert die nötige Aktivierungsenergie. Es spaltet die Halogenmoleküle in hoch reaktive Halogenatome, die man auch Halogenradikale nennt:

$$|\overline{Br}-\overline{Br}| + \textit{Lichtenergie} \longrightarrow |\overline{Br}\cdot + \cdot\overline{Br}|$$

Brommolekül → Bromradikale

Atome und Moleküle mit einem einzelnen (= ungepaarten) Außenelektron werden als Radikale bezeichnet.

Da Halogenradikale eine volle Achterschale um nur ein Außenelektron verfehlen, sind sie so energiereich, dass sie sogar die stabilen C—H-Bindungen der Alkane aufbrechen können.

Kettenreaktion. Ein Bromradikal entreißt dem Alkanmolekül ein Wasserstoffatom, wodurch ein Alkylradikal entsteht (1). Da dieses ein Brommolekül spalten kann, wird wieder ein Bromradikal freigesetzt (2).

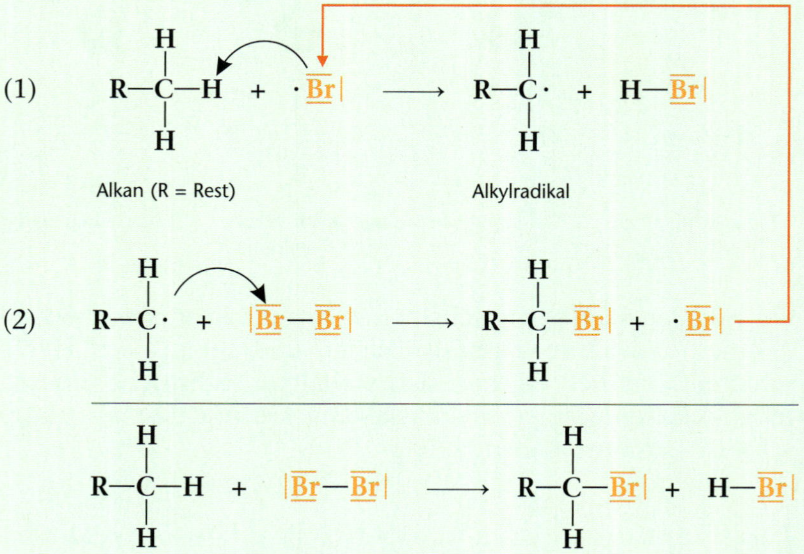

3 Schema zu den Teilreaktionen einer Substitutionsreaktion

Bei einer Kettenreaktion wird der Stoff, der die Reaktion am Laufen hält (hier: das Bromradikal), ständig neu gebildet.

Abbruch. Wenn der Nachschub an Bromradikalen anhält, da laufend Brommoleküle gespalten werden, ist folgender Fall denkbar:
Die Kettenreaktion läuft so lange ab, bis alle Wasserstoffatome des Alkans durch Bromatome ersetzt sind. Sie kann aber schon vor dem Verbrauch aller Brommoleküle abbrechen. In diesem Fall verbinden sich Radikale untereinander zu stabilen Molekülen. Dies ergibt im Reaktionsbeispiel das Monobromalkan:

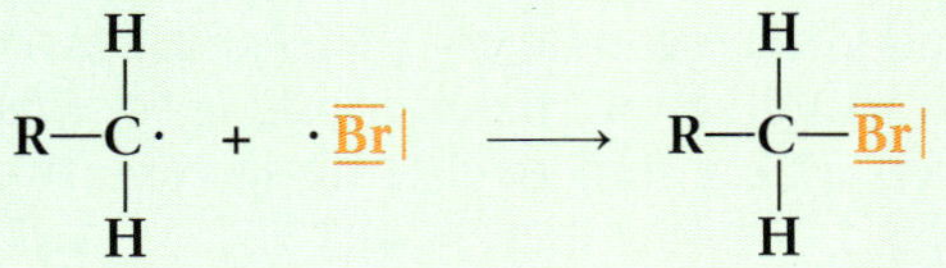

Es können sich aber auch Brom- bzw. Alkylradikale untereinander zu Molekülen zusammenschließen. Auch deshalb können bei einer Substitution mehr als nur zwei Produkte, nämlich ein Halogenalkan und der Halogenwasserstoff, entstehen. In der Technik werden gezielt **Radikalfänger** eingesetzt, um Substitutionsreaktionen anzuhalten und so ein bestimmtes Halogenalkan in großer Ausbeute zu gewinnen.

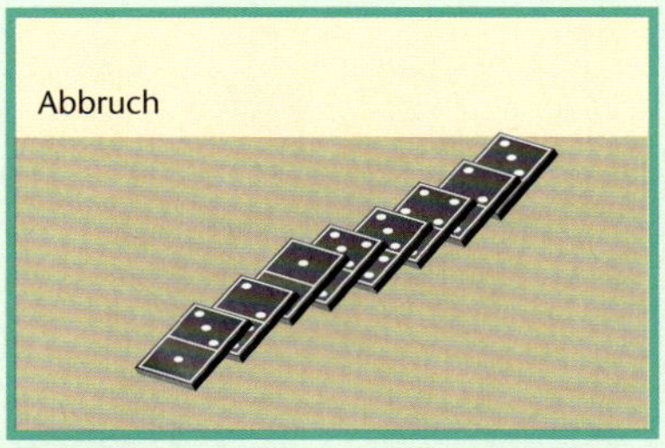

4 Abbruch

A4 Nennen Sie zwei Gründe, warum bei einer Substitutionsreaktion normalerweise mehr als zwei Produkte entstehen.

Ein Spiel mit dem Feuer – die Chlorierung von Methan

Chlorierte Methane haben auch heute noch eine große Bedeutung für die chemische Industrie, da sie ein wichtiger Ausgangsstoff für zahlreiche Synthesen sind.
In der Technik spaltet man die Chlormoleküle meist durch Erhitzen in die Radikale. Dies ist jedoch nicht ungefährlich, da Chlorierungen stark exotherm verlaufen. Das erhitzte Chlorgas wird deshalb in den schnellen Methangas-Strom geleitet. Die Geschwindigkeit der Gase muss die Fortpflanzungsgeschwindigkeit der Flamme übersteigen, damit im Reaktor keine unkontrollierte Explosion erfolgt.

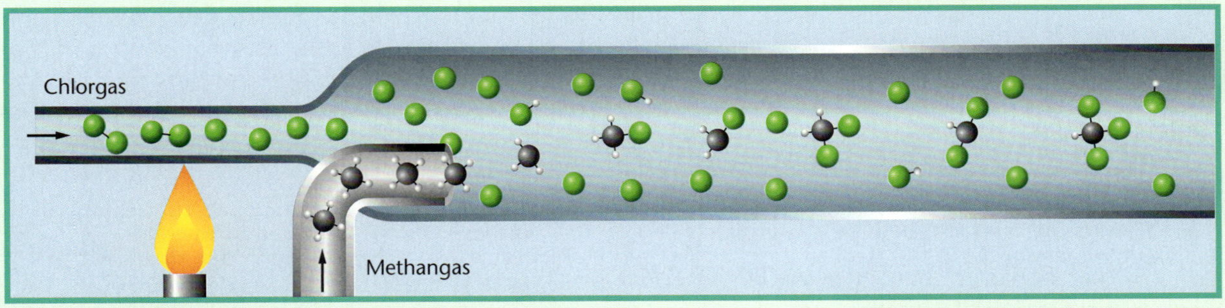

5 Technischer Reaktor zur Chlorierung von Methan (Schema)

**Eine Substitutionsreaktion umfasst mehrere Teilreaktionen:
Startreaktion, Kettenreaktion und Abbruchreaktion.
Eine Substitutionsreaktion startet nur, wenn Halogenmoleküle durch Energiezufuhr in hoch reaktive Halogenradikale gespalten werden.**

* 19 Es bläst ein neuer Wind. Halogenkohlenwasserstoffe

V1 Aus einer Bürette lässt man Bromethan in einem feinen Strahl in eine Schale laufen. Ein durch Reiben elektrisch aufgeladener PVC-Stab wird diesem Strahl angenähert. Erklären Sie Ihre Beobachtung.

1 Wachse für Wintersportgeräte enthalten oft fluorierte Kohlenwasserstoffe mit einer Kettenlänge von 10 bis 60 C-Atomen.

A1 Zeichnen Sie die Strukturformel von Hexabromethan. Überlegen Sie, ob dieses Molekül polar ist.

A2 Warum ist Hexabromethan bei Raumtemperatur fest?

A3 Zeichnen Sie die Strukturformeln von „Frigen 22", 1,1,1-Trichlorethan, Monochlorethen (= Vinylchlorid) und „Lindan®".

A4 Informieren Sie sich: Welche gesetzlichen Bestimmungen gibt es zur Verwendung von Halogenkohlenwasserstoffen in der EU? Wie ist die Situation in den Entwicklungsländern?

Eigenschaften. Bei Halogenkohlenwasserstoffen sind Wasserstoffatome des Alkan-Grundmoleküls durch Halogenatome ersetzt. Dieser Unterschied bewirkt, dass Halogenkohlenwasserstoffe andere chemische und physikalische Eigenschaften als die entsprechenden Kohlenwasserstoffe besitzen. Die Halogenatome stellen deshalb die **funktionelle Gruppe** der Halogenkohlenwasserstoffe dar.

Beim Vergleich von Ethan mit Bromethan (= Monobromethan) fällt sofort auf, dass das Alkan bei Raumtemperatur gasförmig, das Halogenalkan dagegen flüssig ist. Der Einfluss des Bromatoms muss folglich zu stärkeren Anziehungskräften zwischen den Molekülen führen. Dafür sind zwei Gründe verantwortlich.

1. Zwischen Bromethan-Molekülen gibt es **Dipol-Dipol-Kräfte**.

Brom hat eine geringfügig höhere Elektronegativität als Kohlenstoff. Durch die so polarisierte C—Br-Bindung wird das Molekül schwach polar (Nachweis durch V1). Im Gegensatz zum Ethanmolekül heben sich die einzelnen Teilladungen aber nicht auf, da das Bromethanmolekül unsymmetrisch ist.

2. Zwischen Bromethan-Molekülen gibt es **stärkere van-der-Waals-Kräfte** als zwischen Ethanmolekülen.

Ein Bromatom besitzt viel mehr Elektronen als ein Wasserstoffatom (35 Elektronen statt eines). Je mehr Elektronen sich in Molekülen befinden, um so größer sind die van-der-Waals-Kräfte zwischen ihnen. (Aus diesem Grund ist elementares Chlor bei Raumtemperatur gasförmig, Brom flüssig und Iod fest!)

Vergleich:	Ethan	Bromethan
Strukturformel:	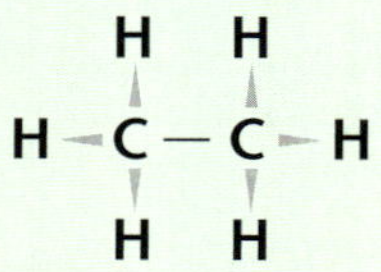	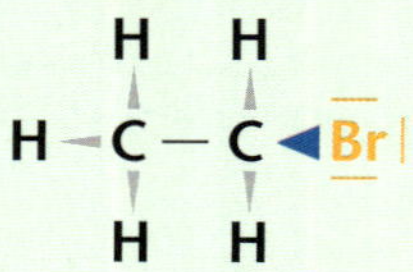
Polarität:	insgesamt unpolar	schwach polar
Anziehungskräfte zwischen Molekülen:	relativ schwache van-der-Waals-Kräfte	Dipol-Dipol-Kräfte und relativ starke van-der-Waals-Kräfte
Aggregatzustand (bei Raumtemperatur):	gasförmig (Sdp.: –89 °C)	flüssig (Sdp.: +38 °C)

Bedeutung. Die folgende Tabelle zeigt einige der vielfältigen technischen Nutzungsmöglichkeiten von Halogenkohlenwasserstoffen.

Eigenschaften	Anwendungen	Beispiele
Fast alle Halogenkohlenwasserstoffe (HKW) sind **fettlöslich** (lipophil).	– Lösemittel für Fette und Harze – Reinigungsmittel	1,1,1-Trichlorethan $C_2H_3Cl_3$ (Lösemittel)
Viele gasförmige HKW können schon durch **geringfügige Druckerhöhung verflüssigt** werden. Beim Verdampfen der Flüssigkeit entsteht **Verdunstungskälte**.	– Treibgase in Spraydosen – Aufschäumungsmittel für Kunststoffe – Kältemittel in Gefriergeräten	Monochlordifluormethan $CHClF_2$ („Frigen 22"; Kältemittel)
Es gibt relativ **starke Anziehungskräfte** zwischen den Molekülen.	– widerstandsfähige Kunststoffe – haltbare Wachse	Polyvinylchlorid („PVC") Polytetrafluorethen („Teflon®") Perfluordecan $C_{10}F_{22}$ (Skiwachs)
Die meisten HKW sind **nicht brennbar**.	– Feuerlöschmittel	1,1-Dichlor-2,2,2-Trifluorethan
Viele Chlorkohlenwasserstoffe (mit mehreren Chloratomen) sind **giftig**.	– Desinfektionsmittel – Insektenbekämpfungsmittel (Insektizide)	1,2,3,4,5,6-Hexachlorcyclohexan $C_6H_6Cl_6$ (Insektizid „Lindan®")

Gefahren. In den Industriestaaten dürfen zahlreiche Halogenkohlenwasserstoffe nicht mehr hergestellt werden. Dies hat folgende Gründe:
Eine **giftige Wirkung** besitzen zwar nur wenige Verbindungen, wie z. B. „Lindan®" oder das Lösemittel Tetrachlormethan. Da sie wegen ihrer hohen Stabilität aber **schwer abbaubar** sind, reichern sich diese Giftstoffe in der Umwelt stark an. Zudem **verursachen** viele Verbindungen (z. B. Monochlorethen) **Krebs**; bei einer immer größer werdenden Zahl von Halogenkohlenwasserstoffen besteht zumindest der Verdacht.

2 Polytetrafluorethen ist ein ideales Beschichtungsmaterial für Bratpfannen.

Fluorchlorkohlenwasserstoffe (FCKW) wie die „Frigene" sind vielen Stoffen mit ähnlichen Eigenschaften weit überlegen, da sie z. B. eine geringere Giftigkeit besitzen und nicht brennbar sind. Dennoch verursachen gerade sie schwere Umweltschäden. Wenn die FCKW in die Atmosphäre gelangen, führen sie zu einem **Abbau der Ozonschicht**. Diese schützt die Erde vor der schädlichen ultravioletten Strahlung des Sonnenlichts. Außerdem wirken die Fluorchlorkohlenwasserstoffe ebenso wie Kohlenstoffdioxid und Methan als **Treibhausgase**, die zur Erderwärmung beitragen.

A5 Begründen Sie, warum sich Halogenkohlenwasserstoffe im Fettgewebe von Menschen und Tieren besonders stark anreichern.

A6 Informieren Sie sich: In welchen Bereichen haben Halogenkohlenwasserstoffe auch heute noch eine große Bedeutung?

Durch den Einfluss der Halogenatome haben Halogenkohlenwasserstoffe andere Eigenschaften als die entsprechenden Kohlenwasserstoffe. Diese Eigenschaften können technisch vielfältig genutzt werden. Viele Halogenkohlenwasserstoffe verursachen aber schwere Schäden für die Umwelt und die Gesundheit des Menschen.

20 Die Sattmacher Addition und Polymerisation

V1 Vorsicht! Vier Reagenzgläser füllt man jeweils zu einem Drittel mit Bromwasser (**ätzend!**). In je ein Glas gibt man dazu 1 bis 2 ml Hexan, Hexen, Cyclohexan und Cyclohexen und schüttelt nach Aufsetzen des Stopfens. Beobachtung?

Die Besonderheit der Alkene. Alkene sind durch ihre C=C-Doppelbindung **energiereicher** und **reaktionsfreudiger** als die Alkane. Die ungesättigten Alkene können zwei Reaktionen eingehen, zu denen die gesättigten Alkane nicht fähig sind: die **Addition** und die **Polymerisation**.

Addition. Bei der Bromwasserprobe (V1) werden Brommoleküle an die C=C-Doppelbindung angelagert. Diese Probe verläuft bei sämtlichen Alkenen positiv – so auch bei Hexen:

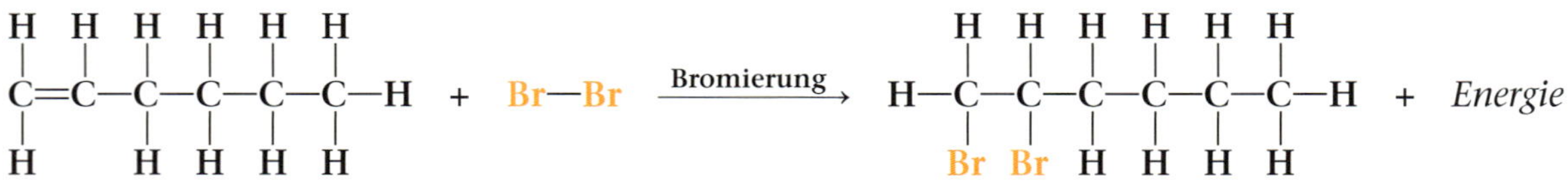

Hexen Brom 1,2-Dibromhexan

Die **Addition eines Halogens** (z. B. Brom) wird als **Halogenierung** (z. B. Bromierung) bezeichnet. Die Halogenierung eines Alkens ergibt immer das entsprechende Dihalogenalkan.
Neben Halogenen kann auch Wasserstoff an ein Alken, z. B. Ethen, addiert werden. Man spricht hier von einer **Hydrierung**.

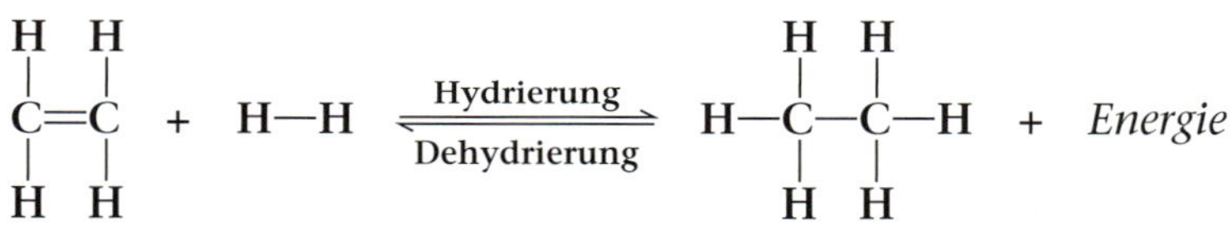

Ethen Ethan

Die **Hydrierung eines Alkens** ergibt stets das entsprechende **Alkan**. Diese Reaktion kann auch umgekehrt werden und heißt dann **Dehydrierung**. Bei der Abspaltung von Wasserstoffatomen muss ständig Energie zugeführt werden. Dies beweist, dass Alkene energiereicher sind als die entsprechenden Alkane (vgl. Kap. 12).

Die Additionsreaktion ist die Anlagerung von Molekülen an die C=C-Doppelbindung, die dadurch zu einer C—C-Einfachbindung wird.
Addition von Halogenen = Halogenierung
Addition von Wasserstoff = Hydrierung

Eine Additionsreaktion, die in der Küche stattfindet.
Karotten verdanken ihre orange Farbe dem Farbstoff β-Carotin. Dabei handelt es sich um einen Kohlenwasserstoff mit mehreren C=C-Doppelbindungen. Wenn man Karotten zerreibt, ist das β-Carotin dem Luftsauerstoff ungeschützt ausgesetzt. Durch die Addition von Sauerstoff werden die Doppelbindungen aufgehoben, wodurch der Farbstoff zerstört wird: Die Karottenschnitzel nehmen rasch eine braune Farbe an.

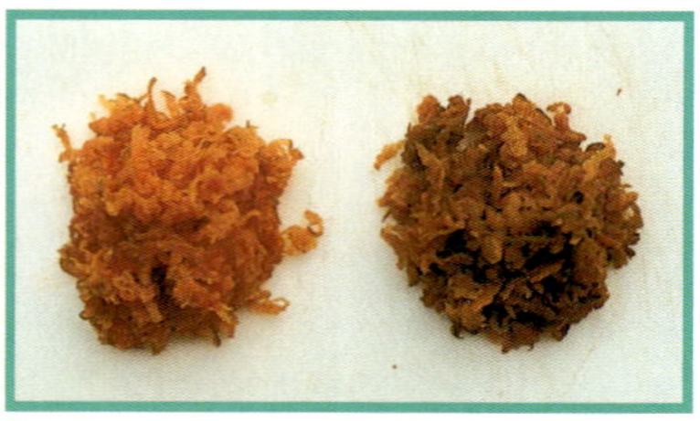

1 Zerriebene Karotten werden an der Luft braun: links frisch gerieben, rechts nach 30 min.

Polymerisation. Durch diesen Reaktionstyp werden zahlreiche **Kunststoffe** hergestellt. So dienen etwa 50% des weltweit hergestellten Ethens der Produktion des Kunststoffs **Polyethen (PE)**, der oft noch als **Polyethylen** (Ethylen = alter Name des Ethens) bezeichnet wird:
Tausende Ethenmoleküle, die **Monomere**, schließen sich mithilfe von Katalysatoren zu einem kettenförmigen Riesenmolekül (= **Makromolekül**), dem **Polymer**, zusammen:

A1 Formulieren Sie die Reaktionsgleichung der Addition von Iod an Propen. Benennen Sie das Produkt.

A2 Kann 1,1-Dichlorethan durch Addition von Chlor an Ethen hergestellt werden? Begründen Sie Ihre Antwort.

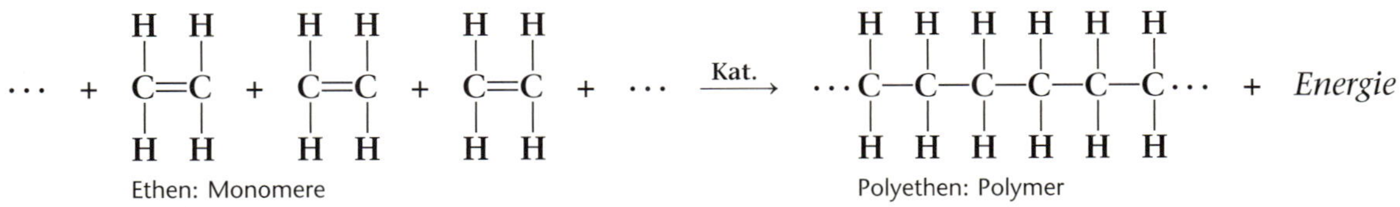

allgemein:

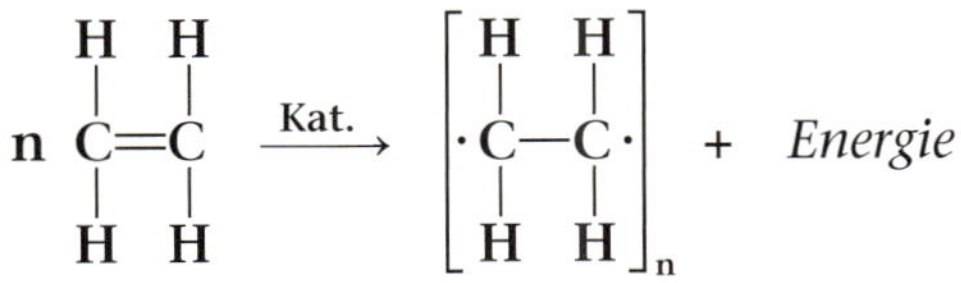

Diese „Selbstaddition" der Ethenmoleküle hebt die Doppelbindung auf. Das Polyethen (PE) ist folglich eine **gesättigte Verbindung**.

Herstellungsverfahren. Der Druck ist ausschlaggebend für die Eigenschaften des Polyethens. Unter hohem Druck entsteht ein relativ weiches PE mit niedriger Dichte (= **PE-LD** von „**l**ow **d**ensity"), da die Molekülketten kurz bleiben. Niederdruck-Polyethen ist dagegen hart: Lange Polymere bewirken eine hohe Dichte des Polyethens (= **PE-HD** von „**h**igh **d**ensity").

A3 Für Tüftler: Welches Molekül muss man an Ethen addieren, um Monochlorethan zu erhalten? Formulieren Sie die Reaktionsgleichung.

A4 Erklären Sie, warum die Endung der Bezeichnung „Polyethen" irreführend ist.

Bei der Polymerisation schließen sich viele kurze Moleküle mit C=C-Doppelbindung (die Monomere) zu einem langen Riesenmolekül (dem Polymer) zusammen.

Auch aus Propen (→ Polypropen PP) und Monochlorethen (= Vinylchlorid → Polyvinylchlorid PVC) werden durch Polymerisationen wichtige Kunststoffe gewonnen.

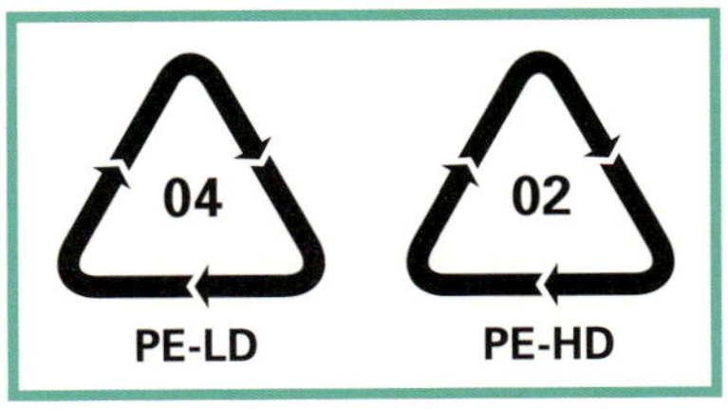

2 Symbole für Polyethen auf Verpackungen.

Addition und Polymerisation sind Reaktionen von ungesättigten Verbindungen wie den Alkenen. Dabei werden energiereiche Mehrfachbindungen aufgehoben.

A5 Formulieren Sie die Polymerisationen von Monochlorethen (= Vinylchlorid) und Propen.

Alles im Griff ?

1. Experimentieren und protokollieren!

Fittig lässt im Abzug vorsichtig Brom mit Ethen reagieren. Stutzig will das Experiment anhand von drei Fotos dokumentieren. Er hat die Bilder allerdings in der falschen Reihenfolge angeordnet.

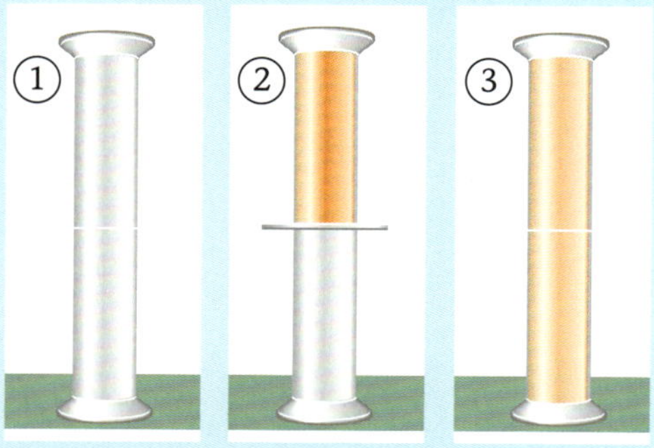

a) Beheben Sie den Fehler!

b) Stutzig soll die Bilder nun mithilfe dieser Schilder beschriften. Können Sie ihm helfen?

Ethen-Brom-Gemisch

???

Ethen, Brom

c) Formulieren Sie die Gleichung dieser Reaktion! Verwenden Sie Strukturformeln!

d) Muss Fittig beim Experimentieren darauf achten, dass die Gefäße mit Licht bestrahlt werden?

e) Was würde sich ändern, wenn Fittig den Versuch mit Ethan statt mit Ethen durchführte?

2. Kombiniere!

Suchen Sie alle chemisch möglichen Kombinationen und formulieren Sie jeweils die Reaktionsgleichung. Geben Sie – wenn nötig – die Reaktionsbedingungen an!

Butan	+	Fluor	⟶	Butan	+	kein Nebenprodukt
1-Buten		Fluorwasserstoff		1-Monofluorbutan		Fluorwasserstoff
2-Buten		Wasserstoff		1,2-Difluorbutan		
				2,3-Difluorbutan		

3. Die Chemie des Kaminkehrers.

Stutzig unterhält sich mit einem Kaminkehrer, der den Brenner einer Heizungsanlage für Erdgas überprüft.

a) Ergänzen Sie das Gespräch.

b) Formulieren Sie die Reaktionsgleichung zur vollständigen Verbrennung von Propan und eine Möglichkeit zu einer unvollständigen Verbrennung von Propan. Vergleichen Sie den Sauerstoffbedarf.

4. PTFE lässt nichts anbrennen!

PTFE ist die Abkürzung eines Kunststoffs, den niemand in seiner Küche vermissen möchte:

Poly**t**etra**f**luor**e**then,

besser bekannt als Teflon®.

a) Wozu dient eine Teflonbeschichtung in Pfannen?

b) Formulieren Sie die Reaktionsgleichung zur Herstellung von Teflon. Verwenden Sie Strukturformeln.

c) In Teflonpfannen darf man nur mit Kunststoffbesteck hantieren, da sonst die Beschichtung beschädigt wird. Erkundigen Sie sich, ob es durch Antihaftbeschichtungen zu Gesundheitsschäden kommen kann!

5. Man erbringe den Nachweis!

Kohlenstoffdioxid kann in einem einfachen Versuch als Verbrennungsprodukt nachgewiesen werden.

a) Bringen Sie die Bilder und die Textschilder in die richtige Reihenfolge!

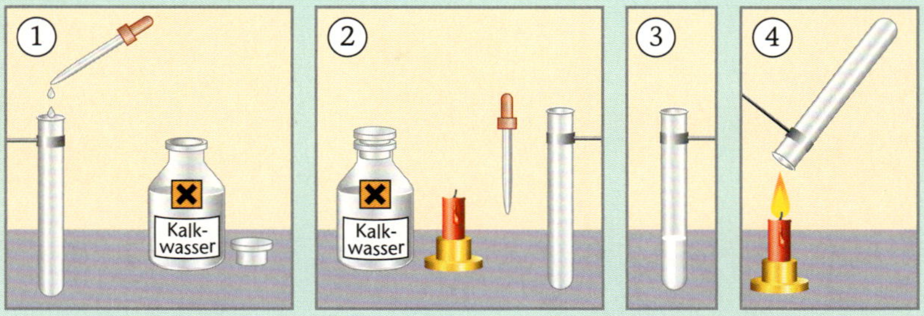

- Das farblose, klare Kalkwasser trübt sich.
- Nun gibt man mithilfe der Pipette etwas Kalkwasser in das Reagenzglas.
- Kohlenstoffdioxid wird im Reagenzglas aufgefangen, indem man das Glas über die Kerzenflamme hält.
- Man benötigt eine brennende Kerze, ein Reagenzglas, eine Pipette und das farblose, klare Kalkwasser (Calciumhydroxidlösung).

b) Für den Nachweis von Kohlenstoffdioxid benötigt man also Kalkwasser. Formulieren Sie mithilfe der vorgegebenen Formeln und Namen die Reaktionsgleichung.

H_2O $Ca^{2+} + CO_3^{2-}$

Wasser

Calciumhydroxid (gelöst)

CO_2

$Ca^{2+} + 2OH^-$ Kalk (= Calciumcarbonat)

Kohlenstoffdioxid

6. Lückenhaft!

Aus Methan soll folgender Stoff hergestellt werden:

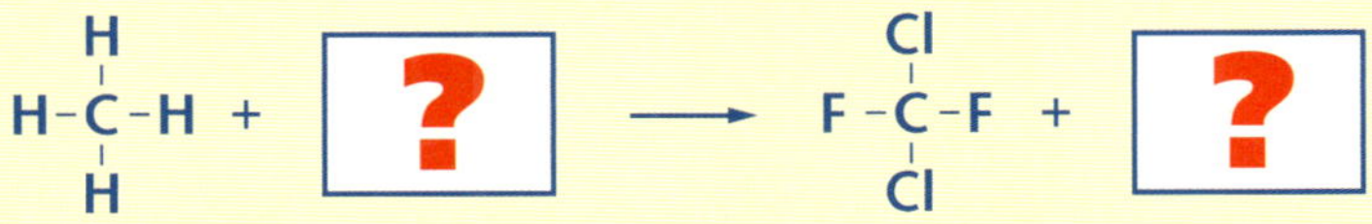

a) Vervollständigen Sie die Reaktionsgleichung. Wählen Sie dazu aus den vorgegebenen Bausteinen die richtigen aus.

H – F Cl – Cl 3 H – H 2

H – Cl CH_4 1 F – F

b) Um welchen Reaktionstyp handelt es sich hier?

c) Benennen Sie alle Verbindungen, die an der Reaktion beteiligt sind!

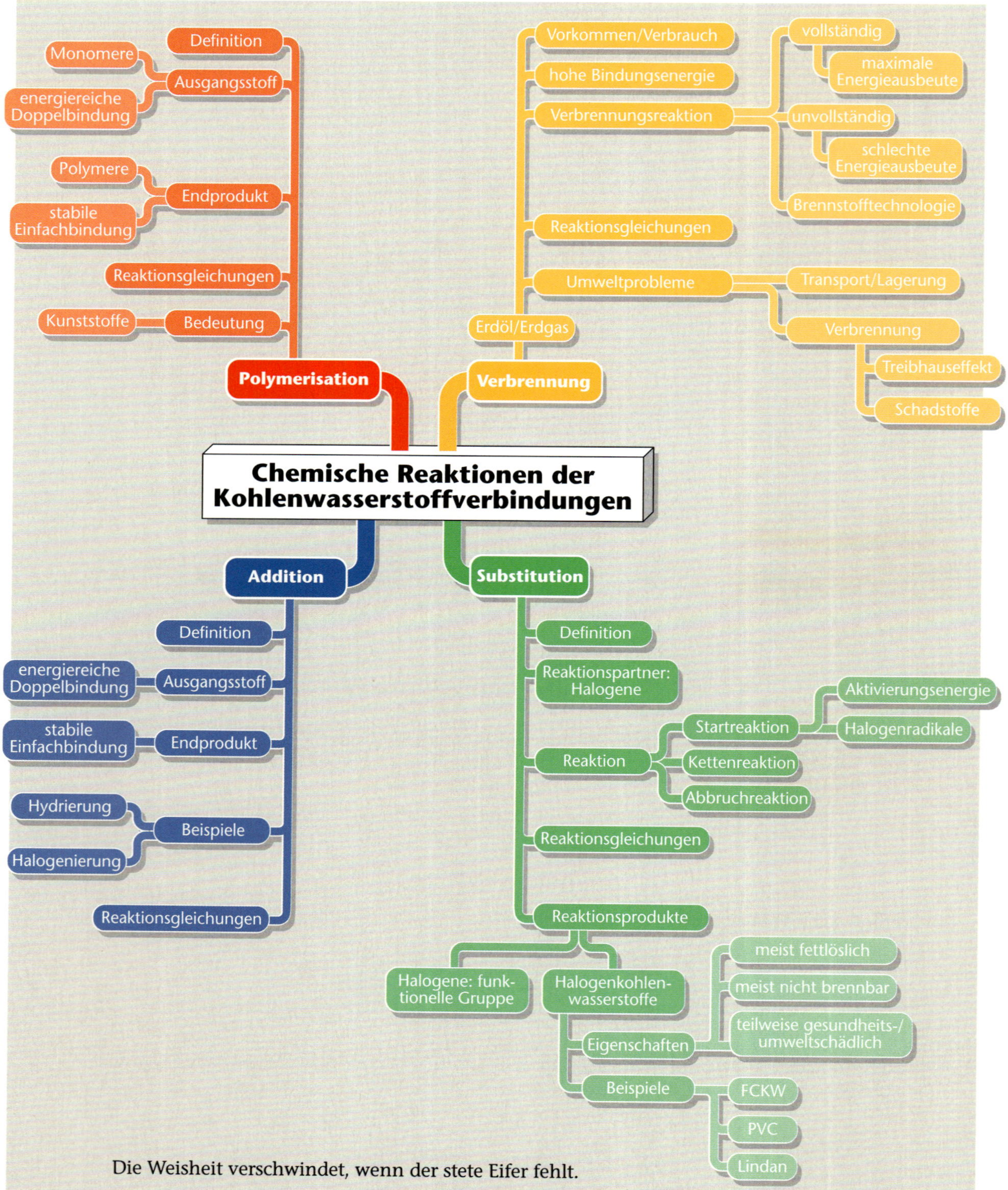

Die Weisheit verschwindet, wenn der stete Eifer fehlt.

IV. Sauerstoffhaltige organische Verbindungen

21 Reinen Wein einschenken Naturstoff Alkohol

1 Gärballon mit Gärrohr: Aus Traubensaft entstehen Wein (ethanolhaltig) und CO_2 (Schaumbildung).

V1 In einem Rundkolben wird eine Zuckerlösung (100 ml Wasser, 10 g Rohrzucker) mit 10 g Hefe versetzt; ein Gärröhrchen, mit Kalkwasser gefüllt, schließt mit einem Stopfen den Kolben luftdicht ab. Das Gemisch wird einige Tage bei 30 °C gehalten. Beobachtungen?

V2 Der filtrierte Kolbeninhalt des Gärversuchs wird anschließend bei 80 °C destilliert. Welche Eigenschaften hat das Destillat?

2 Destillationstürme einer Bioalkoholanlage: Die Stärke der Kartoffeln spaltet man in Zucker, der dann zu Ethanol (= Bioalkohol) vergoren wird.

Die Gewinnung alkoholhaltiger Getränke. Seit ältester Zeit hat der Mensch unbewusst Mikroorganismen für sich arbeiten lassen. Dabei beobachtete und steuerte er den biochemischen Prozess, bei dem sich zuckerhaltige Lösungen in berauschende, alkoholhaltige Getränke umwandeln lassen. So wurde Honig zu Met, Malz zu Bier, Traubensaft zu Wein vergoren. Dazu musste das Gärgut von Hefepilzen oder deren Sporen (in der Luft) befallen werden. Danach wurde es eine Zeit lang warm und so unter Luftabschluss gehalten, dass Gärgas noch entweichen konnte (B1).

Die alkoholische Gärung. Der chemische Vorgang, bei dem aus Zucker Trinkalkohol gewonnen wird, heißt alkoholische Gärung. Dieser Alkohol wird in der chemischen Fachsprache als Ethanol (= Ethylalkohol) bezeichnet. Eduard Buchner konnte 1897 zeigen, dass die Gärwirkung nicht an lebende Hefepilzzellen, sondern an deren Zellsaft gebunden ist. Die darin vorhandenen Wirkstoffe nannte er Zymase. Heute weiß man, dass etwa 12 Enzyme als Biokatalysatoren die Gärung bewirken. Sie bauen den Zucker stufenweise zu Ethanol und Kohlenstoffdioxid-Gas ab. Die frei werdende Energie nutzen die Hefezellen.

$$\textbf{Zucker} \xrightarrow{\text{Zymase}} \textbf{Ethanol} + \mathbf{CO_2} + \textit{Energie}$$

Enthalten die Gärungsprodukte ca. 15 % Ethanol, bricht der Gärprozess langsam ab, weil der Alkohol die Enzymwirkung blockiert. Höherprozentige alkoholhaltige Getränke können nur über „Brennen", das heißt über Destillation des Gärgutes, gewonnen werden (B2). **Weingeist** (96 % Ethanol, 4 % Wasser) lässt sich nicht in einem Schritt aus dem Gäransatz erhalten; er muss mehrmals destilliert werden. Reines Ethanol (100 %; **absolutes Ethanol**) erhält man nur, wenn das restliche Wasser aus dem Weingeist durch besondere Verfahren entfernt wird.

Für bestimmte Anwendungen in Haushalt und Technik wird der Ethylalkohol durch Zusatz bestimmter Vergällungsmittel ungenießbar gemacht und kommt als **Brennspiritus** in den Handel. Der Weingeist ist im Gegensatz zum Brennspiritus hoch besteuert.

Die alkoholische Gärung ist der biokatalytische Abbau von Zucker zu Ethanol und Kohlenstoffdioxid.

Bier – ein alkoholhaltiges Getränk. In Deutschland dürfen nach dem Reinheitsgebot von 1516 zum Bierbrauen nur **Malz** (aus Gerste oder Weizen gewonnener Zucker), **Hopfen** (Geschmack, Haltbarkeit) und **Wasser** verwendet werden. Um einen Hektoliter Bier herzustellen benötigt man ungefähr 650 Liter Wasser, 18 kg Malz, 200 g Hopfen und 0,5 Liter Hefe. Dabei wird im Gärkeller die Würze (Hopfen und Malzzucker) mit Reinzuchthefen versetzt und zwischen 5–20 °C je nach Biersorte eine gute Woche lang vergoren.

Der Alkohol – ein zwiespältiges Genussmittel. Geringe Mengen Ethanol zeigen beim Menschen Auswirkungen auf sein Befinden und Verhalten, weil Ethanol „ohne Verdauung" direkt in die Blutbahn gelangt.
Sorglosigkeit und Unbekümmertheit stellen sich ein, logisches Denken und die Wahrnehmungsfähigkeit nehmen ab, Konzentration und Gedächtnisleistungen sind herabgesetzt, Reaktionszeiten verlängern sich und auch das Sehfeld wird geringer. Es stellt sich auch ein gesteigertes Selbstwertgefühl ein. Die Gefahr der Selbstüberschätzung wächst.

Alkoholmissbrauch birgt große Gefahren. Bereits ab 3,5 g Ethanol in einem Liter Blut besteht für Erwachsene akute Lebensgefahr. Unterhalb des akut toxischen Schwellenwertes von 3,5 ‰ führt regelmäßiger Alkoholgenuss zur **Alkoholabhängigkeit**, aber auch zu einer Reihe von **Gesundheitsschäden**. Grundsätzlich sollen Schwangere den Alkohol vollständig meiden, um den Embryo bzw. Fetus nicht zu schädigen. Auch Kinder und Jugendliche sind durch Alkohol gefährdet, weil er die körperliche bzw. geistige Entwicklung stark beeinträchtigen kann.

A1 Warum bricht der Gärvorgang bei etwa 15 % Ethanolgehalt der Zuckerlösung ab?

A2 Wie lässt sich das bei der alkoholischen Gärung entstehende Gas als CO_2 nachweisen?

A3 Wie viel Ethanol (ml und g) befinden sich in 0,75 l Rotwein?

Getränk	Ethanolmenge in 500 ml		
	Vol.-%	ml	g
Normalbier	5	25	20
Wein	12	60	48
Likör	30	150	120
Branntwein	40	200	160

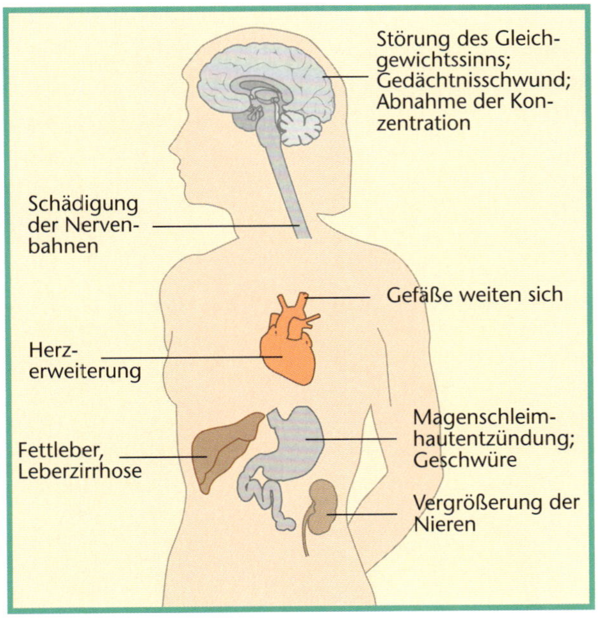

3 Die Atemalkoholkontrolle der Verkehrspolizei gibt es auch zur Faschingszeit. Die „Pusteröhrchen" haben längst ausgedient, heute bestimmen elektronische Messgeräte über zwei unabhängige Analyseverfahren den Ethanolgehalt der Atemluft.

Der Alkoholismus – Problem für jede Gesellschaft. Der Organismus des Menschen wird durch regelmäßige Alkoholzufuhr psychisch und physisch abhängig. Daher ist Ethanol eine **Droge**. Der **Alkoholismus** als schwere Erkrankung belastet den Einzelnen, das soziale Umfeld und auch unser Gemeinwesen.

Das Genussmittel Ethanol führt oft zur Abhängigkeit und wirkt gesundheitsschädigend. Besonders gefährdet sind Kinder, Jugendliche und Schwangere. Der verantwortungsvolle Umgang mit Alkohol muss gelernt werden!

Alkoholkonsum und Straßenverkehr

Verkehrsteilnehmer sollten grundsätzlich keine alkoholischen Getränke zu sich nehmen, denn der Alkoholgenuss beeinträchtigt entscheidend die **Fahrtüchtigkeit**. Bei mehr als 0,5 ‰ Alkohol im Blut drohen dem Autofahrer in Deutschland empfindliche Strafen.

22 Aufklärung
Ethanol – von den Eigenschaften zur Struktur

V1 Wenig Brennspiritus in einem Verbrennungslöffel anzünden. Beobachtungen? Danach den brennenden Brennspiritus in einem kalten Standzylinder weiterbrennen lassen, anschließend abdecken. Beobachten Sie die Kolbeninnenwand! Danach in den Kolben etwa 10 ml Kalkwasser geben und schütteln!

A1 Formulieren Sie unter Verwendung von Summenformeln die Verbrennung von Brennspiritus.

A2 Welche Vorsichtsmaßnahmen müssen Sie beim Umgang mit Brennspiritus beachten?

A3 Was besagt die Aussage: Im Vergleich zu Wasser hat Ethanol die relative Molekülmasse 46?

V2 Die Löslichkeit von Wasser in Brennspiritus wird untersucht.

V3 Wasser und Weingeist aus einer Bürette laufen lassen. Ein aufgeladener Hartgummistab wird beiden Flüssigkeitsstrahlen genähert.

Hinweis: Die Umkehrung dieser Reaktion, also die Addition von Wasser an Ethen, ist Grundlage für die großtechnische Herstellung von Ethanol aus Crackgasen des Erdöls.

Gute Brennbarkeit. Weingeist und Brennspiritus sind leicht entzündliche (feuergefährliche) Stoffe, denn bereits bei 13 °C bilden sich brennbare Dämpfe. Unter starker Energieentwicklung verbrennt Ethanol an der Luft mit schwach leuchtender Flamme zu Kohlenstoffdioxid und Wasser.

Der Bau eines Ethanolmoleküls. Die Lösung der Frage, wie die einzelnen Atome räumlich in einem Molekül angeordnet sind, gehört zu den schwierigsten Aufgaben der Chemie. Die Verbrennungsprodukte von Ethanol deuten an, dass in seinem Molekül C- und H-Atome vorkommen. Qualitative Analysen zeigen, dass im Ethanolmolekül auch ein Sauerstoffatom enthalten ist. Quantitative Untersuchungen ergeben für Ethanol die relative Molekülmasse 46 und eine Summenformel $\mathbf{C_2H_6O}$. Zwei Strukturen sind denkbar:

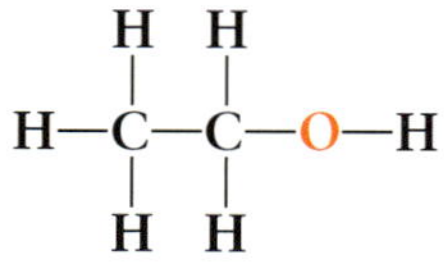

oder

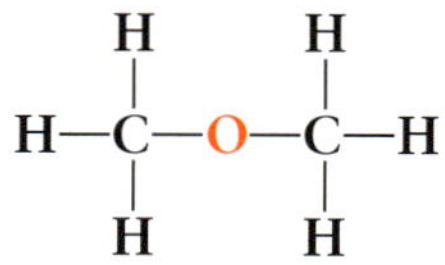

Die gute Mischbarkeit des Ethanols mit Wasser sowie die Ablenkung des Spiritusstrahles durch einen geladenen Hartgummistab weisen auf eine Ähnlichkeit mit Wasser hin. Wie im Wassermolekül kann auch im Ethanolmolekül eine OH-Gruppe angenommen werden. Einen weiteren Hinweis auf die Ethanolstruktur liefert die Reaktion, bei der aus Ethanol durch Wasserabspaltung Ethen (C_2H_4) gewonnen wird:

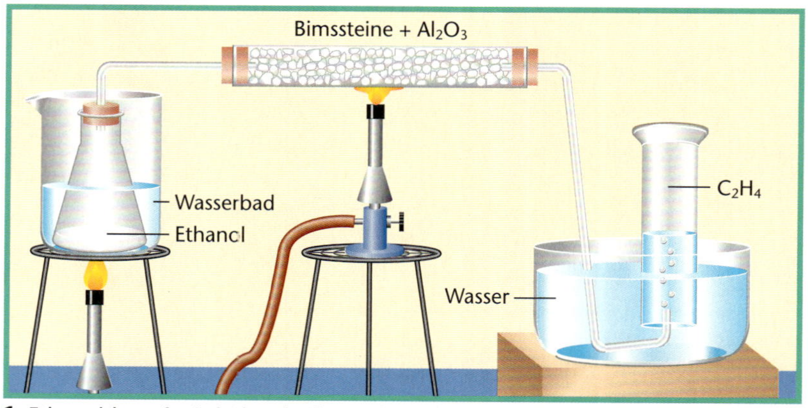

1 Ethanoldampf wird über heißem Aluminiumoxid zu Ethengas umgesetzt.

Daraus folgern wir, dass im Ethanolmolekül zwei Kohlenstoffatome miteinander verknüpft sein müssen.

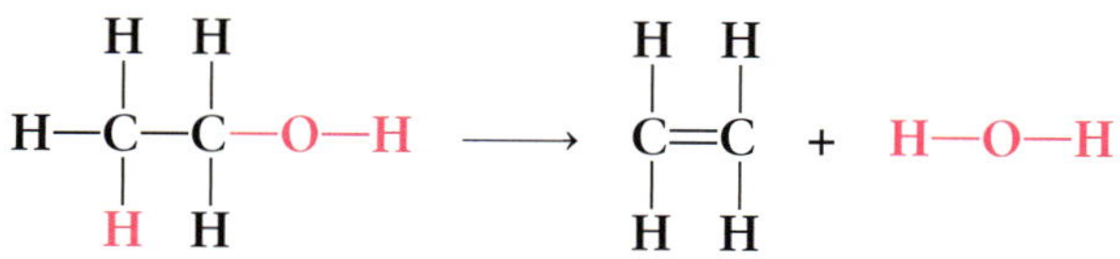

Ethanol Ethen Wasser

Stoffuntersuchungen zeigen, dass Ethanol ein Abkömmling des Ethans ist, denn ein Wasserstoffatom ist durch eine **Hydroxygruppe** (OH-Gruppe) ersetzt worden: **C_2H_5OH**.

Ethanol – zwischen Ethan und Wasser. Die Ethanolstruktur zeigt Ähnlichkeiten mit der des Ethans und des Wassers:

Name	Struktur	Kugelmodell	Smp.	Sdp.
Ethan	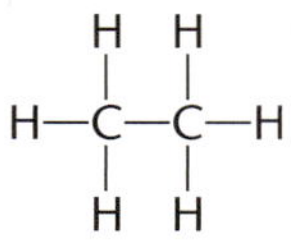		–183 °C	–89 °C
Ethanol	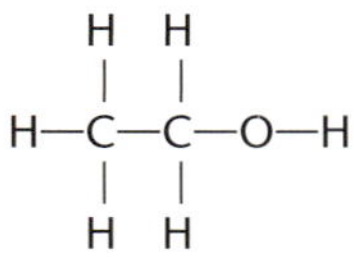	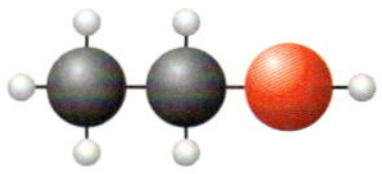	–117 °C	78 °C
Wasser	H—O—H		0 °C	100 °C

Ethanol und Wasser besitzen im Molekül eine Hydroxygruppe. Damit lässt sich auch der Name dieses Alkohols erklären: für die zwei miteinander verknüpften Kohlenstoffatome **Ethan-** und **-ol** für die Hydroxygruppe. Alle Alkohole haben in ihren Namen die Endung **-ol**. Ethanol heißt nach seinem Alkylrest auch **Ethylalkohol**.
Mithilfe der OH-Gruppe lassen sich auch die **übereinstimmenden Eigenschaften** von Ethanol und Wasser deuten: Beide Verbindungen sind farblose Flüssigkeiten mit ähnlichen Siedepunkten, sie sind polar und lösen sich deshalb gut ineinander, sie reagieren neutral und leiten den Schwachstrom schlecht. Doch die **Unterschiede** dürfen nicht übersehen werden: Ethanol hat im Gegensatz zum Wasser einen Geruch und brennt gut:

$$C_2H_5OH + 3\ O_2 \longrightarrow 2\ CO_2 + 3\ H_2O + \textit{Energie}$$

Die Hydroxygruppe im Ethanolmolekül erklärt übereinstimmende Stoffeigenschaften zwischen Ethanol und Wasser.
Der Ethylrest $—C_2H_5$ ist für die gute Brennbarkeit des Ethylalkohols verantwortlich.

V4 Die elektrische Leitfähigkeit von Wasser und Ethanol wird geprüft.

V5 Ethanol, eine wässrige Ethanollösung (Verhältnis 1:1) und Wasser mit einem Indikator versetzen.

A4 Wie lässt sich die Indikatorreaktion von Wasser und Ethanol bezüglich der gemeinsamen Hydroxygruppe deuten?

V6 **Vorsicht! Schutzbrille!** Zu geringen Mengen Wasser bzw. Ethanol gibt man ein kleines Stück Natrium. Deuten Sie die Beobachtungen! Wenn die Reaktion zu Ende gekommen ist, wird das Reaktionsgemisch mit Universalindikator untersucht.

A5 Ethanol (auch mit Wasser verdünnt) zerstört Eiweißstrukturen. Wie heißen Stoffe, die Wunden steril oder medizinische Geräte keimfrei machen?

2 Weingeist und Wasser reagieren mit Natrium unterschiedlich heftig. Bei der Reaktion entwickelt sich Wasserstoffgas.

23 Das Markenzeichen Die Hydroxygruppe im Ethanol

V1 Jeweils 2 ml Ethanol werden mit 4 ml Wasser, Benzin, Olivenöl, mit einer Spatelspitze Kochsalz und mit Haushaltszucker vermischt. Beschreiben Sie das Löseverhalten von Ethanol!

V2 Zerriebene Blätter einer grünen Pflanze oder Orangenschalen werden in Wasser und Ethylalkohol eingebracht, geschüttelt und anschließend filtriert. Vergleichen Sie!

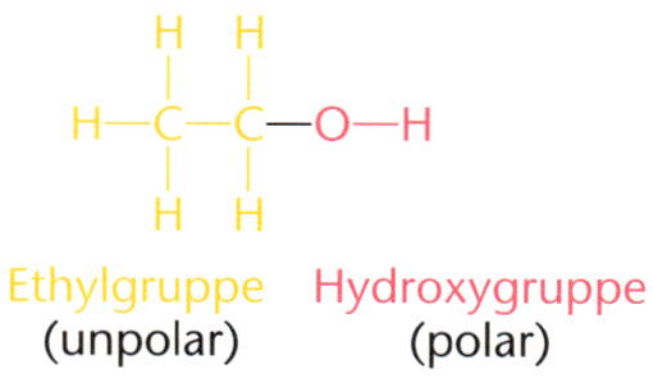

Ethanolgehalte in pharmazeutischen Präparaten:	
MediNait®	18%
Herz Tonicum Plus®	18%
alkoholische Extrakte, z. B. Echinacin®	22%
Melissengeist	bis 79%

Der Ethanolgehalt in manchen pharmazeutischen Präparaten ist beträchtlich.

V3 Überprüfen Sie die Löslichkeit von Iod und Harz in Wasser und Ethanol.

A1 Ethanol ist ein wichtiges Lösemittel mit vielseitiger Verwendung. Begründen Sie dies!

Die Hydroxygruppe als funktionelle Gruppe. Kennzeichnende Eigenschaften des Ethanols lassen sich auf die Hydroxygruppe im Molekül zurückführen. Denn das Sauerstoffatom zieht wegen seiner hohen Elektronegativität (= Anziehungskraft auf Elektronen) die bindenden Elektronenpaare stärker zu sich. Dadurch werden die Atombindungen polarisiert und als Folge davon trägt das H-Atom der OH-Gruppe eine positive, das O-Atom eine negative Teilladung. Es entsteht ein Dipolmolekül:

Ethanol ist polar und unpolar zugleich. Der starke Einfluss der polarisierten Hydroxygruppe erklärt das hydrophile (wasserfreundliche) Lösungsverhalten des Ethanols, z. B. die unbegrenzte Löslichkeit in Wasser. Der Ethylrest ist dafür verantwortlich, dass sich im Ethylalkohol auch hydrophobe (wasserfeindliche) Stoffe lösen können. Durch dieses besondere Lösungsverhalten hat Ethanol große Bedeutung als **wichtiges Lösemittel**.

1 Ethanol ist für viele Duft- und Farbstoffe und pharmazeutische Präparate ein gutes Lösemittel.

Die Wasserstoffbrückenbindungen. Die Siedepunkte von Ethanol und von Wasser liegen verhältnismäßig hoch. Auch das liegt an den polaren Hydroxygruppen in beiden Stoffen: Die H-Atome (positive Teilladungen) werden von den Elektronenpaaren der O-Atome (negative Teilladungen) angezogen. Diese Bindungen zwischen benachbarten OH-Gruppen, die zusätzlich zu den van-der-Waals-Kräften wirken, sind Wasserstoffbrückenbindungen.

Die Hydroxygruppe ist die funktionelle Gruppe des Ethanols; sie bedingt die gute Wasserlöslichkeit. Die Wasserstoffbrückenbindungen zwischen Hydroxygruppen benachbarter Moleküle erhöhen Schmelz- und Siedepunkt.

Die Hydroxygruppe im Ethanol

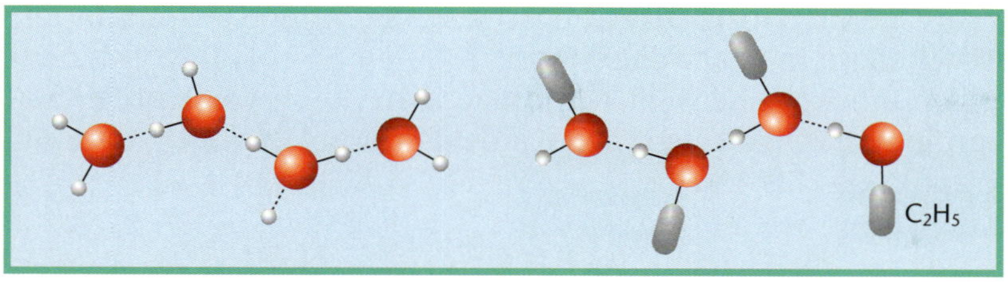

2 Die Wasserstoffbrückenbindungen bei Wasser und Ethanol

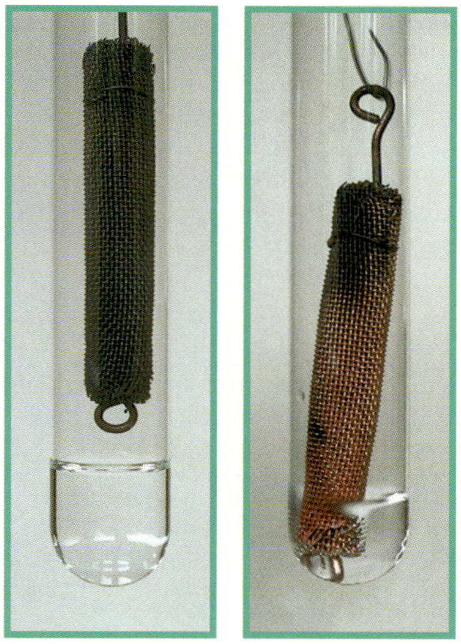

3 Kupfer-II-oxid wird durch Ethanol zu Kupfer reduziert; dabei entsteht Ethanal.

Ethanol wirkt reduzierend. Bei der Reaktion von Ethanol mit heißem, schwarzem Kupferoxid wird das Oxid zu rot glänzendem Kupfer (B3) reduziert. Da aber Reduktionsvorgänge stets an Oxidationsvorgänge gekoppelt sind, muss im Gegenzug Ethanol **oxidiert** worden sein.
Wasserstoffatome in der Umgebung des polarisierenden Sauerstoffatoms der Hydroxygruppe sind weniger fest gebunden als im Ethan. Daraus erklärt sich die reduzierende Wirkung der Hydroxygruppe: Zwei Wasserstoffatome werden abgetrennt und bilden zusammen mit dem Redoxpartner CuO ein Molekül Wasser und elementares Kupfer. Aus Ethanol entsteht dabei **Ethanal** mit der neuen funktionellen Gruppe —CHO.

$$\underset{\text{Ethanol}}{H_3C{-}CH_2{-}OH} + CuO \longrightarrow Cu + \underset{\text{Ethanal}}{H_3C{-}CHO} + H_2O$$

Ethanal, das Oxidationsprodukt des Ethanols, lässt sich am stechenden Geruch und durch die Fehling'sche Probe nachweisen: Eine tiefblaue Kupfersalzlösung färbt sich beim Anwärmen ziegelrot (s. Kap. *27).

Dehydrierung (= Wasserstoffabspaltung) ist Oxidation. Vergleichen wir die Summenformeln des Ethanols (C_2H_6O) mit der des Ethanals C_2H_4O, so fällt auf, dass Letzteres nur zwei Wasserstoffatome weniger besitzt. Ethanal kann daher als „dehydrierter Ethylalkohol" gesehen werden.

4 Auch bei der Verwendung als Biosprit wird die leichte Oxidierbarkeit von Ethanol ausgenutzt.

Ethanol ist ein Reduktionsmittel und kann zu Ethanal oxidiert werden. Chemisch gesehen entspricht dies einer Dehydrierung von Ethanol.

V4 **Abzug! Schutzbrille!** Ein Kupferdrahtnetz wird in nichtleuchtender Brennerflamme zum Glühen gebracht. Das heiße Drahtnetz wird danach im **Abzug** behutsam in ein dickwandiges Reagenzglas mit Ethanol gebracht. Nach der Reaktion wird durch Zufächeln unter **starker Vermischung mit Luft** der Geruch geprüft.

V5 Ethanal wird in Wasser gelöst, mit frisch zubereiteter Fehling'scher Lösung versetzt und dann schwach erwärmt.

A2 Formulieren Sie die Reaktionsgleichung der katalytischen Dehydrierung von Ethanol. Verwenden Sie Strukturformeln.

24 Ähnlich, aber nicht gleich Alkanole

A1 Formulieren Sie die katalytische Addition von Wasser an Ethen. Verwenden Sie bei den organischen Stoffen Strukturformeln!

V1 Butan und Butanol werden in Aussehen, Geruch und ihrer Brennbarkeit verglichen.

Allgemeine Eigenschaften der Alkanole gemäß der Zahl ihrer Kohlenstoffatome im Molekül	
C_1 bis C_3	farblose Flüssigkeiten weingeistartiger Geruch leicht entzündlich
C_4 bis C_{11}	farblose Flüssigkeiten viskos schweißähnlicher Geruch
ab C_{12}	weiße Feststoffe wachsartig fast geruchlos

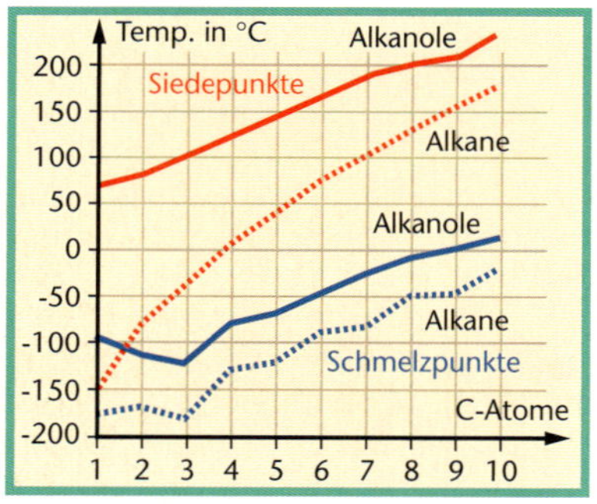

1 Kurven der Schmelz- und Siedepunkte von Alkanen und Alkanolen

V2 Hexan und Hexanol werden mit der doppelten Menge Wasser und anschließend mit der doppelten Menge Benzin vermischt.

V3 Die Viskosität verschiedener flüssiger Alkohole wird überprüft.

V4 Eine geringe Menge Propanol und Hexanol werden in Porzellanschalen an der Luft verbrannt. Gibt es Unterschiede?

Vom Ethan zum Ethanol. Ethanol kann großtechnisch entweder aus dem Crackgasbestandteil Ethen (über katalytische Addition eines Wassermoleküls) oder auch durch vorsichtige Oxidation von Ethan gewonnen werden. Ethanol ist ein Oxidationsprodukt des Ethans:

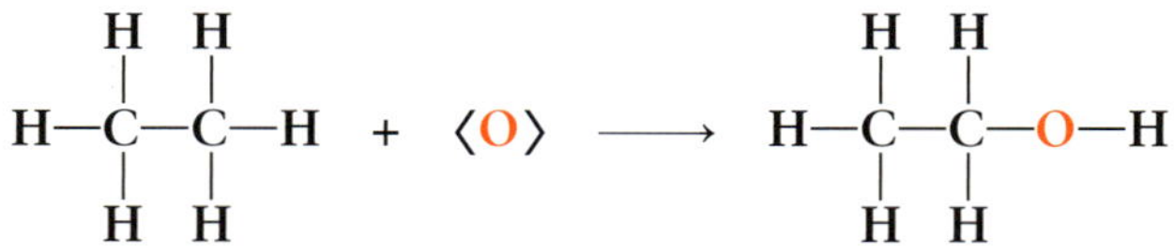

Von den Alkanen zu den Alkanolen. So lassen sich von allen kettenförmigen, gesättigten Kohlenwasserstoffen (= Alkane) die entsprechenden Alkohole als Oxidationsprodukte ableiten. Dabei ist im Alkanmolekül ein Wasserstoffatom durch eine einwertige Hydroxygruppe ersetzt worden.
Alle Alkohole mit einer OH-Gruppe im Molekül nennt man **einwertige Alkohole**. Alle Alkohole, die sich von den Alkanen ableiten lassen, heißen **Alkanole**. Wie die Alkane bilden die von ihnen abstammenden Alkanole eine **homologe Reihe**. Alle Verbindungen dieser homologen Reihe entsprechen der allgemeinen Summenformel $\mathbf{C_nH_{2n+1}OH}$.

Benennung der Alkanole. Wie wir schon beim Ethanol gesehen haben, erfolgt die Namensgebung der Alkanole entweder durch Anhängen der Endsilbe **-ol** an den Namen des **Alkan**s oder man verbindet den jeweiligen **Alkylnamen** mit dem Wort **Alkohol**. So ist aus dem Gas Methan (CH_4) das flüssige, stark giftige Methanol (Methylalkohol; CH_3—OH) geworden. Es ist mit nur einem C-Atom das einfachste Alkanolmolekül.

Alkanole haben eine funktionelle Gruppe. Wegen ihrer **polarisierten OH-Gruppe** unterscheiden sich die Alkanole wesentlich von den entsprechenden Alkanen, z. B. durch eine bessere Wasserlöslichkeit (ab Butanol zunehmend wasserunlöslich) und auch durch höhere Schmelz- und Siedepunkte.

Alkanole haben die Hydroxygruppe als funktionelle Gruppe. Dadurch haben sie andere Eigenschaften als die entsprechenden Alkane.

Alkanole sind reaktionsfreudige Verbindungen. Im Gegensatz zu den reaktionsträgen Alkanen bringt die polarisierte Hydroxygruppe eine größere Reaktionsbereitschaft ins Molekül, weil die polaren Atombindungen leichter aufgebrochen werden können. Alle Alkanole wirken wie Ethanol **reduzierend**. Sie sind gut brennbar und liefern hohe Verbrennungswärmen.

Die homologe Reihe der Alkanole zeigt deutlich, dass der **Bau der Moleküle** Ursache für bestimmte **Stoffeigenschaften** ist:

Name	Summen-formel	Smp. °C	Sdp. °C	Visko-sität	rel. Masse	Löslichkeit in Wasser	Löslichkeit in Benzin
Methanol	CH_3OH	−94	65	nimmt zu ↓	32	nimmt zu ↑	nimmt zu ↓
Ethanol	C_2H_5OH	−117	78		46		
Propanol	C_3H_7OH	−126	97		60		
Butanol	C_4H_9OH	−90	118		74		
Pentanol	$C_5H_{11}OH$	−78	138		88		
Hexanol	$C_6H_{13}OH$	−47	158		102		
Heptanol	$C_7H_{15}OH$	−34	176		116		
...							
Laurylalkohol	$C_{12}H_{25}OH$	26	256		186		
...							
Cetylalkohol	$C_{16}H_{33}OH$	50	344		242		
...							

A2 Begründen Sie mit zwei Summengleichungen, warum Methanol umweltfreundlicher als Butanol verbrennt.

V5 Ein Milliliter Propanol sowie ein fester Alkohol werden mit Wasser bzw. Benzin gemischt. Beobachtungen?

A3 Ermitteln Sie die durchschnittlichen Siedepunktsänderungen zwischen zwei Alkoholen, die in der homologen Reihe aufeinander folgen.

Die Molekülgröße und die Molekülmasse nehmen in der homologen Reihe von oben nach unten zu, ebenso die Siede- und Flammpunkte und die Entzündungstemperaturen. Es ändern sich damit auch der Aggregatzustand, das Aussehen (Farbe, Konsistenz) und der Geruch der Alkohole. Solange bei wenigen Kohlenstoffatomen im Molekül der Einfluss der hydrophilen Hydroxygruppe gegenüber dem hydrophoben Alkylrest überwiegt („niedere Alkohole"), sind sie dünnflüssig, wasserlöslich und leicht entzündbar. Bei höheren Alkoholen setzen sich mit zunehmender Kohlenstoffkettenlänge die hydrophoben Alkaneigenschaften wieder durch.

So lassen sich die **abgestuften Eigenschaften** der Alkanole innerhalb dieser Reihe mit dem Molekülbau deuten.

2 Verbrennungsverhalten von Methanol, Hexanol und Cetylalkohol

Die Alkanole als einwertige Alkohole bilden eine homologe Reihe, deren Eigenschaften durch die hydrophile Hydroxygruppe mitgeprägt werden. Sie sind recht reaktionsfreudig.

*25 Den Durchblick behalten
Alkohole – Vielfalt in Struktur und Verwendung

1 Methanol ist für den Menschen **sehr giftig**! Mithilfe der **Boraxprobe** (Alkohole mit Borax mischen und anzünden) kann man Methanol (grüne Flamme) von Ethanol gut unterscheiden.

2 In Testfahrzeugen wie dem „Necar" dient Methanol als Treibstoff für Autos mit Brennstoffzellenantrieb.

V1 Die Etiketten der Aufbewahrungsflaschen von Methanol und Ethanol werden betrachtet. Gibt es Unterschiede?

A1 Aufgrund des Molekülbaus können Sie folgern: Ist Methanol hydrophil oder lipophil?

A2 Geben Sie Namen und Strukturformel von n-Hexanol und einem iso-Hexanol an.

V2 Ethanol und 2-Propanol werden verglichen: Löslichkeit in Wasser und Benzin, Indikatorreaktion, elektrische Leitfähigkeit.

Methanol – der giftigste Alkohol. Methanol und Ethanol sind äußerlich kaum unterscheidbar, aber bereits 8 g Methanol führen zur Erblindung und verursachen schwere Schädigungen des Gehirns. 25 g Methanol sind für den Menschen tödlich. Damit ist Methanol weitaus giftiger als Ethanol! Heimtückisch ist, dass die schädigende Wirkung des Methanols im Körper erst nach vielen Stunden einsetzt und dass Methanol, wie alle niederen Alkohole, auch gut durch die Haut aufgenommen werden kann.

Methanol – ein Treibstoff der Zukunft? Seit Jahren wird Methanol als Treibstoff (bzw. als Benzinzusatz) für Ottomotoren getestet. Für Methanol sprechen seine umweltfreundlichere Verbrennung und die kostengünstige, vom Rohöl unabhängige Gewinnung aus Kohle, Erdgas und Holz. Man stellt Methanol durch katalytische Hydrierung des Zwischenprodukts Kohlenstoffmonooxid her:

$$CO + 2\,H_2 \xrightarrow{250\,°C,\ 75\ \text{bar Druck}} CH_3OH$$

Methanol findet als **Ausgangsprodukt** bei vielen Großsynthesen in der Chemie sowie als **Lösemittel** weite Anwendung.

Ethanol – vielseitig verwendet. Wie Methanol ist Ethanol ein bedeutendes **Vorprodukt** für Großsynthesen: z. B. Herstellung von Essigsäure, Ethylestern oder Kautschuk. Ethanol ist aber auch ein wichtiges organisches **Lösemittel** für Lacke, Haushaltsreiniger, Essenzen, Kosmetika und Parfüms. Für viele Mikroorganismen ist höherprozentiger Ethylalkohol ein starkes Gift; er ist in der Medizin ein bedeutendes **Desinfektionsmittel**.

2-Propanol als Ethanolersatz. 2-Propanol ähnelt in seinen Eigenschaften sehr dem Ethanol. Er wird aus dem entsprechenden Alken gewonnen, indem man über Kupfer katalytisch ein Molekül Wasser addiert:

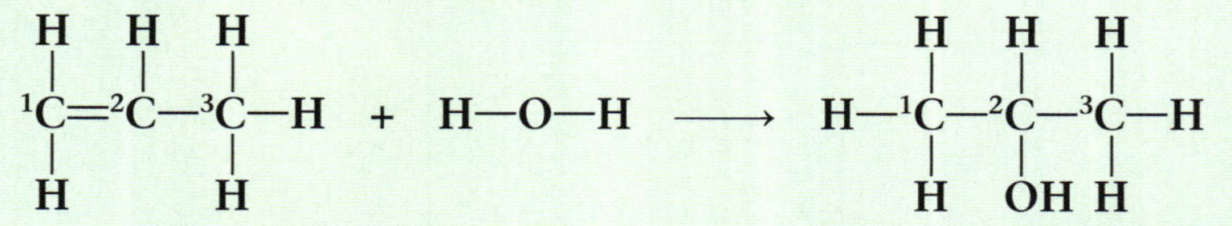

Propen — 2-Propanol (Isopropylalkohol)

Die **Verwendungsmöglichkeiten** von Isopropylalkohol sind **mannigfach.**

Was ist 2-Propanol eigentlich? Eigentlich könnte bei der Anlagerung von Wasser an Propen die Reaktion doch auch so ablaufen, dass sich ein Wasserstoffatom des Wassers unter Aufhebung der Doppelbindung an das zweite und die Hydroxygruppe des Wassers an das erste C-Atom des Kohlenwasserstoff-Restes

anlagert? Tatsächlich entsteht neben 2-Propanol auch **1-Propanol**, bei dem die OH-Gruppe am ersten C-Atom sitzt! Es gibt also beim Propanol zwei isomere Verbindungen, die sich durch die Stellung der OH-Gruppe im Molekül, und damit auch in den Eigenschaften, voneinander unterscheiden!

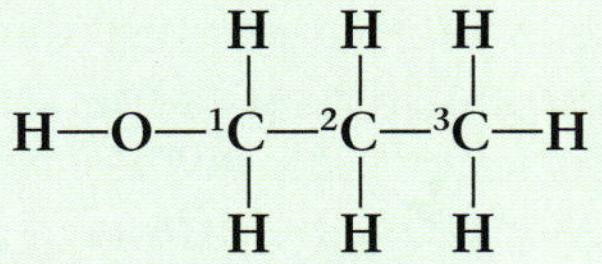

1-Propanol (Sdp. 97 °C)

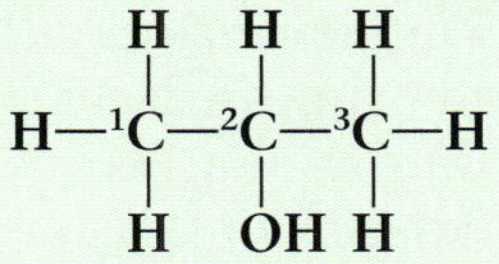

2-Propanol (Sdp. 82 °C)

Isomerie – Vielfalt alkoholischer Verbindungen. Neben den n-Alkanen gibt es auch die iso-Alkane, deren Kohlenwasserstoffreste verzweigt sind. Damit treten neue Isomeriemöglichkeiten auf, die zur Vielfalt der alkoholischen Verbindungen führen. Bereits beim Butanol gibt es vier verschiedene Isomere: 1-Butanol und 2-Butanol (n-Butanole) und zwei iso-Butanole:

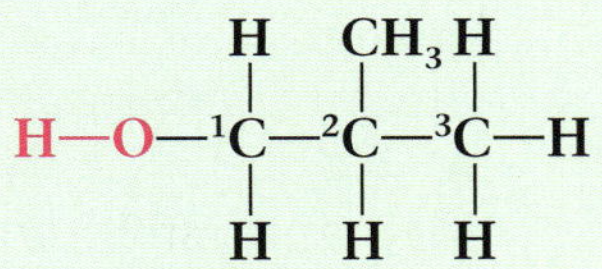

2-Methyl-1-propanol

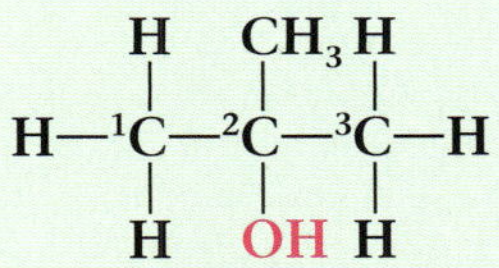

2-Methyl-2-propanol

iso-Butanole

Ein Blick in die vielfältige Stoffwelt der Alkohole. Weitere Gruppen von Alkoholen haben Alkylreste mit Doppelbindungen oder mit ringförmigen Strukturen oder sie stammen vom Benzol ab. Bau und Bedeutung wichtiger Vertreter zeigt die Tabelle.

cyclische Alkohole	**ungesättigte Alkohole**	**aromatische Alkohole** (Kap. *52)
z. B. Cyclohexanol $C_6H_{11}OH$	z. B. 2-Propen-1-ol C_3H_5OH (Allylalkohol)	z. B. Hydroxybenzol C_6H_5OH (Phenol)
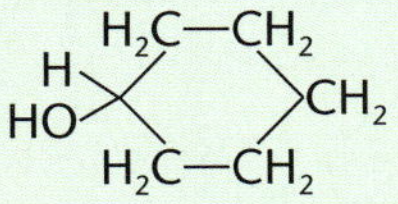	$HO{-}CH_2{-}CH{=}CH_2$	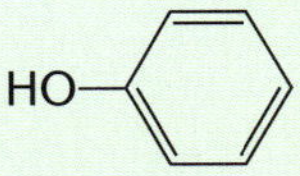
Lösemittel für Lacke, Polituren; **Vorprodukt** fürPerlon	**Vorprodukt** für Allylharze, Pharmazeutika, Schädlingsbekämpfung	**Vorprodukt** für Kunstharze, Arzneimittel, Polyamide

Alkohole sind eine vielfältige organische Stoffgruppe, die in Natur, Alltag, Technik und auch in der Chemie große Bedeutung hat.

3 Die Palette an Gebrauchsstoffen, die Ethanol oder Propanol enthalten, ist groß.

Info: Die Zahlen vor den Namensbestandteilen geben an, an welchem C-Atom der Alkylrest bzw. die Hydroxygruppe hängt. Die C-Atome der längsten Kette im Molekül werden dazu durchnummeriert.

A3 Antiseptika (= Desinfektionsmittel) sind keimtötende Substanzen. Man behandelt mit ihnen Wunden und medizinische Geräte, um sie keimfrei zu machen. Nennen Sie Antiseptika, die im Haushalt verwendet werden.

A4 Bauen Sie mit dem Molekülbaukasten alle möglichen unverzweigten und verzweigten kettenförmigen Alkohole mit 4 C-Atomen und einer Hydroxygruppe. Gibt es wirklich nur vier Isomere?

*26 Wertsteigerung Alkohole mit mehreren Hydroxygruppen

V1 Vergleichen Sie Glykol und Glycerin mit den entsprechenden einwertigen Alkoholen: Aussehen, Geruch, Warnetiketten.

A1 Die Siedepunkte von Ethanol und 1-Propanol werden denen von Glykol und Glycerin gegenübergestellt.

V2 Je 1 ml Glykol, Glycerin, Ethanol und Propanol wird mit der dreifachen Menge Wasser, Spiritus und Benzin vermischt. Erklären Sie die Ergebnisse!

A2 Sorbit ist **Hexanhexol**. Er kommt in den Früchten der Eberesche vor. Geben Sie die Strukturformel für diesen Alkohol an.

Info: Biologen haben herausgefunden, warum arktische Laufkäfer Temperaturen bis –85 °C aushalten können. Ihr Blut enthält als Gefrierschutzmittel Propantriol.

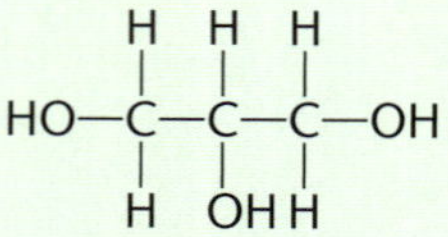

Propantriol (= Glycerin)
dreiwertiger Alkohol

A3 Auf einem Uhrgläschen befindet sich eine abgewogene Menge Propantriol. Wie erklären Sie sich die Massenzunahme nach einem Tag?

Mehrwertige Alkohole. Die „**Wertigkeit**" eines Alkohols gibt an, wie viele **OH-Gruppen** in einem Molekül vorhanden sind. Neben den uns schon bekannten einwertigen Alkoholen gibt es also auch **mehrwertige** Alkohole mit zwei und mehr Hydroxygruppen in einem Molekül. Der einfachste zweiwertige Alkohol besitzt zwei Kohlenstoffatome, stammt also vom Ethan ab. Im **Namen mehrwertiger Alkohole** gibt man die Anzahl der funktionellen Gruppen durch griechische Zahlwörter vor der Endsilbe -ol an; Ziffern vor dem Namen beziehen sich auf die Stellung der funktionellen Gruppen im Kohlenwasserstoffrest:

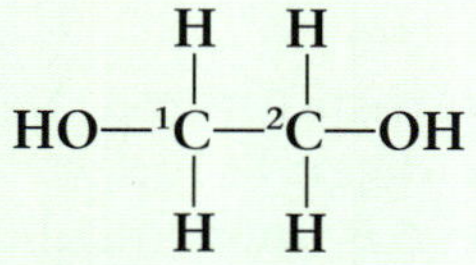

zweiwertige Alkohole: Ethandiol (Glykol)

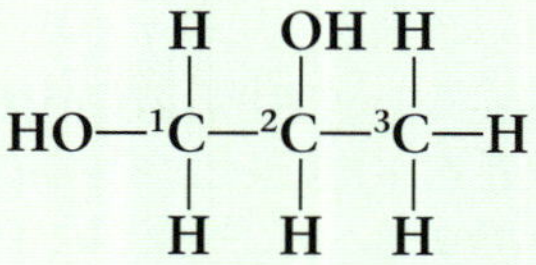

1,2-Propandiol

1 Enteisungsanlage am Flughafen München. **Ethandiol** (Smp. –11,5 °C, Sdp. 198 °C) wird zur Verhinderung der Eisbildung an Flugzeugoberflächen verwendet.

Propantriol – ein dreiwertiger Alkohol. Bereits 1779 wurde dieser dreiwertige Alkohol von Scheele entdeckt, als er Olivenöl spaltete. 1813 wies Chevreul nach, dass die in der Natur vorkommenden **Fette und Öle** chemische Verbindungen von Propantriol mit Fettsäuren sind (Ester).

Propantriol (Glycerin; Smp. –17 °C, Sdp. 290 °C) ist eine farb- und geruchlose, stark süß schmeckende, dickflüssige und ungiftige Flüssigkeit. Es ist der wichtigste dreiwertige Alkohol. Heute wird Propantriol vom **Propen** der Crackgase ausgehend gewonnen.

Propantriol wurde wegen seines süßen Geschmacks **Glycerin genannt** (griech. glykys = süß). Diese Bedeutung steckt auch in den Worten Glykol oder Glucose (Traubenzucker).
Glycerin wird vielseitig verwendet. Der größte Anteil fließt in die **Kunststoffchemie** (Aldehydharze, Polyurethanschäume). Glycerin wird aber auch in der **Nahrungsmittel- und Kosmetikindustrie** gebraucht (Trockenfrüchte, Handcremes, Zahnpasta, Seifenzusätze), in der **Pharmazie** als Salbengrundlage, zur Herstellung von Stempelfarbe und Farbbändern und nicht zuletzt als **Bremsflüssigkeit**. Die Herstellung von „Nitroglycerin" spielt nur noch eine untergeordnete Rolle.

Mehrwertige Alkohole haben verstärkte Alkoholeigenschaften. Nimmt die Zahl der funktionellen Hydroxygruppen bei Alkoholen zu, wird deren Einfluss auf das Gesamtmolekül größer. Der unpolare Alkyl-Charakter wird geringer, der polare aber nimmt mit jeder weiteren OH-Gruppe zu. Zwischen den Molekülen mehrwertiger Alkohole können sich damit auch mehr Wasserstoffbrückenbindungen ausbilden, der Zusammenhalt wird fester. Jetzt wird verständlich, warum mehrwertige Alkohole gegenüber den entsprechenden einwertigen Alkoholen dickflüssiger sind und auch höhere Schmelz- und Siedepunkte haben. Wegen der erhöhten Zahl von OH-Gruppen im Molekül wirken sie auch stark **hygroskopisch** (feuchtigkeitsanziehend) und schmecken süß. Für die Löslichkeit mehrwertiger Alkohole gilt, was wir schon bei Glykol und Glycerin beobachtet haben: Sie sind **wasserlöslicher** als die entsprechenden einwertigen Alkohole, mischen sich mit anderen Alkoholen und lösen sich nicht bzw. schlecht in unpolaren Lösungsmitteln.

Mehrwertige Alkohole zeigen erhöhte Reaktionsbereitschaft. Sowohl die Selbstentzündung des Glycerins im Kontakt mit einem starken Oxidationsmittel wie auch die **gute Brennbarkeit** weisen auf einen hohen Energieinhalt hin. Die reduzierende Wirkung mehrwertiger Alkohole ist also stärker ausgeprägt als bei den einwertigen Alkoholen. Darum kann Propantriol Silber-Ionen zu metallischem Silber reduzieren. Mit der sogenannten **Silberspiegelprobe** kann der Chemiker Verbindungen mit mehreren OH-Gruppen in einem Molekül nachweisen.

Mehrwertige Alkohole wie Glykol und Glycerin sind gut wasserlöslich und sehr reaktionsfreudig. Sie sind wichtige chemische Zwischenprodukte und werden auch im Alltag vielseitig verwendet.

V3 Vorsicht! Im Reagenzglas wird eine ammoniakalische Silbernitratlösung mit wenig Natronlauge versetzt, dann gibt man die gleiche Menge Propantriol dazu und erwärmt langsam.

2 Silberspiegelprobe: Ag^{+}-Ionen oxidieren Glycerin. Es entsteht metallisches Silber.

V4 Vorsicht! Schutzscheibe! Wenig Propantriol wird auf gepulvertes Kaliumpermanganat getropft.

3 Wenig Glycerin wird auf gepulvertes Kaliumpermanganat getropft. Es läuft ein heftiger Redoxvorgang ab.

*27 Verbindlich nach zwei Seiten
Die Stoffgruppe der Aldehyde

V1 Abzug! Man taucht in ein Becherglas mit Ethanol ein erhitztes (oxidiertes) Kupferblech. Beobachtung?

V2 Achtung! Schutzbrille! Man gibt 3 ml Fehling'sche Lösung und 3 Tropfen Ethanal in ein Reagenzglas. Dann wird vorsichtig erwärmt. Beobachtung?

Die Dehydrierung von Ethanol. Taucht man heißes Kupfermetall mit einem Belag aus schwarzem Kupferoxid in Ethanol, so kann man anhand der Farbänderung zum Roten erkennen, dass das Kupferoxid zu elementarem Kupfer reduziert wird (B3 in Kap. 23). Ethanol reagiert dabei unter Oxidation zu **Ethanal** (Acetaldehyd), einer leicht flüchtigen, stechend riechenden Flüssigkeit.

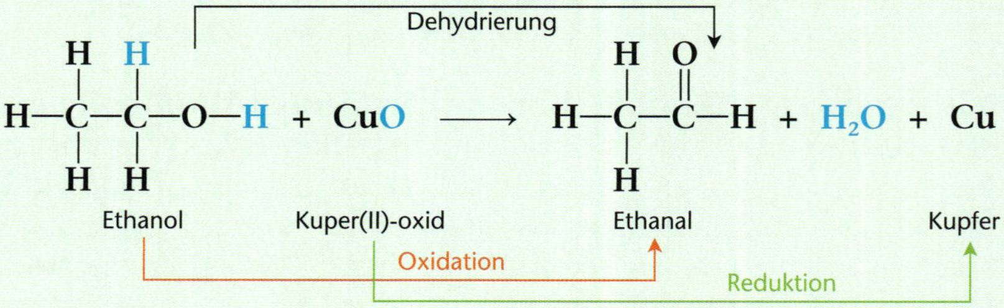

Die reduzierende Wirkung als Nachweis der Aldehyde. Die nach einem deutschen Chemiker benannte **Fehling'sche Probe** zeigt deutlich die reduzierende Wirkung der Aldehyde. Die tiefblaue Farbe dieser Lösung ist auf gelöste Cu^{2+}-Ionen zurückzuführen. Diese werden durch den Aldehyd zu Cu^{+}-Ionen reduziert ($Cu^{2+} + e^{-} \rightarrow Cu^{+}$). Es entsteht ein ziegelroter Niederschlag von Dikupferoxid Cu_2O. Der Aldehyd wird dabei zur Carbonsäure oxidiert (s. Kap. 29).

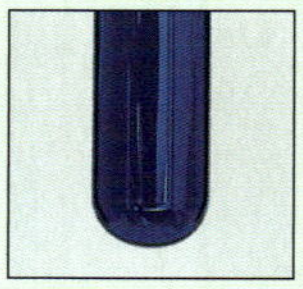

Fehling'sche Lösung + Aldehyd $\xrightarrow{\text{erhitzen}}$ **Dikupferoxid Cu_2O + Carbonsäure**

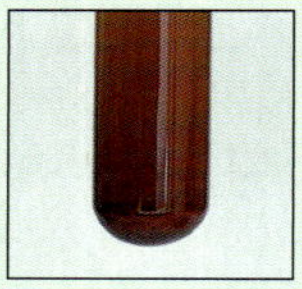

Die homologe Reihe der Alkanale. Dehydriert man beliebige Alkohole aus der homologen Reihe der Alkanole, kommt man zur homologen Reihe der Alkanale. Der systematische Name aller Aldehyde endet wie bei Ethanal mit der Silbe **-al**.

Die ersten Glieder der homologen Reihe der Alkanale

Name	Strukturformel	Siedepunkte	Sdp. entsprechender Alkanole
Methan**al** (Form**aldehyd**)	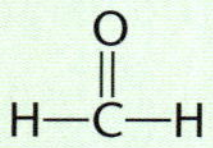	−21 °C	Methanol: 64 °C
Ethan**al** (Acet**aldehyd**)	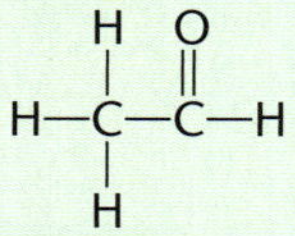	21 °C	Ethanol: 78 °C
Propan**al**	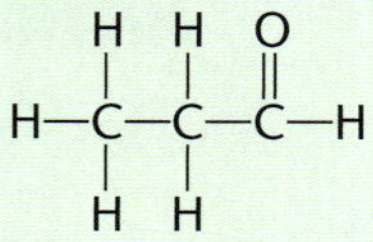	49 °C	Propanol: 97 °C
Alkan**al**	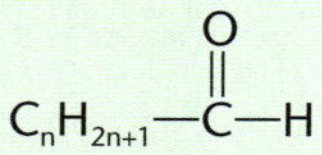	Dipol-Dipol-Kräfte van-der-Waals-Kräfte	Wasserstoffbrücken Dipol-Dipol-Kräfte van-der- Waals-Kräfte

Die Stoffgruppe der Aldehyde

Aldehyde kann man durch Oxidation (Dehydrierung) von Alkoholen herstellen.
Ihre funktionelle Gruppe ist die Aldehydgruppe —CHO.

Eigenschaften und Aufbewahrung. Da die Aldehydgruppe polar ist, lösen sich die niederen Alkanale gut in Wasser. Bei langkettigen Aldehyden überwiegt dagegen der unpolare Rest. Aldehyde haben einen niedrigeren Siedepunkt als die vergleichbaren Alkohole, weil sich zwischen den Aldehydmolekülen keine Wasserstoffbrücken ausbilden können. Der Siedepunkt von Acetaldehyd liegt bei Raumtemperatur. Im Labor findet man diese Flüssigkeit deshalb im Kühlschrank. Das gasförmige Formaldehyd wird meist als wässrige Lösung (Formalin) aufbewahrt (B1).

Aldehyde – allgegenwärtig! Methanal, eher bekannt als **Formaldehyd**, ist ein Naturstoff, der in Pflanzen, Obst, Gemüse, Holz und auch in der Luft enthalten ist. Man verwendet Formaldehyd als Desinfektionsmittel, zur Konservierung biologischer Präparate und zur Herstellung von Lacken und Leimen. Beim Einatmen reizt Formaldehyd Augen und Nase. Da er im Verdacht steht, krebserregend zu sein, wird seine Verwendung stark eingeschränkt. Raucher dagegen inhalieren Formaldehyd weiterhin mit dem Zigarettenrauch (B2).
Der giftige Aldehyd **Acrolein** (Propenal) entsteht beim zu starken Erhitzen von Fett, z. B. beim Grillen oder Braten von Fleisch (B3). Die Giftigkeit ist innerhalb der Stoffgruppe der Alkanale sehr unterschiedlich!
Drei völlig unbedenkliche Aldehyde sind die natürlichen Aromastoffe **Vanillin**, **Anis** und **Benzaldehyd**, der in den Kernen von Steinobst und in der Bittermandel vorkommt. Sie werden in der Lebensmittelindustrie als Aromastoffe verwendet.

Hinweis: Dipol-Dipol-Kräfte lassen sich durch ihre Wirkung im elektrischen Feld nachweisen. Wasserstoffbrücken sind echte Bindungen.

1 Formalin: 29–35%ige wässrige Formaldehydlösung

Formaldehyd in Räumen:

Maximale Arbeitsplatzkonzentration (MAK):	0,5 ml/m³
max. Konzentration in Wohnräumen:	0,1 ml/m³

A1 Geben Sie die Strukturformel von Acrolein an!

A2 Wie kann man beim Grillen vermeiden, dass Acrolein entsteht?

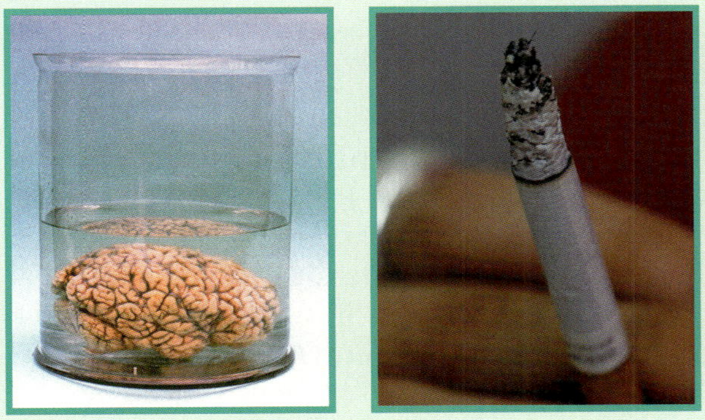
2 Vorkommen von Formaldehyd

3 Entstehung von Acrolein

Aldehyde entstehen durch Dehydrierung von Alkoholen (alcoholus dehydrogenatus). Sie sind in der Natur, im Alltag und in der Technik weit verbreitet.

28 Alles sauer oder was? Essig

1 Trinkflasche eines römischen Legionärs für die „Posca“

Seit Jahrtausenden bekannt und beliebt. Die Erkenntnis, dass Wein, der längere Zeit offen steht, einen sauren Geschmack annimmt und zu Essig wird, ist keineswegs neu: Bereits vor ca. 5000 Jahren ließen Babylonier und Inder Wein oder andere alkoholische Getränke in Holzbottichen oder Tongefäßen an der Luft stehen und stellten auf diese Weise den von ihnen hoch geschätzten Essig her. Von den **Babyloniern** wissen wir, dass sie Fleisch in Essig einlegten, um es vor dem raschen Verderb zu bewahren. Aus der **Antike** ist uns ein Getränk namens „Posca“ bekannt, ein Gemisch aus Essig und Wasser, das sich wegen seiner durstlöschenden Eigenschaft bei den römischen Legionären besonderer Beliebtheit erfreute (B1). Darüber hinaus wurde Essig bei den Römern als Heilmittel verwendet: äußerlich zur Wunddesinfektion und als Umschlag bei Prellungen, innerlich als Getränk gegen Verdauungsstörungen und Fieber.
Im **Mittelalter** wurde die heilende Wirkung des Essigs von der Klosterfrau Hildegard von Bingen (1098–1179) gepriesen. Großer Bedarf an Essig bestand in dieser Kühlschrank-losen Zeit für die Konservierung von Fleisch, Gemüse, Fisch und Früchten. Als Würzmittel und Getränk (Sauerwein) war er ebenfalls in großen Mengen gefragt.

Wichtige handelsübliche Essigsorten

Handelsname	Rohstoffe
Weinessig/ Aceto balsamico	Rot- oder Weißwein
Branntweinessig	Agraralkohol aus Zuckerrüben, Korn oder Kartoffeln
Kräuteressig	Wein mit Kräuterzusatz
Obstessig	Apfelmost

Naturstoff Essig. Die Entstehung des Essigs aus Wein, verdünntem Branntwein oder anderen alkoholhaltigen Flüssigkeiten findet an der Luft „von selbst“ statt. Dabei wird Ethylalkohol (Ethanol) durch die überall vorhandenen Essigsäurebakterien unter Mitwirkung von Sauerstoff in Essigsäure (Ethansäure, Kap. 29) umgewandelt. Aus diesem Vorgang, den man als **Essiggärung** bezeichnet, gewinnen diese Mikroorganismen ihre Stoffwechselenergie. Entdeckt wurden sie von dem Chemiker und Mikrobiologen Louis Pasteur (1822–1895).

$$\textbf{Ethanol + Sauerstoff} \xrightarrow{\text{Essigsäurebakterien}} \textbf{Essigsäure + Wasser}$$

Essig entsteht durch die Umwandlung von Ethanol in Essigsäure durch Essigsäurebakterien unter Mithilfe von Sauerstoff.
Man nennt diesen Vorgang Essiggärung.

V1 60 ml ungeschwefelter Apfelwein und 40 ml Wasser werden mit Essigsäurebakterien versetzt und in einem möglichst flachen Gefäß bei ca. 25 °C an einem gut belüfteten Ort locker abgedeckt stehen gelassen. Prüfen Sie regelmäßig Geschmack und pH-Wert (Indikatorstäbchen).

V2 Prüfen Sie das chemische Verhalten von Essig mit Indikator-Teststäbchen und untersuchen sie sein Löslichkeitsverhalten gegenüber Wasser.

Essig wird im Handel in den verschiedensten Sorten als wässrige Lösung von Essigsäure im Gemisch mit Farb- und Aromastoffen angeboten. Trotz Unterschieden in Farbe, Aroma und Ausgangsstoff liegt der Säuregehalt übereinstimmend zwischen 5 und 6 %. Davon zu unterscheiden ist Essigessenz. Sie wird synthetisch hergestellt und hat einen relativ hohen Säuregehalt von ca. 25 %. Sie ist daher nur in verdünnter Form zum Genuss geeignet.

Biotechnologie in der modernen Essigherstellung. Die Kenntnisse über die Entstehung der Essigsäure mithilfe von Bakterien (B2) werden in der Lebensmittelindustrie angewandt, um Essig kontinuierlich und in großen Mengen herzustellen. Es handelt sich um einen der ältesten biotechnologischen Prozesse.

Zwei Techniken werden zur biologischen Essiggewinnung angewendet: das **Rundpumpverfahren**, auch **Schnellessigverfahren**, und das **Submersverfahren** (B3). Beim Schnellessigverfahren befinden sich die Essigsäurebakterien auf Holzspänen in Tanks, die von oben mit alkoholischer Flüssigkeit berieselt werden. Gleichzeitig strömt von unten Luft entgegen. Beim Submersverfahren leben die Essigsäurebakterien frei in der als Maische bezeichneten alkoholischen Flüssigkeit. Man bläst von unten Luft hinein, sodass die Flüssigkeit aufschäumt. Dadurch wird eine größere Oberfläche erzeugt und die Essiggärung verläuft schneller. Daher wird das Submersverfahren heute bevorzugt.

Renaissance des Essigs. In Zusammenhang mit einem neuen Umwelt- und Gesundheitsbewusstsein vertraut man in den letzten Jahren wieder mehr auf Naturstoffe im Haushalt, in der Ernährung und der Medizin. Dabei gelangte das bewährte Hausmittel Essig wieder zu neuen Ehren.
Er dient nicht nur als **Würzmittel** für Soßen und Salate, sondern auch als **Heilmittel** bei einer ganzen Reihe von Beschwerden. Essig gilt als **gesundheitsfördernd**, da er die Stoffwechselvorgänge im Körper unterstützt. Er dient auch als natürliches **Hautpflegemittel**: Äußerlich angewendet, fördert er die Durchblutung und pflegt und schützt die Haut.
Nicht vergessen sollte man die Verwendung des Essigs als **Putz- und Reinigungsmittel** im Haushalt. Er eignet sich zum Beseitigen von Kalkrückständen und gilt wegen seiner biologischen Abbaubarkeit als umweltfreundlich.

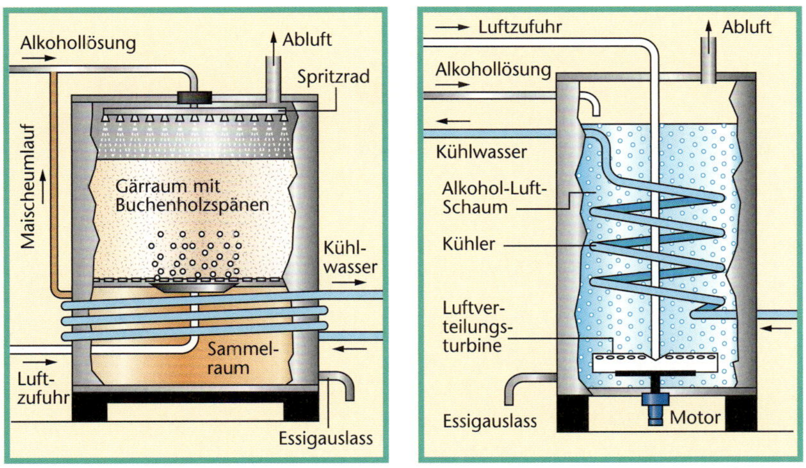

3 Verfahren zur Speiseessigherstellung: Rundpumpverfahren (links) Submersverfahren (rechts)

Essig wird heute durch moderne biotechnologische Verfahren hergestellt. Er findet Verwendung für die Ernährung, im Haushalt, zur Körperpflege und in der Medizin.

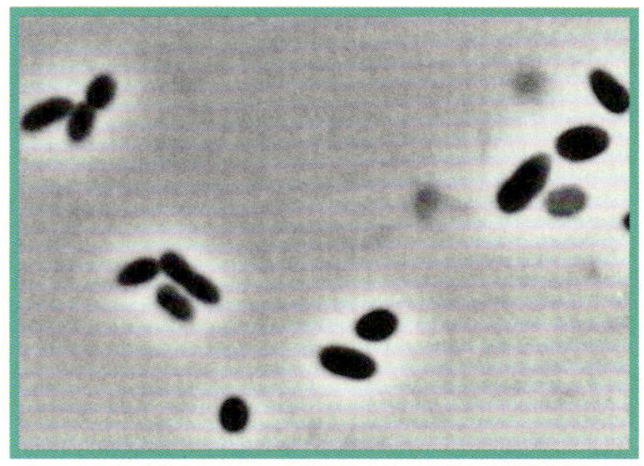

2 Essigsäurebakterien in 2000facher Vergrößerung.

Info: Essigsäurebakterien spielen in der modernen **Biotechnologie** eine bedeutende Rolle, um bestimmte Produkte in industriellem Maßstab herzustellen. Dazu gehören neben Essig Bier, Wein, Zitronensäure und Sauermilchprodukte für die Lebensmittelindustrie.

A1 In welchem Verhältnis mit Wasser muss Essigessenz verdünnt werden, um einen ca. 5%igen Essig zu erhalten?

A2 Schätzen Sie, in welcher Größenordnung sich der Pro-Kopf-Verbrauch von Essig in Deutschland bewegt.

A3 Probieren Sie ein erfrischendes Getränk aus: ein Esslöffel Apfelessig in einem Glas Wasser mit einem Teelöffel Blütenhonig.

29 Macht aus Blaukraut Rotkohl
Ethansäure – eine wichtige Carbonsäure

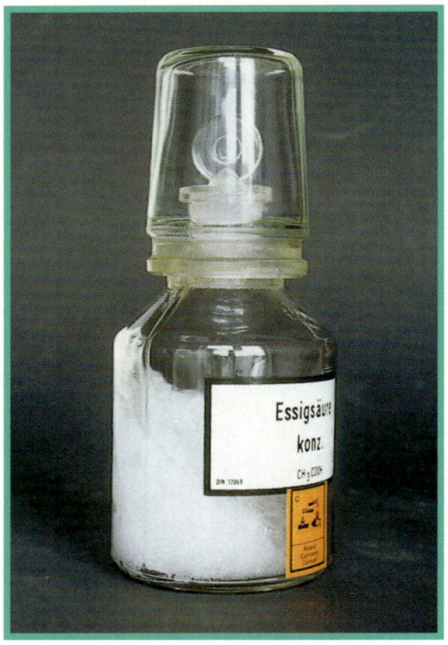

1 Flasche mit reiner Essigsäure (98 %), im Kühlschrank schräg gelagert

„Echt ätzend“. Reine Essigsäure (= Ethansäure) ist eine farblose Flüssigkeit (Siedepunkt: 118 °C) mit stechendem Geruch. Das Gefahrensymbol auf der Vorratsflasche (B1) warnt vor ihrer stark ätzenden Wirkung auf Haut und Schleimhäute. Bei Kontakt mit den Augen besteht die Gefahr der Hornhauttrübung infolge einer Hornhautverätzung. Eingeatmete Dämpfe führen zu Entzündungen der Atemwege und der Lunge. Beim Abkühlen **unter +17 °C** erstarrt die Ethansäure zu einem weißen Feststoff, daher ihr Name **„Eisessig“**. Ethansäure ist ein wichtiger Ausgangsstoff für die Herstellung von synthetischen und halbsynthetischen Fasern, z. B. Acetatseide.

A1 Formulieren Sie die Essigsäuresynthese ausgehend vom Ethanol in zwei Schritten!

Vom Alkohol zu Säure. Von der Essiggärung wissen wir, dass die Ethansäure das Produkt einer Reaktion zwischen Ethanol und dem Sauerstoff der Luft ist, die unter Mithilfe von Essigsäurebakterien stattfindet. Wie kann man diesen Vorgang chemisch erklären?

Wie wir früher bereits beobachtet haben, lässt sich Ethanol zu Ethanal oxidieren. Wir erinnern uns: Dabei handelte es sich um eine Dehydrierung. Aus Ethanal entsteht in einer **weiteren Oxidation** Ethansäure. Bei diesem zweiten Oxidationsschritt liegt eine Oxidation im klassischen Sinn vor: die Aufnahme von Sauerstoff. Betroffen ist die funktionelle Gruppe, welche nach der Oxidation um ein Sauerstoffatom reicher ist als die funktionelle Gruppe des Ethanals.

Modelldarstellung:

V1 Vorsicht! Abzug! Die elektrische Leitfähigkeit von reiner Essigsäure wird geprüft. Dann verdünnt man die Säure mit Wasser. Worauf ist die Änderung der Leitfähigkeit zurückzuführen?

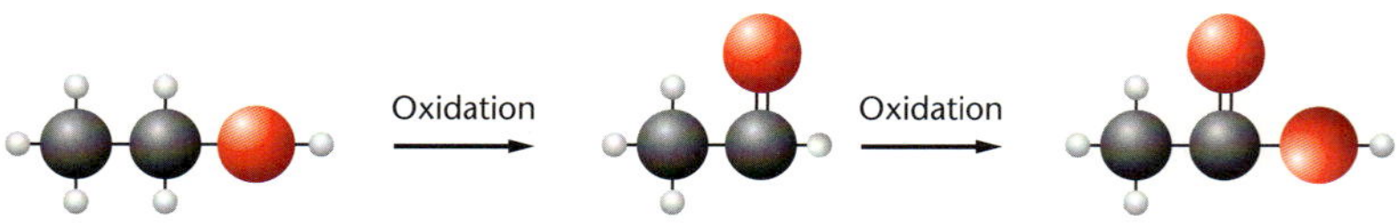

$$\underset{\text{Ethanol}}{CH_3\text{—}CH_2\text{—}OH} \longrightarrow \underset{\text{Ethanal}}{CH_3\text{—}\overset{\overset{\displaystyle O}{\|}}{C}\text{—}H} \longrightarrow \underset{\text{Ethansäure}}{CH_3\text{—}\overset{\overset{\displaystyle O}{\|}}{C}\text{—}OH}$$

Die Ethansäure entsteht in zwei Oxidationsschritten aus Ethanol; als Zwischenprodukt tritt Ethanal auf.

Die **funktionelle Gruppe** der Ethansäure heißt:

Carboxygruppe $\quad \text{—}\overset{\overset{\displaystyle O}{\|}}{C}\text{—}OH \quad$ oder $\quad \text{—}COOH$

Verbindungen, deren Moleküle eine Carboxygruppe tragen, nennt man **Carbonsäuren.**

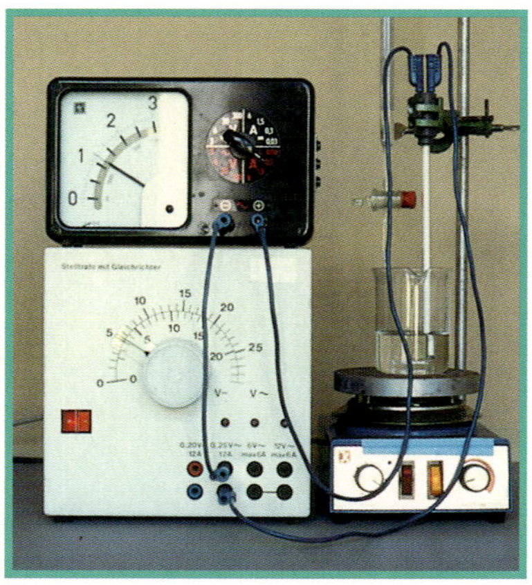

2 Anlage zur Messung der Leitfähigkeit von verdünnter Essigsäure

Ethansäure – eine wichtige Carbonsäure

Säure und Säurelösung. Wir prüfen reine Ethansäure mit Indikatorpapier: Es zeigt sich keine Reaktion. Erst nach Verdünnen mit Wasser ist eine für saure Lösungen typische Indikatorfärbung zu beobachten. Vergleicht man reine und verdünnte Ethansäure oder „Essig" bezüglich ihrer Leitfähigkeit (B2), so beobachtet man das analoge Verhalten: Erst in wässriger Lösung zeigt die Ethansäure die charakteristischen Reaktionen, die wir für Säuren erwarten (V1). Wie lassen sich diese Beobachtungen deuten?

Wir erinnern uns: **Typische Indikatorfärbung** und **elektrische Leitfähigkeit** sind Eigenschaften, die Säuren nur in wässriger Lösung zeigen, denn nur dort kann ein Wasserstoff-Ion (Proton) von einem Säuremolekül auf ein Wassermolekül übergehen. Dabei bilden sich Oxonium-Ionen und negativ geladene Säurerest-Ionen.

Bei der Ethansäure wird in Gegenwart von Wasser ein Wasserstoff-Ion von der Carboxygruppe eines Ethansäuremoleküls abgespalten und auf ein Wassermolekül übertragen. Das dabei entstehende negativ geladene Säurerest-Ion der Ethansäure heißt Ethanat-Ion oder Acetat-Ion.

Der Name „Acetat" kommt von der historischen Bezeichnung für die Ethansäure (Essigsäure): acidum aceticum.

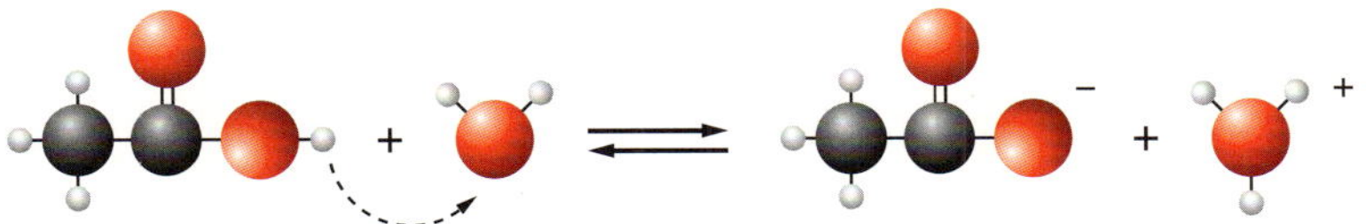

schematisch vereinfacht:

$$CH_3COOH \xrightarrow{H_2O} CH_3COO^- + H^+$$

Weitere Merkmale von Säurelösungen. Wie andere Säurelösungen reagiert auch verdünnte Essigsäure mit **unedlen Metallen** (V2): Unter Wasserstoffentwicklung bilden sich **Salze**. Die Salze der Ethansäure heißen Ethanate (Acetate).

$$2\,CH_3COO^- + 2\,H^+ + Mg \longrightarrow \underbrace{2\,CH_3COO^- + Mg^{2+}}_{\text{Magnesiumacetat}} + H_2$$

Mit **Laugen** entstehen in einer Neutralisationsreaktion **Acetat-Salze und Wasser.**

Die Carboxygruppe ist die funktionelle Gruppe der Carbonsäuren. Die typischen Säureeigenschaften der Carbonsäuren beruhen auf der Bildung von Oxonium-Ionen in wässriger Lösung.

V2 Zu einem Streifen Magnesiumband gibt man einige Milliliter verdünnte Essigsäure. Beobachtung? Wie lässt sich eines der Reaktionsprodukte nachweisen?

A2 Essigsäure reagiert mit Kaliumhydroxidlösung (KOH). Um welchen Reaktionstyp handelt es sich? Formulieren Sie die Reaktionsgleichung mit Strukturformeln und Benennungen.

A3 Essigsaure Tonerde ist Ihnen vielleicht als Mittel bei Verstauchungen bekannt. Sie enthält Aluminiumacetat $(CH_3COO)_3Al$. Über welche Reaktion wird es gebildet? Formulieren Sie die Reaktionsgleichung.

3 Auf oxidierten Kupfermünzen wurde durch Auftropfen von Ethansäure Grünspan (= Kupferacetat) gebildet. Das Kupferoxid auf der Oberfläche der Münzen reagiert mit der Ethansäure zum Kupfersalz.

30 Eine weit verzweigte Verwandtschaft Weitere Carbonsäuren und ihre Bedeutung

1 Ameisen sind wehrhafte Insekten. Auch Pflanzen schützen sich: Brennnessel.

V1 Vergleichen Sie Geruch und Aussehen von Ameisensäure, Essigsäure, Propionsäure, Buttersäure und Palmitinsäure.

A1 Worauf ist das unterschiedliche Lösungsverhalten von niederen und höheren Carbonsäuren zurückzuführen?

Verwandte der Essigsäure: Wie die Ethansäure (Essigsäure) lassen sich auch weitere Carbonsäuren von den Alkoholen durch Oxidation ableiten. Methansäure und Ethansäure sind die ersten beiden Glieder in der **homologen Reihe der Alkansäuren.** Das gemeinsame Kennzeichen in der Molekülstruktur der Alkansäuren ist die **Carboxygruppe** an einem Alkylrest. Die allgemeine Summenformel lautet: $\mathbf{C_nH_{2n+1}COOH}$. Neben dem systematischen Namen haben die meisten dieser Säuren noch heute gebräuchliche Trivialnamen.

Die einfachsten Alkansäuren

Name (alte Bezeichnung)	Formel	Sdp. °C	Löslichkeit in Wasser
Methansäure (Ameisensäure)	$HCOOH$	101	gut
Ethansäure (Essigsäure)	CH_3COOH	118	gut
Propansäure (Propionsäure)	C_2H_5COOH	141	gut
n-Butansäure (Buttersäure)	C_3H_7COOH	164	gut
n-Pentansäure (Valeriansäure)	C_4H_9COOH	186	schwerlöslich
n-Hexansäure (Capronsäure)	$C_5H_{11}COOH$	205	schwerlöslich
...			
n-Decansäure (Caprinsäure)	$C_9H_{19}COOH$	270	unlöslich
n-Hexadecansäure (Palmitinsäure)	$C_{15}H_{31}COOH$	390	unlöslich
n-Octadecansäure (Stearinsäure)	$C_{17}H_{35}COOH$	360 (Zers.)	unlöslich

V2 Prüfen Sie die Löslichkeit der Stearinsäure in Wasser, Alkohol und Benzin. Verwenden Sie max. 5 ml für die Stoff- und Lösemittelportionen.

A2 Ölsäure ist eine einfach ungesättigte Fettsäure. Sie leitet sich von der Stearinsäure ab. Erstellen Sie die Summenformel.

Die Struktur bewirkt die Eigenschaften. Die **niederen Alkansäuren** Ameisen-, Essig- und Propionsäure sind farblose, stechend riechende Flüssigkeiten, die in Wasser die typische Säurewirkung zeigen. Buttersäure ist wie alle **mittleren Alkansäuren** eine ölige Flüssigkeit mit unangenehmem Geruch. Die **höheren** Glieder dieser homologen Reihe sind wachsartige, geruchlose Feststoffe. Einschließlich der Buttersäure sind die Alkansäuren in jedem Verhältnis mit Wasser mischbar. Danach nimmt die Wasserlöslichkeit ab, langkettige Alkansäuren sind in Wasser unlöslich. In Benzin, einem lipophilen Lösemittel, sind sie löslich. Dieses Verhalten ist mit dem Molekülbau zu erklären (B2): Die Eigenschaften der ersten vier Glieder der homologen Reihe werden von der hydrophilen Carboxygruppe bestimmt, ab der Pentansäure überwiegt der Einfluss des lipophilen Kohlenwasserstoffrestes.

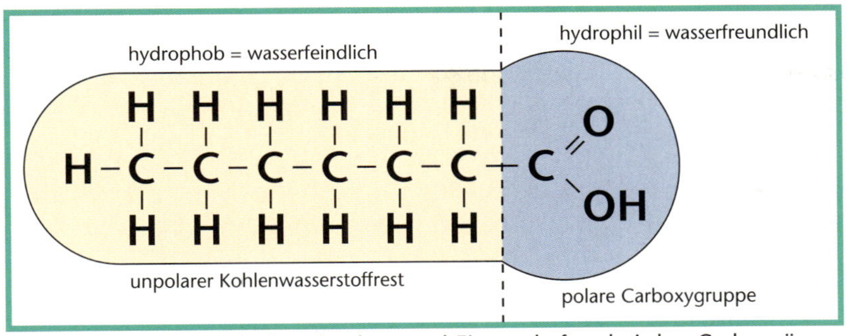

2 Zusammenhang zwischen Struktur und Eigenschaften bei den Carbonsäuren

3 E-Nummern auf Lebensmittelverpackung

Die Alkansäuren bilden eine homologe Reihe, in der mit zunehmender Länge des Kohlenwasserstoffrestes die Ähnlichkeit mit den Alkanmolekülen immer größer wird.

Vorkommen im Alltag und Bedeutung. Wegen ihrer stark ätzenden Wirkung bieten die niederen Alkansäuren Lebewesen einen guten Schutz. Die einfachste Alkansäure, die Ameisensäure, ist nicht nur als Waffe der Ameise bekannt, sie kommt auch bei Insekten (Bienen) oder manchen Quallenarten vor. Die Brennhaare der Brennnessel enthalten Ethansäure (B1).
Als Konservierungsstoffe für Lebensmittel dienen synthethisch hergestellte Methansäure und ihre Salze, die Methanate (alte Bezeichnung: Formiate). Auch die Propansäure und ihre Salze sind von der EU als Konservierungsstoffe, z. B. bei Schnittbrot, zugelassen. Sie sind durch E-Nummern ab E 200 gekennzeichnet (B3). Buttersäure, Palmitinsäure, Stearinsäure und andere Carbonsäuren mit geradzahliger Kohlenstoffkette kommen als Bausteine der Fette vor: Man nennt sie daher **Fettsäuren**.

Vielfalt der Carbonsäuren in der Natur. Öle aus pflanzlichen Quellen enthalten oft Carbonsäuren mit ungesättigten Kohlenwasserstoffresten (s. Kap. 33 und 34). Viele natürlich vorkommende Carbonsäuren enthalten zusätzliche funktionelle Gruppen, z. B. Hydroxy- und weitere Carboxygruppen (B4): **Milchsäure** spielt vor allem bei der Herstellung von Lebensmitteln wie Käse, Joghurt und Sauermilch eine wichtige Rolle. Große Mengen **Citronensäure** werden als Säuerungsmittel verwendet, z. B. in Fruchtgummi oder Bonbons. Beide Säuren werden über biotechnologische Verfahren hergestellt.
Oxalsäure HOOC—COOH, die den sauren Geschmack des Rhabarbers bewirkt, besteht nur aus zwei Carboxygruppen und ist damit die einfachste **Dicarbonsäure**.

Variationen im Kohlenwasserstoffrest oder zusätzliche funktionelle Gruppen bewirken die große Vielfalt der Carbonsäuren in der Natur.

E-Nummern: Dreistellige Zahlen mit vorangestelltem „E" zur Kennzeichnung von Zusatzstoffen in Lebensmitteln (im Bereich der EU).

Milchsäure: Monocarbonsäure

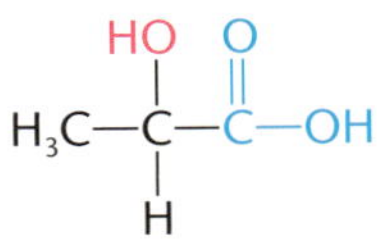

Weinsäure: Dicarbonsäure

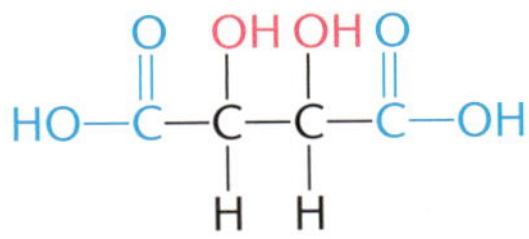

Citronensäure: Tricarbonsäure

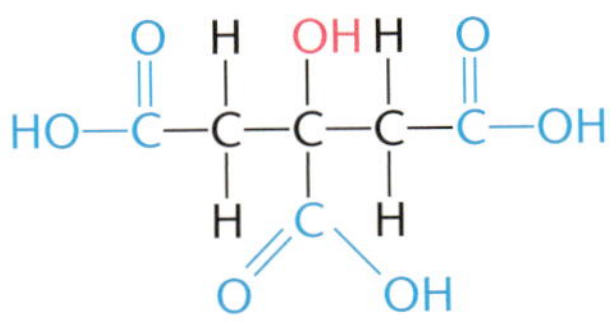

4 Strukturformeln von Milchsäure, Weinsäure, Citronensäure

31 Kombination nach Wunsch
Ester

1 In den drei Messzylindern sind die Ausgangsstoffe und die benötigte Schwefelsäure für V1. Im Standzylinder hat sich der hergestellte Ester, der in angefärbtes Wasser geschüttet wurde, abgetrennt.

Aromastoffe in Obst. Die Düfte, die von reifen Früchten ausgehen, z. B. Erdbeer- und Himbeeraroma, sind Gemische aus vielen organisch-chemischen Verbindungen. So kann der Chemiker z. B. im „Birnenaroma" einen Stoff nachweisen, der sich in Essigsäure und in einen Alkohol spalten lässt. Es handelt sich um einen **Ester**.

Herstellung eines Esters. Für die gezielte Herstellung eines Esters geht man von einer Carbonsäure und einem Alkohol aus, z. B. von Essigsäure und Ethanol. Die Reaktion lässt sich durch Wärmezufuhr und durch konzentrierte Schwefelsäure, welche als Katalysator wirkt, beschleunigen. B1 zeigt eine geeignete Apparatur für diese Reaktion. Aus dem Reaktionsgemisch lässt sich eine farblose Flüssigkeit abtrennen. Sie hat folgende Eigenschaften:

- Sie ist mit Wasser nicht mischbar.
- Ihre Dichte ist geringer als die des Wassers.
- Ihr Geruch erinnert an einen „Alleskleber".
- Sie zeigt keine elektrische Leitfähigkeit.

Aus je einem Essigsäure- und einem Ethanolmolekül entstand bei dieser chemischen Reaktion (**Veresterung**) ein größeres Molekül: ein **Estermolekül**.

Kennzeichnend für seine Struktur ist als **funktionelle Gruppe** die **Estergruppe**. Bei der Bildung der Estergruppe wird das Säuremolekül mit dem Alkoholmolekül verknüpft und ein Wassermolekül abgespalten. Diese chemische Grundreaktion heißt **Kondensationsreaktion**.

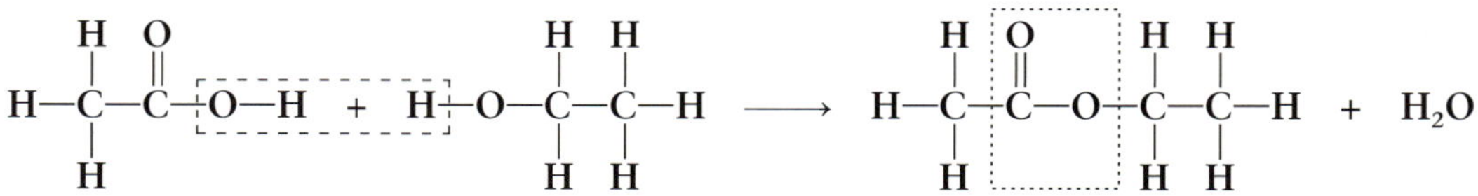

Ethansäure — Ethanol — Ethansäureethylester — Wasser

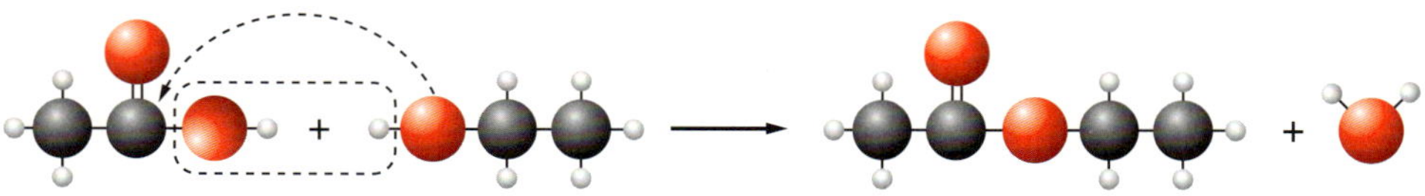

V1 Vorsicht! Schutzbrille! In einem Kolben werden 50 ml Ethylalkohol und 50 ml Essigsäure sowie 10 ml konz. Schwefelsäure vorsichtig vermischt. Nach der Zugabe von Siedesteinchen und dem Aufsetzen eines Rückflusskühlers wird das Gemisch bei mittlerer Stufe des Heizpilzes zum Sieden erhitzt. Nach 5 Minuten lässt man das Gemisch abkühlen und gießt den Kolbeninhalt in (angefärbtes) Wasser.

Das Beispiel der Synthese des Essigsäureethylesters lässt sich verallgemeinern:

Carbonsäure + Alkohol ⟶ Ester + Wasser

Auch anorganische Säuren wie Salpetersäure, Schwefelsäure, oder Phosphorsäure können Ester bilden. So sind zum Beispiel die Nucleotidbausteine des DNS-Stranges über Phosphorsäure verestert. „**Nitroglycerin**" ist ein **Ester aus Salpetersäure und Glycerin.** Da Glycerin ein dreiwertiger Alkohol ist, kann ein Glycerinmolekül mit drei Molekülen Salpetersäure reagieren (**Trisalpetersäureglycerinester**).

Bei der Benennung eines Esters folgt auf den Namen der Säure der Name des Alkylrestes des Alkohols und dann die Bezeichnung **-ester**, z. B. Ethansäurepropylester.

Die Esterbildung ist eine Kondensationsreaktion. Bei Kondensationsreaktionen vereinigen sich zwei Moleküle unter Abspaltung eines kleineren Moleküls, z. B. eines Wassermoleküls.

Molekülstruktur und Eigenschaften. Die geringe Wasserlöslichkeit des Essigsäureethylesters ist eine Folge der fehlenden OH-Gruppen im Molekül. Umgekehrt dienen Essigsäureethylester und einige andere organische Ester als vielseitige Lösungsmittel für schlecht wasserlösliche (unpolare) Substanzen wie Lacke oder Kunststoffe. Ester mit diesen Eigenschaften sind leicht entzündlich und wirken betäubend.

Ester in Natur, Alltag und Technik. Die große Zahl verschiedener Ester ergibt sich durch vielfältige Kombinationsmöglichkeiten zwischen Säuren und Alkoholen. Wegen des Fruchtgeruches von Carbonsäureestern werden diese als **Aromastoffe** bei der Herstellung von Limonaden, Bonbons, Kaugummis etc. verwendet. Sie können natürlicher Herkunft sein oder als **naturidentische Aromastoffe** (Fruchtessenzen) synthetisch hergestellt sein.
In der Natur sind Ester nicht nur als Aromastoffe verbreitet, sie dienen je nach ihrer Zusammensetzung als Reservestoffe (**Fette**), als reaktionsfähige Substanzen im Stoffwechselgeschehen und als Energieüberträger bei chemischen Vorgängen in der lebenden Zelle. **Ester langkettiger Carbonsäuren und langkettiger einwertiger Alkohole** sind Wasser abstoßende, leicht schmelzende Feststoffe. Sie werden als **Wachse** bezeichnet. Beispiele sind Bienenwachs und Walrat. Diese Stoffe werden bei der Herstellung von **Hautkosmetika** („Naturkosmetika") verwendet.
Aus **Benzoesäure**, einer aromatischen Carbonsäure, und **niederen Alkoholen** lassen sich Ester herstellen, die als **Konservierungsmittel** dienen.
Es gibt auch Ester, die zur Insektenbekämpfung eingesetzt werden. Als Beispiel sei das Kontaktinsektizid E 605 (= Parathion) erwähnt: Dieser Phosphorsäureester ist auch für den Menschen lebensgefährlich. Die „Kampfstoffe" Sarin und Tabun, deren Herstellung und Einsatz international geächtet ist, sind ebenfalls Phosphorsäureester.

**Organische Ester spielen eine große Rolle als Lösemittel, Konservierungsmittel, Aromastoffe und Fette.
Unter den Estern mit anorganischem Säurerest gibt es Substanzen, die zur Insektenbekämpfung eingesetzt werden. Sie sind auch für den Menschen gefährlich.**

A1 Warum zeigt ein frisch angesetztes Gemisch von Essigsäureethylester und Wasser keine elektrische Leitfähigkeit?

A2 Welche Ausgangsstoffe müssen Sie zur Reaktion bringen, um Ananasaroma zu erhalten?

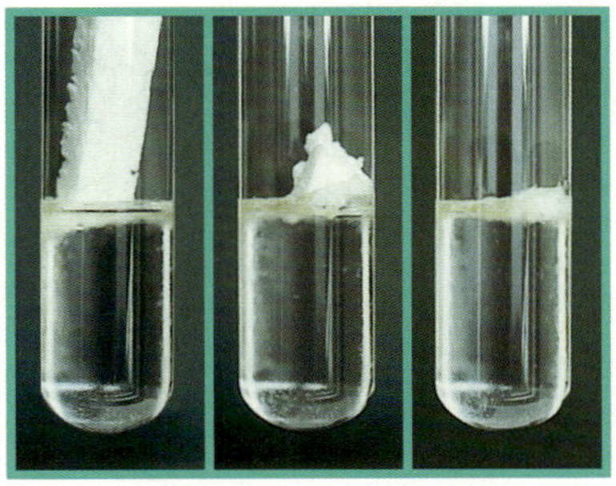

2 Essigsäureethylester als Lösemittel von Polystyrol: Ein 10 cm langer Styroporstreifen löst sich vollkommen auf.

3 In Früchten kommen Ester als Duft- und Aromastoffe vor.

* 32 Kommando zurück! Esterhydrolyse

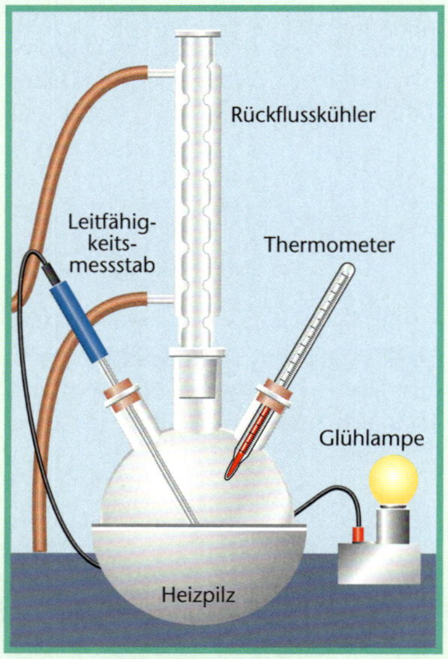

1 Versuchsanordnung zur Verseifung eines Esters, mit der die Zunahme der elektrischen Leitfähigkeit des Reaktionsgemisches nachgewiesen werden kann

Spaltung eines Esters durch Wasser. Ein Gemisch aus Essigsäureethylester (Ethansäureethylester) und Wasser zeigt keine elektrische Leitfähigkeit; nach einem Tag jedoch ist die Lösung leitend geworden. Daraus lässt sich schließen, dass es zwischen Essigsäureethylester und Wasser zu einer chemischen Reaktion kommt, bei der Ionen gebildet werden. Offensichtlich wurde der Ester in geringem Umfang durch Wasser in Alkohol und Säure gespalten. Eine derartige Reaktion wird als **Hydrolyse** („Spaltung durch Wasser“) bezeichnet. Die Hydrolyse von Essigsäureethylester verläuft also entgegengesetzt zur Veresterung. Die Veresterung ist demnach eine umkehrbare Reaktion.

$$\underset{\text{Essigsäureethylester}}{CH_3{-}\overset{\overset{\displaystyle O}{\|}}{C}{-}O{-}C_2H_5} + H_2O \underset{\text{Veresterung}}{\overset{\text{Hydrolyse}}{\rightleftharpoons}} \underset{\text{Essigsäure}}{CH_3COOH} + \underset{\text{Ethanol}}{C_2H_5OH}$$

$$\underset{\text{keine Leitfähigkeit}}{CH_3COOH} \xrightarrow{H_2O} \underset{\text{elektrische Leitfähigkeit}}{\underbrace{CH_3COO^- + H^+}}$$

Die freigesetzte Essigsäure ist infolge Protolyse (s. Kap. 29) für die zunehmende Leitfähigkeit der Lösung verantwortlich. Dadurch reagiert die wässrige Lösung zunehmend sauer.

Die Veresterung ist eine umkehrbare Reaktion; die Rückreaktion (Verseifung) führt wieder zu Alkohol und Säure. Eine Spaltungsreaktion, die durch Wasser bewirkt wird, bezeichnet man als Hydrolyse.

2 Ablauf von Versuch 1

Hydrolyse eines Esters mit Lauge. Wird Essigsäureethylester mit verdünnter Natronlauge erwärmt, so kann der typische Estergeruch bereits nach wenigen Minuten nicht mehr wahrgenommen werden. Außerdem kann gezeigt werden, dass bei dieser Reaktion Lauge verbraucht wird (V1). Sie dient zur Neutralisation (2) der Essigsäure, die bei der Hydrolyse (1) des Essigsäureethylesters frei wird. Als Reaktionsprodukte entstehen daher außer Ethanol noch Natriumethanat (Natriumacetat) und Wasser.

$$CH_3{-}\overset{\overset{\displaystyle O}{\|}}{C}{-}O{-}C_2H_5 + H_2O \rightleftharpoons CH_3COOH + C_2H_5OH \quad (1)$$

$$CH_3COOH + NaOH \longrightarrow CH_3COONa + H_2O \quad (2)$$

$$\underset{\substack{\text{Ethansäureethylester} \\ \text{(= Essigsäureethylester)}}}{CH_3{-}\overset{\overset{\displaystyle O}{\|}}{C}{-}O{-}C_2H_5} + NaOH \longrightarrow C_2H_5OH + \underset{\substack{\text{Natriumethanat} \\ \text{(= Natriumacetat)}}}{CH_3COONa}$$

Im Gegensatz zu den Ethansäuremolekülen können die Ethanat-Ionen nicht wieder mit Alkoholmolekülen zu Ethansäureethylestermolekülen kondensieren. Eine Rückreaktion ist also nicht mehr möglich. Der Beweis, dass im Reaktionsgemisch tatsächlich Natriumethanat vorliegt, kann mit etwas Schwefelsäure erbracht werden: Gibt man ein paar Tropfen Schwefelsäure dazu, riecht es nach Essigsäure!

Die Esterspaltung durch eine Lauge wird bei der **Hydrolyse von Fetten** (s. Kap. 41) in großem Maßstab durchgeführt; dabei entstehen **Seifen** (Alkalisalze höherer Fettsäuren). Nach diesem Prozess wurde der Begriff „**Verseifung**" für die hydrolytische Spaltung eines Esters in die Fachsprache eingeführt.

V1 In einem Erlenmeyerkolben werden 20 ml Wasser, 5 ml Essigsäureethylester und 10 ml Natronlauge (0,1 mol/l) gemischt. Dann gibt man einige Tropfen Phenolphthalein dazu.
Welche Beobachtung machen Sie? Suchen Sie nach einer Erklärung.

A1 Verseifung, Kondensation, Hydrolyse und Veresterung sind wichtige chemische Begriffe. Ordnen Sie diese vier Begriffe zu je zwei Begriffspaaren.

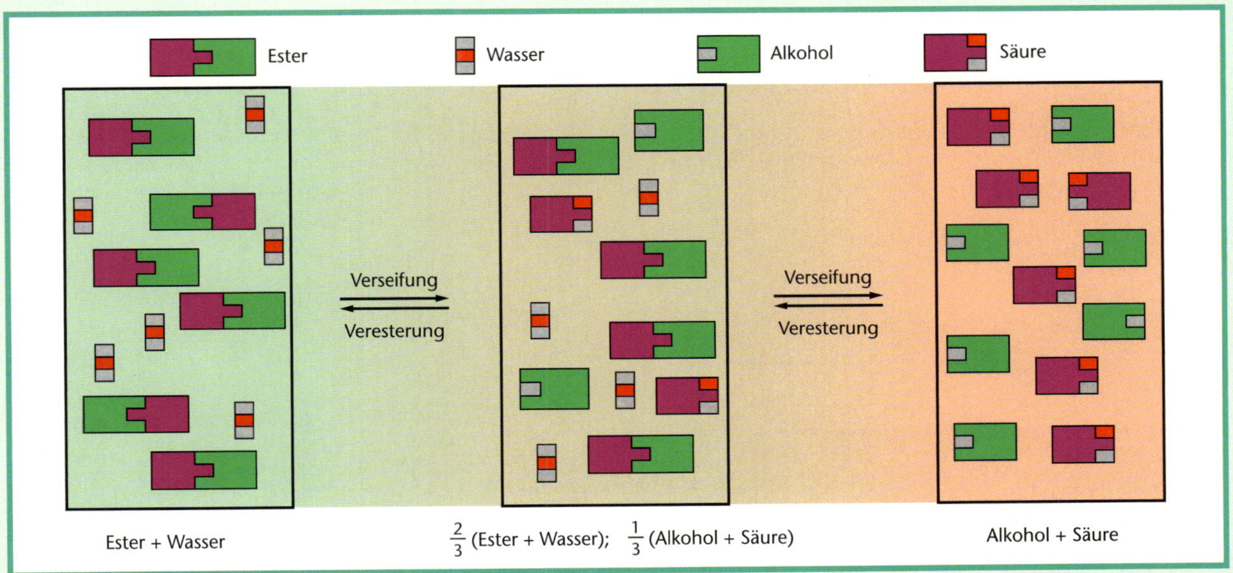

3 Chemisches Gleichgewicht im Modell. Die Ausgangsstoffe Ester und Wasser (links) reagieren ebenso wie die Ausgangsstoffe Alkohol und Säure (rechts) so lange miteinander, bis der Gleichgewichtszustand (Mitte) erreicht ist. Im Gleichgewichtszustand finden weiterhin Hydrolyse- und Kondensationsreaktionen statt; sie halten sich aber die Waage, sodass die Zusammensetzung des Gemisches konstant bleibt.

Durch Laugen werden Ester vollständig verseift; der wissenschaftliche Begriff lautet: alkalische Hydrolyse. Das wichtigste Beispiel für eine alkalische Hydrolyse ist die Herstellung von Seifen aus Fetten.

A2 Cholesterin wird in der Alltagssprache häufig als „Blutfett" bezeichnet. Wie könnten Sie experimentell beweisen, dass Cholesterin kein Fett im chemischen Sinn ist?

Alles im Griff?

1. Irrtum nicht ausgeschlossen!

In jedem Kistchen befinden sich fünf Begriffe, die alle eine Gemeinsamkeit aufweisen. Allerdings hat sich überall auch ein *Außenseiter* eingeschlichen.

Gemeinsamkeit: ?

1. Brennspiritus
2. Propylalkohol
3. Glycerin
4. Butanal
5. Ethanol
6. Glycol

Gemeinsamkeit: ?

1. Acetaldehyd
2. Ethan
3. Glycerin
4. Ethylalkohol
5. Essigsäure
6. Ethen

* **Gemeinsamkeit: ?**

1. Pentanal
2. Formaldehyd
3. Acrolein
4. Methan
5. Benzaldehyd
6. Ethanal

2. Rot und blau gibt grün!

Fittig gibt gleiche Mengen einer roten und einer blauen Flüssigkeit in ein Gefäß. Das Gemisch ist grün gefärbt. Stutzig überlegt: „Ist das Zauberei?“

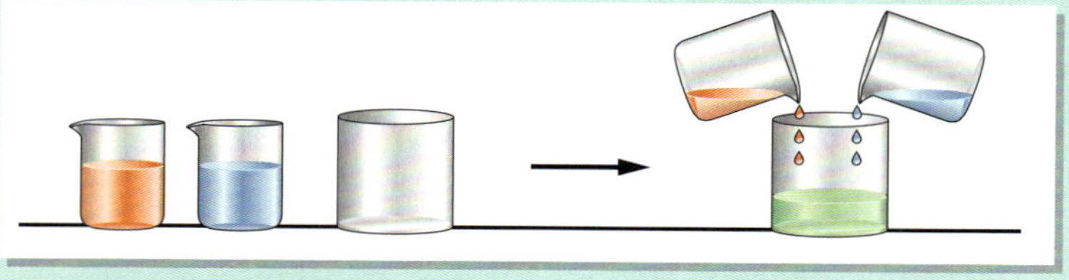

a) Können Sie den Zaubertrick von Fittig mithilfe folgender Chemikalien nachstellen?

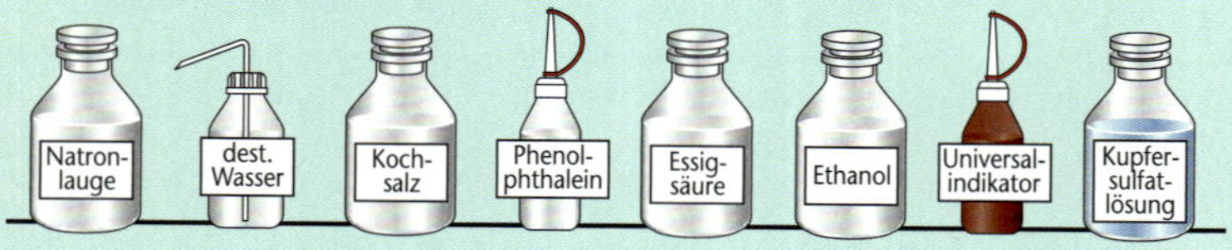

b) Formulieren Sie die Reaktionsgleichung und benennen Sie alle Stoffe.

c) Stutzig überlegt: „Was passiert, wenn ich zur grünen Flüssigkeit destilliertes Wasser bzw. Essigsäure gebe?“ Kennen Sie die Antwort?

3. Saure Gurken.

Der Essig hat in diesem Glas mit eingemachten Gurken zwei Aufgaben. Welche?

4. Im Ester liegt die Lösung!

Stutzig soll in einem Experiment die Löslichkeit von Essigsäureethylester in Wasser prüfen. Welches Ergebnis erwarten Sie?

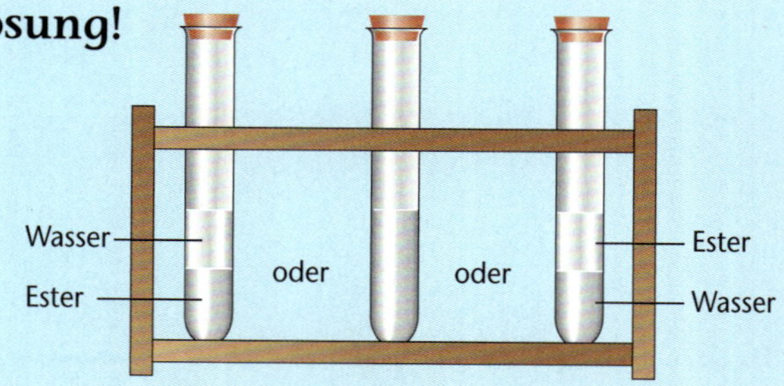

5. Das sollte zu denken geben!

Alkohol ist ein hervorragendes Lösungsmittel! Er löst	
Gehirnzellen, Familien, Freundschaften, Arbeitsverhältnisse, Geld, Führerscheine, ???	Wasser, Benzin, ???
auf. Alkohol löst allerdings keine Probleme!	

Überlegen Sie sich zu beiden Bereichen weitere Beispiele und diskutieren Sie über diesen Denkanstoß!

* 6. Was gehört zusammen?

Ordnen Sie jedem Stoff den entsprechenden Siedepunkt zu. Erklären Sie Ihre Entscheidung!

97 °C   –42 °C

Glycol   Propanol

Propan   290 °C   Glycerin

198 °C   Ethanol   78 °C

7. Probier's aus!

Material: Stück Styropor
Klebstoff, für Styropor geeignet
Klebstoff, nicht für Styropor geeignet

a) Geben Sie auf das Styropor jeweils einen Tropfen der beiden Klebstoffe. Was kann man beobachten?

b) Vergleichen Sie die Inhaltsstoffe der beiden Klebstoffe. Was könnte für die unterschiedliche Wirkung auf Styropor verantwortlich sein?

8. Ratlos?

Stutzig misst im Abzug die elektrische Leitfähigkeit von Eisessig. Er wundert sich, dass er am Messgerät nichts beobachten kann. Können Sie ihm seine Fragen beantworten?

a) „Ist der Versuch richtig aufgebaut?“
b) „Was muss ich ändern, damit die Flüssigkeit den elektrischen Strom leitet?“
c) „Welche Reaktion setzt nach dieser Änderung ein?“
d) „Wie lautet die Reaktionsgleichung ?“

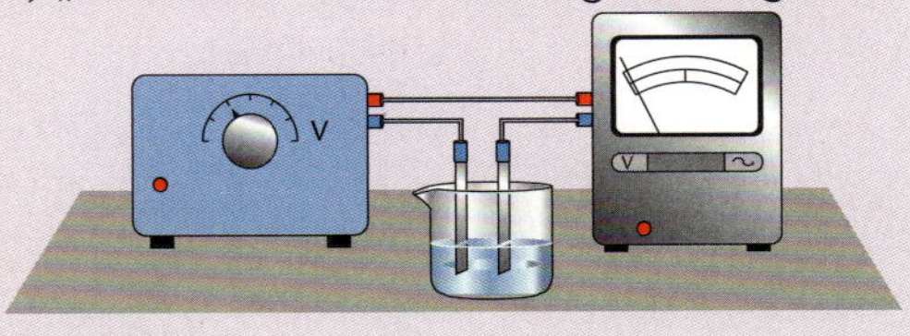

* 9. Klarer Fall.

Fittig hat beim Heraustrennen des Zeitungsartikels einen Teil abgerissen. Er weiß trotzdem, mit welchem Alkohol der Arrak gepanscht wurde. Können Sie den Artikel vervollständigen?

Schnaps gepanscht
Neu-Delhi. Durch verfälschten Alkohol, der bei einem Dorffest ausgeschenkt wurde, sind in Südindien 45 Menschen getötet worden, 25 Personen sind erblindet. Mindestens 100 Menschen mussten im Krankenhaus behandelt werden. Arrak, ein dem Branntwein ähnliches Getränk, war mit

* 10. Guter Rat ist teuer!

Mein lieber Freund!
Tatsächlich hat sich heute Ungewöhnliches zugetragen: Mein unbeholfener Gehilfe ergoss Ethylalkohol auf noch glühendes Kupferoxid der Farbe schwarz. Danach hatte ich kein Kupferoxid mehr. Des Weiteren entstand ein Geruch, der dem des Alkohols in keinster Weise ähnlich war.
Mein lieber Freund, könnte es sein, dass ich einen neuen Stoff hergestellt habe?

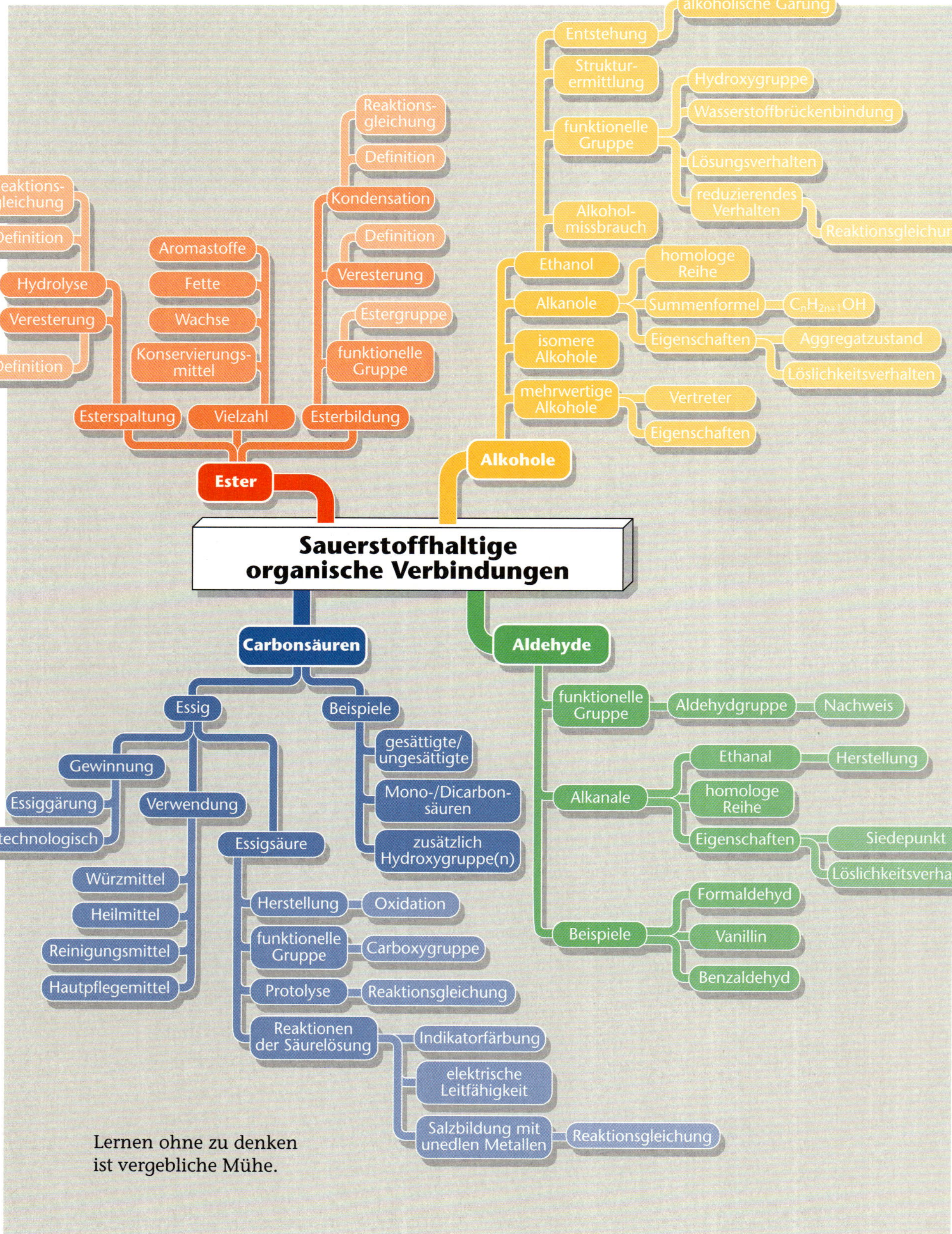
Sauerstoffhaltige organische Verbindungen
Ester
Esterspaltung
Hydrolyse
Reaktionsgleichung
Definition
Veresterung
Definition
Vielzahl
Aromastoffe
Fette
Wachse
Konservierungsmittel
Esterbildung
Kondensation
Reaktionsgleichung
Definition
Veresterung
Definition
funktionelle Gruppe
Estergruppe
Alkohole
Ethanol
Entstehung
alkoholische Gärung
Strukturermittlung
funktionelle Gruppe
Hydroxygruppe
Wasserstoffbrückenbindung
Lösungsverhalten
reduzierendes Verhalten
Reaktionsgleichung
Alkoholmissbrauch
Alkanole
homologe Reihe
Summenformel
$C_nH_{2n+1}OH$
Eigenschaften
Aggregatzustand
Löslichkeitsverhalten
isomere Alkohole
mehrwertige Alkohole
Vertreter
Eigenschaften
Carbonsäuren
Essig
Gewinnung
Essiggärung
biotechnologisch
Verwendung
Würzmittel
Heilmittel
Reinigungsmittel
Hautpflegemittel
Essigsäure
Herstellung
Oxidation
funktionelle Gruppe
Carboxygruppe
Protolyse
Reaktionsgleichung
Reaktionen der Säurelösung
Indikatorfärbung
elektrische Leitfähigkeit
Salzbildung mit unedlen Metallen
Reaktionsgleichung
Beispiele
gesättigte/ungesättigte
Mono-/Dicarbonsäuren
zusätzlich Hydroxygruppe(n)
Aldehyde
funktionelle Gruppe
Aldehydgruppe
Nachweis
Alkanale
Ethanal
Herstellung
homologe Reihe
Eigenschaften
Siedepunkt
Löslichkeitsverhalten
Beispiele
Formaldehyd
Vanillin
Benzaldehyd
Lernen ohne zu denken ist vergebliche Mühe.

V. Chemie der Biomoleküle

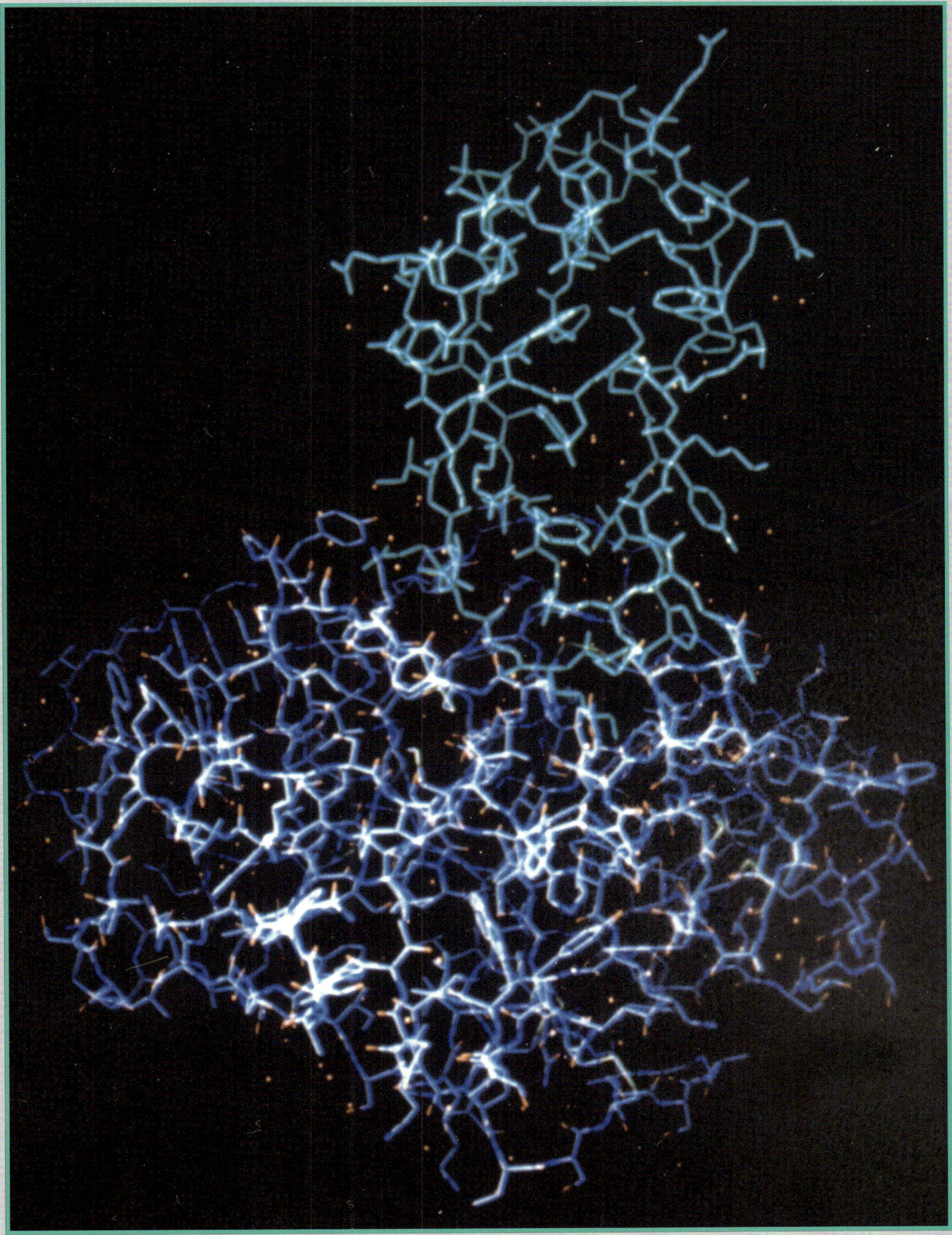

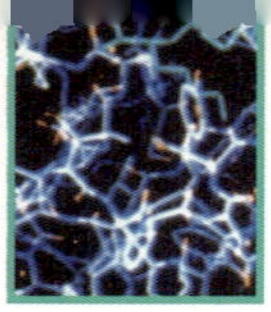

33 Begegnung mit alten Bekannten
Die Fette

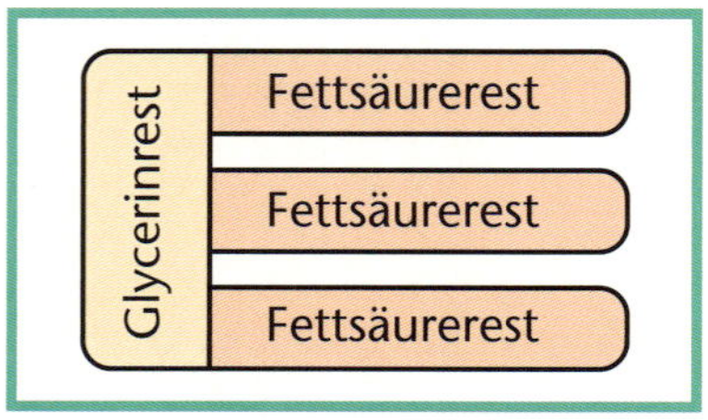

Fettmolekül (schematisch)

Wichtige Fettsäuren	
gesättigte Fettsäuren	
Buttersäure	C_3H_7COOH
Palmitinsäure	$C_{15}H_{31}COOH$
Stearinsäure	$C_{17}H_{35}COOH$
ungesättigte Fettsäuren	
Ölsäure	$C_{17}H_{33}COOH$
Linolsäure	$C_{17}H_{31}COOH$
Linolensäure	$C_{17}H_{29}COOH$

Begriffsklärung. Fette werden zu den Lipiden (griech. lipos = Speck) gezählt. Die Stoffgruppe der Lipide umfasst zahlreiche, chemisch sehr unterschiedliche Substanzen, deren Gemeinsamkeit in ihrer Wasserunlöslichkeit besteht. **Cholesterin** ist kein Fett, aber eine **fettähnliche** Substanz.

Was sind Fette? Wie ihr anderer Name **Triglyceride** bereits sagt, setzen sich diese Stoffe aus dem dreiwertigen Alkohol **Glycerin** und **drei Fettsäuren** zusammen. Sie gehören damit zur Stoffklasse der Ester. Die über die Hydroxygruppen mit dem Glycerin verbundenen Fettsäuren sind in der Regel voneinander verschieden und enthalten meist eine gerade Anzahl an Kohlenstoffatomen. Sie können sich in drei Punkten unterscheiden: in der Kettenlänge (mittlere und höhere Fettsäuren), in der Anzahl der Doppelbindungen und darin, ob der Körper sie selbst herstellen kann oder nicht. Die Tabelle zeigt die in den Nahrungsmitteln am häufigsten vorkommenden Fettsäuren.

Bildung eines Fettmoleküls (vereinfacht)

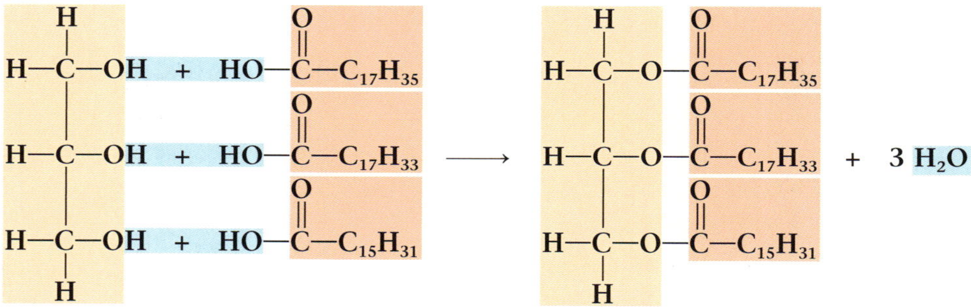

Glycerin — Fettsäuren — Fettmolekül (Triglycerid)

A1 Benennen Sie das in der Gleichung entstandene Fettmolekül.

1 Frucht der Ölpalme

Die in der Natur vorkommenden Fette sind keine Reinstoffe. Sie sind aufgrund der verschiedenen Kombinationsmöglichkeiten von Fettsäureresten stets **Gemische** und haben daher einen Schmelzbereich. Der Unterschied zwischen den einzelnen Fettarten wie Butter, Schweineschmalz oder Olivenöl liegt in diesen Fettsäureresten. Dabei bestimmt der Anteil an ungesättigten Fettsäuren die Konsistenz des Fettes. Ein hoher Gehalt an ungesättigten Fettsäuren wie Öl- oder Linolsäure bedingt einen flüssigen Aggregatzustand. Man spricht von einem **fetten Öl** oder Speiseöl.

Fette sind Glycerinester mittlerer und höherer Fettsäuren. Die Eigenschaften eines Fettes werden von den Fettsäureresten bestimmt.

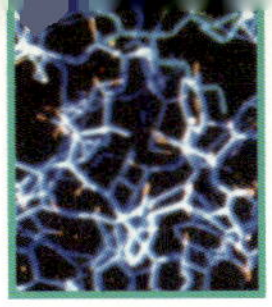

Welche Eigenschaften haben Fette? Fette sind fast reine Kohlenwasserstoffverbindungen. Dies macht die meisten ihrer Eigenschaften leicht verständlich. Die wichtigsten sind uns aus dem Alltag bekannt:
Fette hinterlassen auf saugfähigem Untergrund bleibende **Flecke** (Fettnachweis). Sie verdunsten aufgrund ihrer hohen Siedepunkte äußerst langsam. Die Fettaugen in einer Suppe verraten die **Wasserunlöslichkeit** von Fetten. Der Grund hierfür liegt im unpolaren Charakter der langen Fettsäurereste. Ein Vermischen mit Wasser kommt nur durch starkes Umrühren oder Erwärmen zustande; dabei entsteht eine Emulsion, die sich aber rasch wieder entmischt. Soll die Emulsion stabil bleiben, muss ein Emulgator dazugegeben werden. Emulgatoren umschließen die kleinen Fettpartikel und verhindern deren Zusammenfließen. In der Wasser-Fett-Emulsion Milch haben bestimmte Eiweißstoffe diese Funktion.
Fette schwimmen auf Wasser immer oben. Ihre **Dichte** ist im Vergleich zu der von Wasser **geringer**, ihr innerer Zusammenhalt über die van-der-Waals-Kräfte ist schwächer als der von Wassermolekülen über die Wasserstoffbrückenbindung.
Alle frischen Fette, ob Butter, Olivenöl oder Schweineschmalz, sind ohne Begleitstoffe **geschmack- und geruchlos**. Bei längerem Einfluss von Licht, Sauerstoff und Bakterien werden sie ranzig: Die Estermoleküle spalten sich in Glycerin und Fettsäuren auf und frei werdende kurzkettige Fettsäuren (z. B. Buttersäure) sind Ursache des nun unangenehmen Geschmacks und Geruchs.
Fette sind **brennbar**; feste Fette werden durch die Verbrennungswärme flüssig. Versucht man einen Fettbrand mit Wasser zu löschen, sinkt das Wasser wegen seiner höheren Dichte unter das geschmolzene Fett. Der durch die Hitze schlagartig entstehende Wasserdampf (Volumenvergrößerung) schleudert dann das brennende Fett nach allen Seiten fort.
Brennendes Fett darf deshalb nie mit Wasser gelöscht werden! Deckel auf den Topf!

Wozu werden Fette verwendet? Fette lösen in vielen Produkten Erdöl als Rohstoff ab. Sie dienen aufgrund ihrer Viskosität (= Zähflüssigkeit) als Schmierstoffe, werden in der Waschmittelherstellung eingesetzt und spielen eine große Rolle in der Kosmetik. Cremes, Salben oder Lotionen zur Körperpflege bestehen häufig aus Emulsionen von Wasser und fetten Ölen. Die größte Bedeutung der Fette aber liegt auf dem Ernährungssektor (s. Kap. 34).

Fette sind Gemische aus Triglyceriden. Feste Fette enthalten einen hohen Anteil an gesättigten Fettsäuren, flüssige Fette bzw. fette Öle enthalten einen hohen Anteil an ungesättigten Fettsäuren.

V1 Olivenöl wird im Reagenzglas in Benzin gelöst. Dann gibt man 1 bis 2 ml Bromwasser dazu und schüttelt das Reagenzglas. Beobachtung und Erklärung!

V2 Auf Zeitungspapier tropft man Olivenöl und daneben Benzin. Beobachtung und Erklärung!

V3 In Reagenzgläsern wird die Löslichkeit von Kokosfett oder Schweineschmalz in Wasser und Benzin geprüft.

A2 Warum werden pflanzliche Öle in braunen oder grünen Flaschen aufbewahrt?

V4 **Schutzbrille! Schutzscheibe!**
In einer Porzellanschale wird eine kleine Menge Öl erhitzt, bis sich die entstehenden Dämpfe entzünden lassen (ca. 300 °C). Aus einer langen Pipette wird vorsichtig ein Tropfen Wasser dazugegeben.

A3 Wie ist das Rußen von brennendem Öl zu erklären?

Fettexplosion!

2 Fettbrand

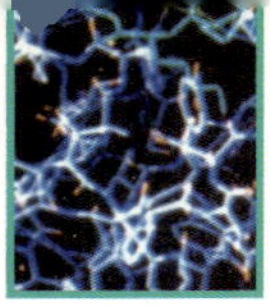

34 Darin steckt Power! Fette in der Ernährung

A1 Welche Rolle spielt das Wasser im Fettstoffwechsel?

Der Weg der Fette im Körper. Fette werden nach ihrer Aufnahme vorwiegend im Dünndarm abgebaut. Dort spalten Enzyme die Fettmoleküle unter Wasserverbrauch in ihre Bestandteile Glycerin und Fettsäuren auf.

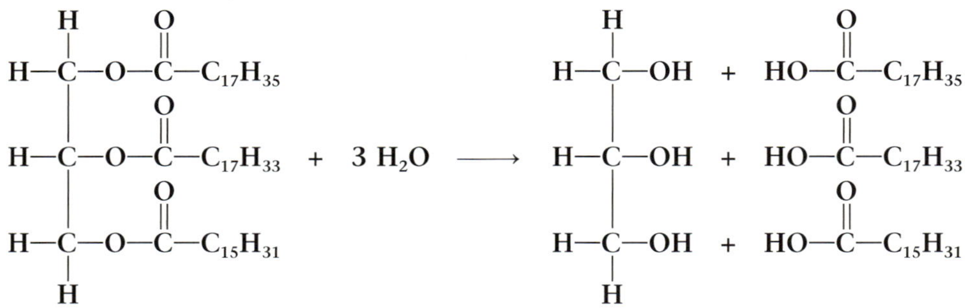

Fettmolekül Glycerin Fettsäuren

V1 Eine geröstete Erdnuss wird mit der Tiegelzange in die Brennerflamme gehalten. Beobachtung?

Die Spaltprodukte werden von den Zellen der Dünndarmschleimhaut aufgenommen. Dort bilden sich dann durch Veresterung körpereigene Triglyceride, die über das Lymphsystem abtransportiert werden und über die Schlüsselbeinvene in den Blutkreislauf gelangen. Da sie wasserunlöslich sind, werden sie mithilfe von speziellen Eiweißstoffen, den Lipoproteinen, im Körper verteilt.

1 Ein pflanzlicher Energieträger (brennende Erdnuss)

Nährstoffe und ihr Energieinhalt

Energieträger	Energieinhalt
1 g Fett	39 kJ
1 g Kohlenhydrat	17 kJ
1 g Eiweiß	17 kJ

Die Bedeutung der Fette. Fettpolster schützen die Organe vor Stößen und sie isolieren gegen Temperaturschwankungen. Der größte biologische Nutzen der Fette liegt aber in ihrem **hohen Energieinhalt.** Er übertrifft deutlich den der Kohlenhydrate und Eiweißstoffe (Tabelle) und ist mit dem des Erdöls vergleichbar (s. Kap. 14). Fettzufuhr und Fettverbrauch halten sich im Idealfall die Waage. Erhält der Organismus mehr Fett als er verbrauchen kann, speichert er den Überschuss im Fettgewebe als Depotfett. Fett ist ein optimaler Energiespeicher, denn es ist im Vergleich zum Stärkespeicher der Pflanzen bei gleichem Energieinhalt nur halb so schwer. (Wir tragen nur die halbe Last!)

Fette sind bedeutende Energielieferanten und Reservestoffe für Lebewesen.

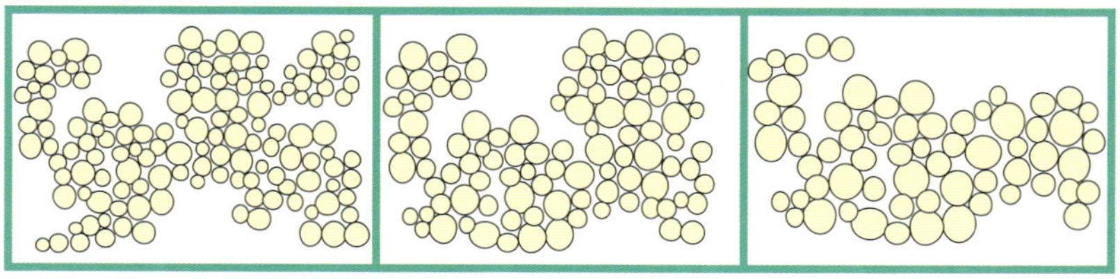

2 Fettzellen wachsen mit dem Körpergewicht.

A2 Informieren Sie sich über die chemische Zusammensetzung von Margarine.

Gesunde Ernährung. Auf Fette ganz zu verzichten wäre ungesund. Unser Körper kann zwar die gesättigten Fettsäuren selber herstellen, die meisten einfach oder mehrfach ungesättigten müssen aber mit der Nahrung aufgenommen werden. Sie sind lebensnotwendig und werden als **essenzielle Fettsäuren** bezeichnet. Während gesättigte Fettsäuren vorwiegend als Energiespender genutzt werden, dienen die ungesättigten unter anderem zur Produktion bestimmter hormonähnlicher Substanzen, die zur Aufrechterhaltung der Gesundheit unverzichtbar sind (siehe Prostaglandine, Kap. *52). Die Zufuhr essenzieller Fettsäuren sollte bei circa 10 g pro Tag liegen. Empfohlen wird eine Fettsäurezusammensetzung aus gesättigten, einfach ungesättigten und mehrfach ungesättigten Fettsäuren im Verhältnis 1:1:1. Auch als Lösemittel für die Vitamine A, D und E haben Fette eine wichtige physiologische Funktion.

Omega-3-Fettsäuren. Diesen Fettsäuren wird eine günstige Wirkung auf Risikofaktoren für Herz- und Kreislauferkrankungen zugeschrieben. Es sind mehrfach ungesättigte Fettsäuren, die vor allem in Fischölen vorkommen.

Designer-Lipide. Das sind „maßgeschneiderte“ Fette und Fettersatzstoffe. Ihr größter Vorteil ist gleichzeitig ihr größter Nachteil: Sie sind unverdaulich (auch nicht von Mikroorganismen), ihr Energiegehalt liegt daher bei null. Bedenklich ist neben dem umweltbelastenden Aspekt, dass sie wie alle unverdaulichen Stoffe abführend wirken und die Aufnahme fettlöslicher Vitamine verhindern oder zumindest einschränken. Solche Produkte werden in vielen Ländern nicht oder nur als Zusatzstoffe für eingeschränkte Verwendungen zugelassen.

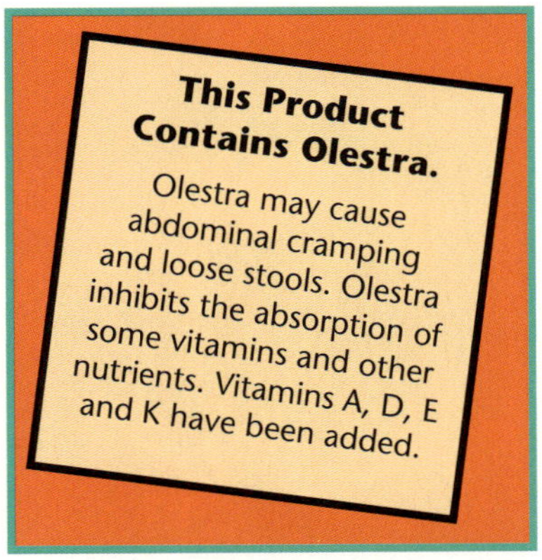

3 Im Designer-Lipid Olestra® wurde das Glycerin durch einen Zweifachzucker mit 8 OH-Gruppen ersetzt.

$$H_3C{-}CH_2{-}CH{=}CH{-}CH_2{-}(CH_2)_{10}{-}\overset{\overset{\displaystyle O}{\|}}{C}{-}OH$$

Formelbeispiel einer Omega-3-Fettsäure: 3-Hexadecensäure

Info:

$$BMI = \frac{\text{Körpergewicht in kg}}{(\text{Körpergröße in m})^2}$$

Ein BMI von 20 bis 25 wird als normal betrachtet.

A3 Ermitteln Sie Ihren BMI. Bedenken Sie: Auch ein zu niedriger Wert ist ungesund!

Das Schönheitsideal wandelt sich:

4 Links: Nach den Hungerjahren des 2. Weltkriegs: Runde Formen gelten als schön.

5 Rechts: Mitte der 60er Jahre: superschlank

Essenzielle Fettsäuren sind ungesättigte Fettsäuren. Sie sind lebensnotwendig und müssen mit der Nahrung aufgenommen werden.

35 Das süße Geheimnis Kohlenhydrate

1 Chlorophyll befähigt die Pflanzen zur Photosynthese.

A1 Woher stammt letztlich die Energie, die wir beim Verzehr von Kohlenhydraten aufnehmen?

A2 Obwohl ständig riesige Mengen Sauerstoff verbraucht werden (Verbrennungsvorgänge!), bleibt der Sauerstoffgehalt der Luft (ca. 21 %) praktisch gleich. Erklärung?

V1 **Vorsicht! Schutzbrille! Abzug!** Auf einige Esslöffel angefeuchteten Haushaltszucker in einem hohen Becherglas gibt man etwa die gleiche Menge konzentrierte Schwefelsäure. Beobachtung?

Eine geniale Erfindung der Natur. Die Sonne liefert kostenlose Energie im Überfluss. Das Problem, diese Energie zu nutzen und zu speichern, hat die Natur seit langem und auf elegante Weise gelöst – durch die **Photosynthese**. Dabei stellen die grünen Pflanzen mithilfe des Blattgrüns (Chlorophyll) und unter Ausnutzung der Energie des Sonnenlichtes aus dem Kohlenstoffdioxid der Luft und aus Wasser Traubenzucker her. Die Summengleichung gibt diesen Vorgang stark vereinfacht wieder.

$$\textit{Energie} + 6\,CO_2 + 6\,H_2O \longrightarrow \underset{\text{Traubenzucker}}{C_6H_{12}O_6} + 6\,O_2$$

(Sonnenlicht!)

Bei dieser Reaktion entsteht nicht nur energiereicher Zucker, es wird auch der für das Leben unentbehrliche Sauerstoff frei. Die im Zucker gespeicherte Energie kann bei Bedarf freigesetzt werden, indem der Zucker mithilfe von Enzymen vollständig oxidiert wird, das heißt, wieder zu Kohlenstoffdioxid und Wasser abgebaut wird („Zellatmung"). Der Traubenzucker wird von den Pflanzen auch in andere Verbindungen umgewandelt, die für den Aufbau der Pflanzen und die Energiespeicherung geeigneter sind, z. B. in Stärke und Cellulose. Diese Produkte fassen wir unter dem Überbegriff **Kohlenhydrate** zusammen.

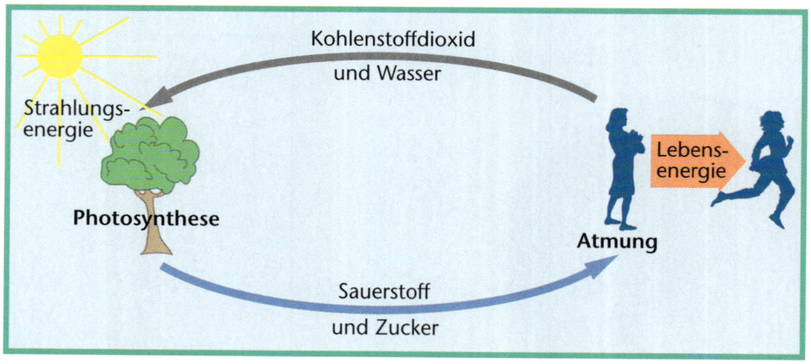

2 Kreisprozess des Lebens: Photosynthese und Atmung

Der Begriff Kohlenhydrate umfasst heute die verschiedenen Zuckerarten und Verbindungen, die sich von Zuckern ableiten. Man bezeichnet diese Stoffgruppe auch als **Saccharide** (lat. saccharum = Zucker). In der systematischen Namensgebung erhalten diese Substanzen die Endung **-ose** (z. B. Glucose für Traubenzucker).

Es gibt noch eine Reihe anderer Zucker mit der Summenformel $C_6H_{12}O_6$, z. B. Fructose (= Fruchtzucker). Sie unterscheiden sich voneinander durch unterschiedlichen Molekülbau (Struktur), sind also isomere Verbindungen.

Kohlenhydrate/Saccharide sind eine weit verbreitete Gruppe von Naturstoffen, zu der die Zucker und davon abgeleitete Stoffe (Stärke, Cellulose) gehören.

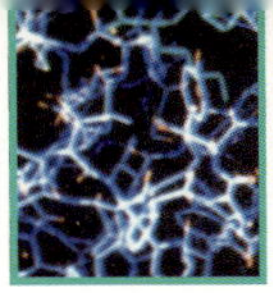

Kohlenhydrate – ein historischer Begriff. Als typisches Kohlenhydrat kann man den Traubenzucker $C_6H_{12}O_6$ ansehen. Schreibt man die Formel etwas verändert als $C_6(H_2O)_6$, wird deutlich, wie man zu der Bezeichnung „Kohlenhydrate" gelangte: Man hielt Traubenzucker und die ähnlich aufgebauten Verbindungen für „Hydrate des Kohlenstoffs". Obwohl sich diese Deutung längst als falsch erwiesen hat, wurde die Bezeichnung „Kohlenhydrate" beibehalten.

Vom Monosaccharid zum Polysaccharid. Die Strukturformel der Glucose zeigt, dass dieser **Einfachzucker (Monosaccharid)** zweierlei funktionelle Gruppen enthält: fünf Hydroxygruppen und eine Aldehydgruppe pro Glucosemolekül. Damit werden die typischen Eigenschaften dieses Zuckers verständlich: gute Wasserlöslichkeit, süßer Geschmack und reduzierende Wirkung.

Glucosemoleküle liegen zum größten Teil nicht in der kettenförmigen Struktur vor, sondern bilden ringförmige Moleküle. Der Ringschluss erfolgt über ein Sauerstoffatom zwischen dem 1. und 5. Kohlenstoffatom und führt zu Sechsringen. Kettenform und Ringform können in Lösung ineinander übergehen.

Einfachzuckermoleküle können sich miteinander unter Wasserabspaltung zu größeren Molekülen verbinden (**Kondensationsreaktion**). Aus zwei Monosaccharidmolekülen entsteht so ein **Disaccharidmolekül:**

$$C_6H_{12}O_6 + C_6H_{12}O_6 \longrightarrow C_{12}H_{22}O_{11} + H_2O$$

Beispiel: Glucose + Glucose ⟶ Maltose

Umgekehrt können Disaccharide unter Wasseraufnahme wieder in Monosaccharide aufgespalten werden (**Hydrolyse**).
Auch Dreifach-, Vierfachzucker usw. können gebildet werden. Vereinigen sich sehr viele Monosaccharidmoleküle miteinander, so entstehen **Polysaccharide (Vielfachzucker)**. Vereinfacht:

$$n\ C_6H_{12}O_6 \longrightarrow (C_6H_{10}O_5)_n + n\ H_2O$$

Übersicht über die Kohlenhydrate		Beispiele
Monosaccharide (Einfachzucker)	$C_6H_{12}O_6$	Glucose (Traubenzucker) Fructose (Fruchtzucker) Galactose (Schleimzucker)
Disaccharide (Zweifachzucker)	$C_{12}H_{22}O_{11}$	Saccharose (Rohr-/Rübenzucker) Maltose (Malzzucker) Lactose (Milchzucker)
Polysaccharide (Vielfachzucker)	$(C_6H_{10}O_5)_n$	Stärke Cellulose Glykogen („tierische Stärke")

Einfachzuckermoleküle können sich durch Kondensation zu größeren Molekülen vereinigen.

Strukturformeln der Glucose:

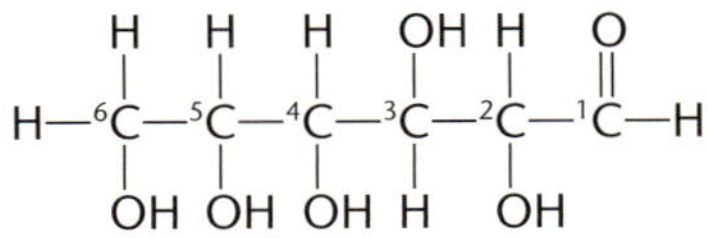

Kettenform

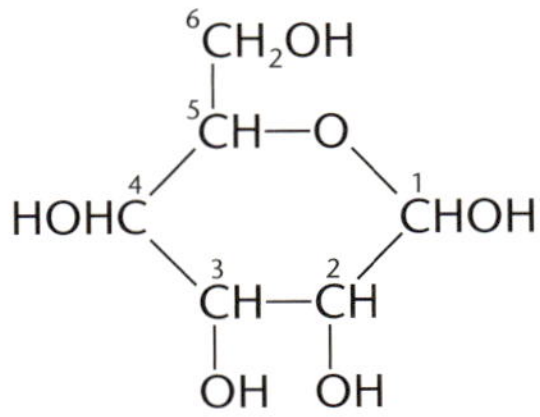

Ringform

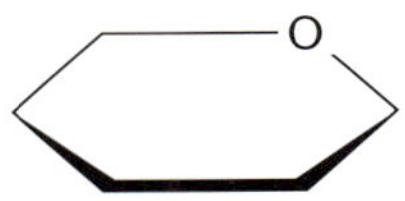

schematische Ringform

V2 Überprüfen Sie Geschmack und Löslichkeit von Traubenzucker. Erläutern Sie, wie man diese Beobachtungen mit der Struktur des Traubenzuckers deuten kann!

V3 **Vorsicht! Schutzbrille!** Mit Glucoselösung wird die Silberspiegelprobe durchgeführt. Beobachtung?

Bedeutung der Kohlenhydrate

1 Traubenzucker und Haushaltszucker

V1 Ein kleines Stück Brot wird länger gekaut. Achten Sie genau auf die allmähliche Veränderung Ihrer Geschmackswahrnehmung!

A1 Überlegen Sie, warum nicht Glucose in den Pflanzenzellen gespeichert wird!

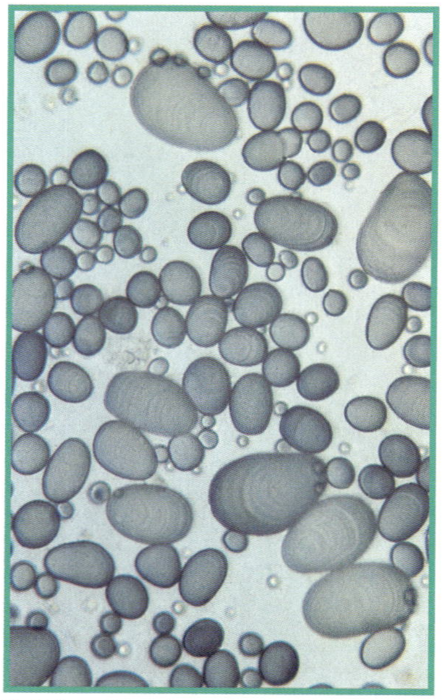

2 Stärkekörnchen unter dem Mikroskop dienen als Stärkenachweis.

V2 Etwas Stärkelösung und stärkehaltige Nahrungsmittel (Mehl, Weißbrot, Kartoffelscheibe) werden mit Iodlösung versetzt.

Unentbehrlicher Energielieferant der Lebewesen. In Weintrauben, aber auch in vielen anderen Früchten und im Honig, ist **Glucose (= Traubenzucker)** zu finden. Technisch wird Glucose in großen Mengen durch hydrolytische Spaltung von Stärke hergestellt:

$$\underset{\text{Stärke}}{(C_6H_{10}O_5)_n} + n\,H_2O \longrightarrow \underset{\text{Glucose}}{n\,C_6H_{12}O_6}$$

Glucose liefert für die meisten Lebewesen die zum Leben nötige Energie und kann im Stoffwechselgeschehen zu anderen wichtigen Verbindungen umgebaut werden. Im Blut des Menschen wird eine Konzentration von 0,1 Gew.-% durch die Wirkung bestimmter Hormone (wie Insulin) konstant gehalten. Abweichungen von diesem „Blutzuckerspiegel" führen zur **Zuckerkrankheit** (Diabetes). Bei körperlichen und geistigen Anstrengungen trägt Traubenzucker zur Leistungssteigerung bei. Überschüssiger Traubenzucker wird zum Teil in Fett umgewandelt und in Fettzellen gespeichert (Depotfett).

Saccharose (= Rohrzucker; Rübenzucker) – der Zucker des Haushalts. Er ist das wohl bekannteste Kohlenhydrat und im Haushalt zum Kochen und Backen nahezu unentbehrlich. Man gewinnt Saccharose aus dem Saft von Zuckerrüben oder Zuckerrohr. Saccharose ist ein **Disaccharid**. Jedes Saccharosemolekül ist aus einem Glucose- und einem Fructosemolekül aufgebaut. Die Hydrolyse der Saccharose zu Trauben- und Fruchtzucker ist der entscheidende Vorgang bei der Bildung von **Honig**.

Reservestoffe und Stützsubstanzen der Pflanzen. Stärke ist der verbreitetste Vorratsstoff der Pflanzen. Dieses **Polysaccharid** findet sich in charakteristisch geformten Körnchen in den Zellen verschiedener Pflanzenorgane. Die spiralförmigen Stärkemoleküle können Iodmoleküle einlagern. Die dabei entstehende **Blaufärbung** ist eine empfindliche **Nachweisreaktion für Stärke** (Iod-Stärke-Reaktion).

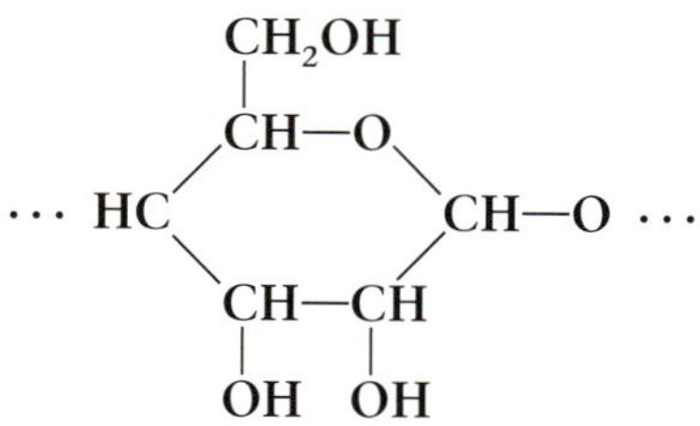

Glucosebaustein aus einem Polysaccharidmolekül (Cellulose, Stärke). An den OH-Gruppen kann leicht eine Veresterung durchgeführt werden.

Cellulose, der hauptsächliche Bestandteil der pflanzlichen Zellwände (Name!), ist ebenfalls ein **Polysaccharid**. Sie besteht aus langen, unverzweigten Ketten mit Tausenden von Glucoseeinheiten, die sich zu Fasern zusammenlagern. Baumwollfasern, Jute und Hanf bestehen fast ausschließlich aus Cellulose. Der Celluloseanteil im Holz beträgt nur 40–50%; neben 15–25% celluloseähnlichen Verbindungen besteht Holz vor allem noch aus Lignin (Holzstoff). Bei der Gewinnung von **Zellstoff** (Cellulose-Rohmasse) aus Holz kommt es in erster Linie darauf an, dass das Lignin, welches die Cellulosefasern verkittet, entfernt wird. Die dabei angewandten Verfahren belasten die Umwelt, wobei man in den letzten Jahren erfolgreich um Verbesserungen bemüht ist.

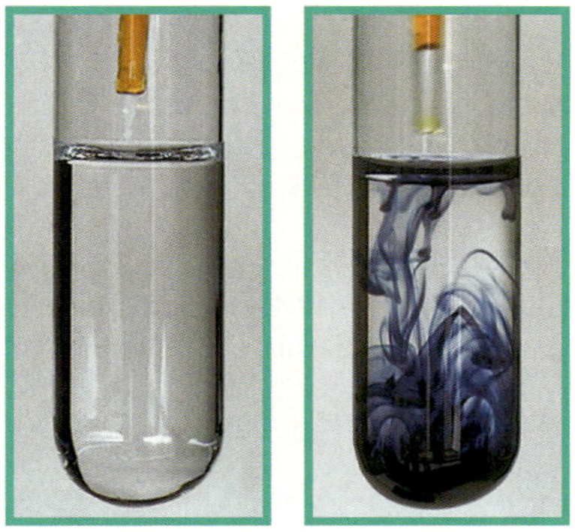

3 Iod-Stärke-Reaktion

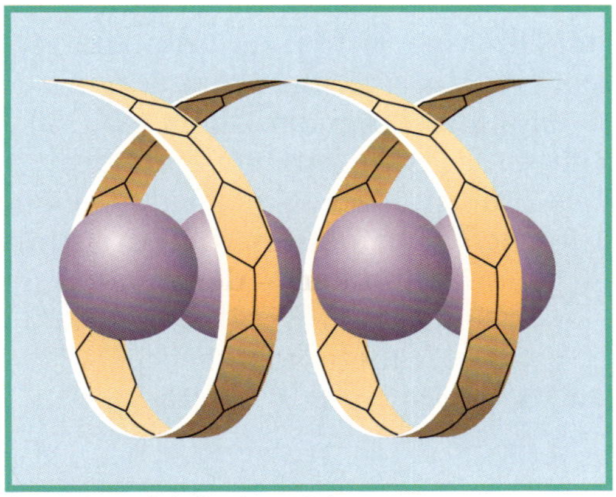

4 Stärkemolekül mit I_2-Einlagerung

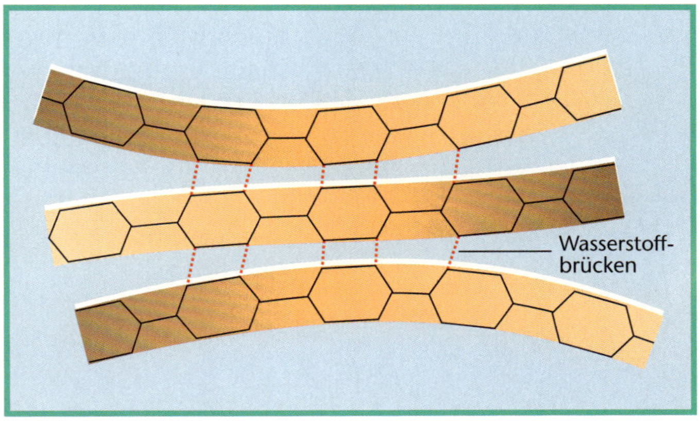

5 Cellulosemoleküle

Cellulose ist ein wichtiger Rohstoff für die Papier- und Textilindustrie. Durch chemische Veränderungen der Cellulose lassen sich „Schießbaumwolle" (Ausgangsprodukt für rauchschwaches Schießpulver) und eine Reihe wichtiger Kunststoffe und Kunstfasern herstellen.
Besonders Ester aus Cellulose und Monocarbonsäuren haben großtechnische Bedeutung. So werden z. B. riesige Mengen an Essigsäurecelluloseestern produziert, die vor allem zu Fotofilmen, Zigarettenfiltern und Textilfasern („Acetatseide") verarbeitet werden.

V3 Stärkelösung wird mit ein paar Tropfen verdünnter Iodlösung versetzt und auf zwei große Reagenzgläser verteilt. Nun gibt man zum Inhalt eines der beiden Reagenzgläser eine Spatelspitze Amylase und stellt beide Reagenzgläser in ein 30°C warmes Wasserbad. Erklären Sie die Farbänderungen!

A2 Wieso funktioniert die Iod-Stärke-Reaktion bei Cellulose nicht?

Kohlenhydrate sind wichtige Energielieferanten (Zucker), Reservestoffe (Stärke) und Stützsubstanzen (Cellulose) für Pflanzen.
Cellulose ist als nachwachsender Rohstoff von großer Bedeutung für die Papier- und Textilindustrie.

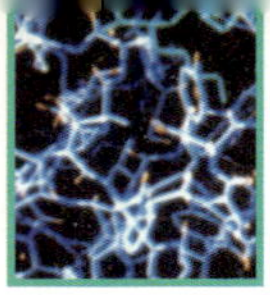

37 Die am Anfang stehen
Von den Aminosäuren zum Eiweiß

V1 Vorsicht! Schutzbrille! Eine Spatelspitze Glycin wird mit 5 ml konz. Natronlauge im Reagenzglas erhitzt. Die entweichenden Dämpfe werden mit Indikatorpapier geprüft.

V2 In eine wässrige Lösung von Glycin gibt man Magnesiumpulver. Was ist zu beobachten? Folgerung?

$H{-}CH_2{-}COOH$ $H_2N{-}CH_2{-}COOH$

1 Vergleich: Essigsäure und Aminoessigsäure

Was sind Aminosäuren? Einen ersten Hinweis gibt uns der folgende Versuch (V1). Wir erwärmen die Verbindung **Glycin** mit Natronlauge, wobei das uns schon bekannte Gas Ammoniak (NH_3) entweicht. Damit lernen wir erstmals eine organische Verbindung kennen, die Stickstoff enthält. Er ist in Form einer **Aminogruppe ($-NH_2$)** mit dem Molekül verbunden. Aminogruppen bestimmen die Eigenschaften von Molekülen entscheidend mit, sie sind eine **funktionelle Gruppe**.
Bei einem weiteren Versuch (V2) können wir mit Magnesium eine Wasserstoffentwicklung nachweisen, was darauf hinweist, dass sich Glycin wie eine Säure verhält. Diese Beobachtung lässt auf das Vorhandensein einer weiteren funktionellen Gruppe schließen, der **Carboxygruppe ($-COOH$)**.
Daraus folgt, dass Glycin zwei funktionelle Gruppen besitzt: die alkalische Aminogruppe und die saure Carboxygruppe. Eine solche Verbindung bezeichnet man als eine **Aminosäure**.
Ersetzt man ein Wasserstoffatom der Essigsäure durch eine Aminogruppe, so erhält man die einfachste Aminosäure mit dem in der Biologie gebräuchlichen Namen Glycin. Die chemische Bezeichnung für Glycin ist folglich **Aminoessigsäure** oder **Aminoethansäure**.

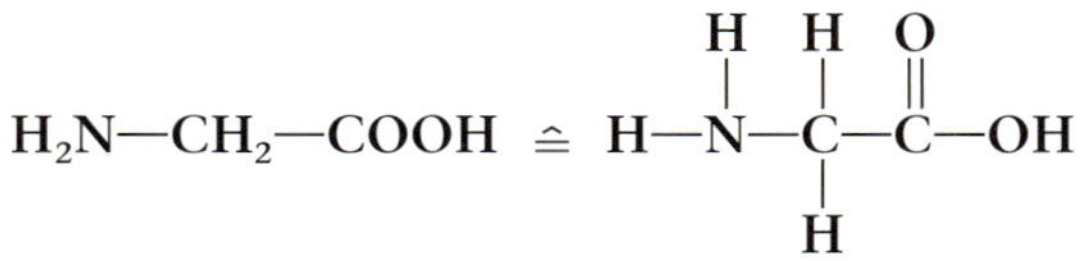

Glycin Aminoethansäure (Aminoessigsäure)

Ausgehend von der Carboxygruppe bezeichnet man die Position der Aminogruppe im Alkylrest mit α, β usw.

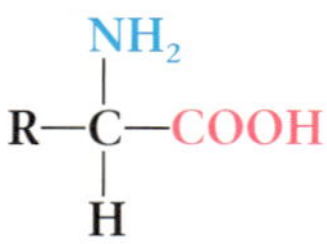

allgemeine Formel einer α-Aminosäure

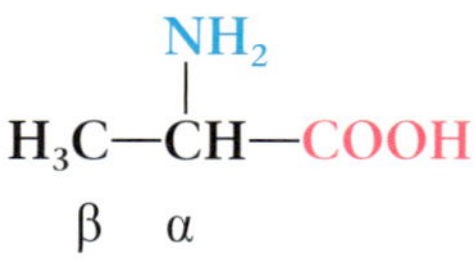

α-Aminopropansäure (Alanin)

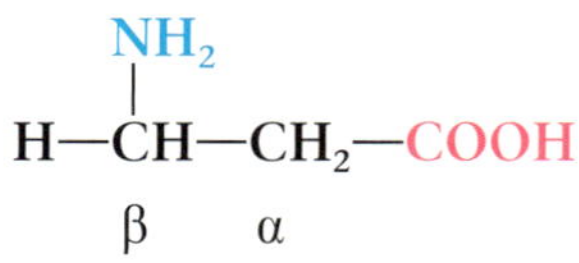

β-Aminopropansäure

Die für Lebewesen wichtigen Aminosäuren tragen immer eine Aminogruppe in α-Stellung. Sie sind die **Bausteine der Eiweiße**. Manche Aminosäuren kann der menschliche Organismus nicht selbst aufbauen. Sie müssen ihm mit der Nahrung zugeführt werden; man nennt sie deshalb **essenzielle Aminosäuren**.

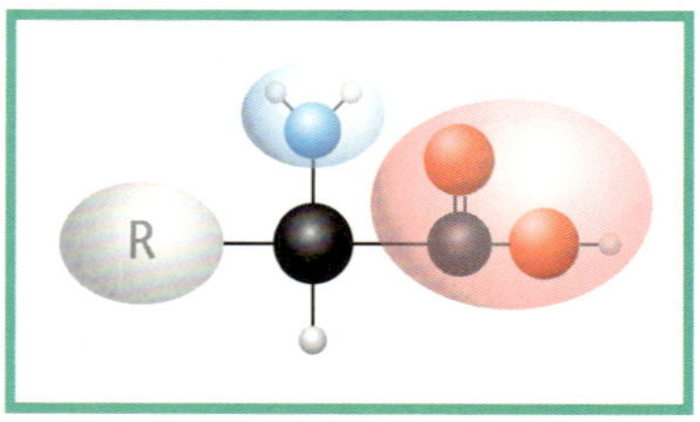

2

Aminosäuren sind Carbonsäuren mit einer Aminogruppe.

Aminosäure – Peptid – Polypeptid – Eiweiß. Aminosäuremoleküle können sich über Carboxygruppe und Aminogruppe unter Wasserabspaltung miteinander verbinden. Bei diesem Reaktionstyp handelt es sich um eine **Kondensationsreaktion**.

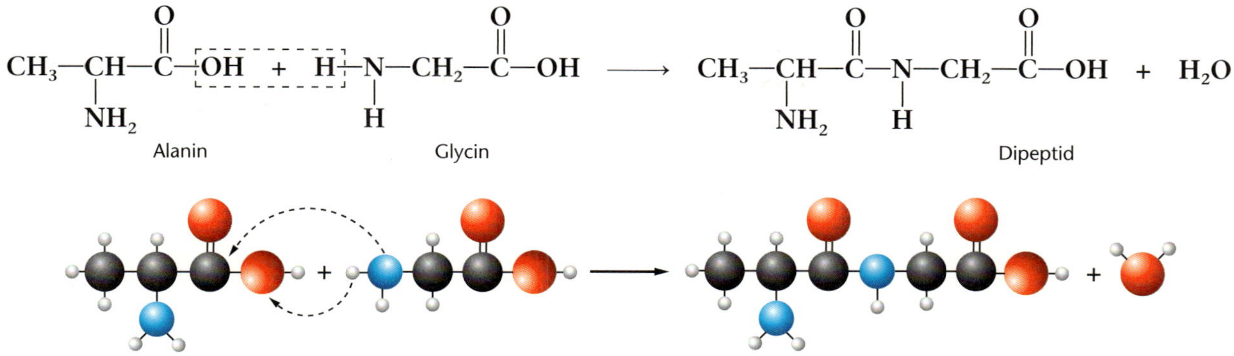

In unserem Beispiel verbinden sich Glycin und Alanin über die sogenannte Peptidbindung (Peptidgruppe) zu einem **Dipeptid**. Werden drei Aminosäuren miteinander verknüpft, so spricht man von einem Tripeptid. Verbinden sich viele Aminosäuremoleküle, entstehen **Polypeptide**.

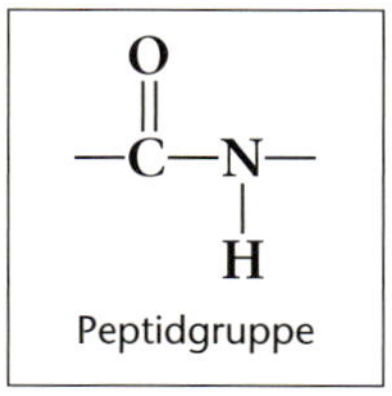

Polypeptidketten aus mehr als 100 Aminosäuren nennt man **Eiweiße (Proteine)**.

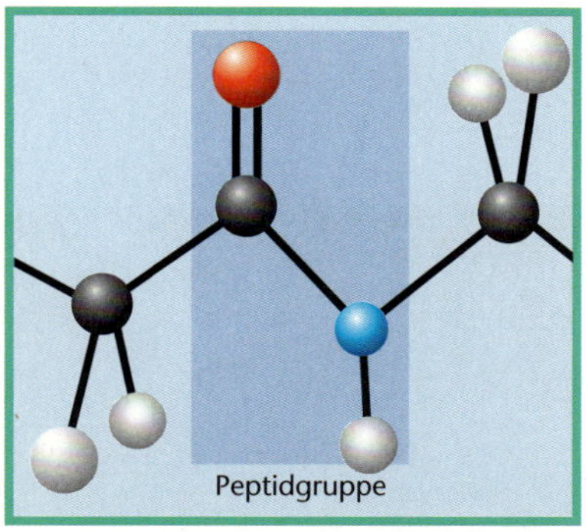

3 Peptidgruppe als charakteristisches Strukturelement

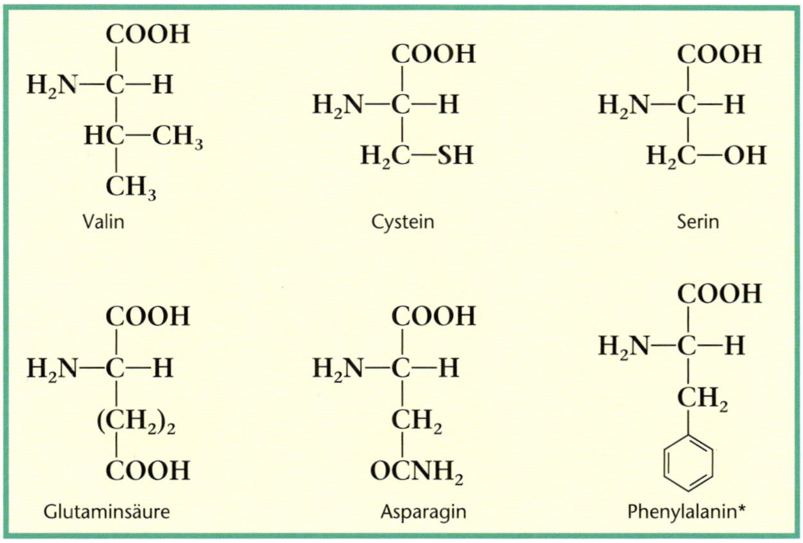

4 Einige der etwa zwanzig in der Natur vorkommenden Aminosäuren. Bei der mit * gekennzeichneten Aminosäure handelt es sich um eine essenzielle Aminosäure.

A1 Bei welchen Verbindungen haben wir schon Kondensationsreaktionen kennengelernt?

A2 Stellen Sie die Reaktionsgleichung einer Kondensation von drei Aminosäuren auf. Verwenden Sie dafür die allgemeine Formel der Aminosäuren und umranden Sie die auftretenden Peptidbindungen.

Durch Kondensation von Aminosäuren entstehen Peptide, Polypeptide und Eiweiße.

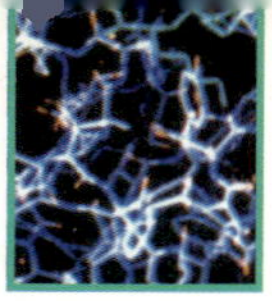

38 Individualität garantiert Eiweiß – Bau und Vielfalt

Makromoleküle der Natur. Eiweiße, auch **Proteine** genannt, sind langkettige Riesenmoleküle, die durch Kondensation vieler α-Aminosäuren (100 bis zu einigen Tausend) entstehen.

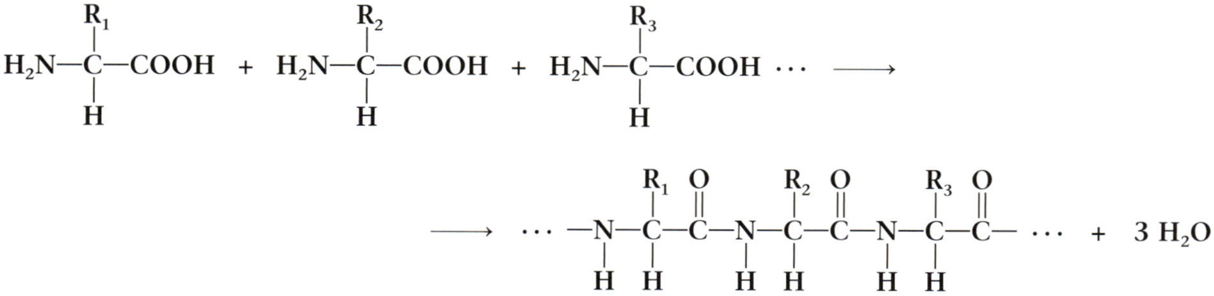

Proteinmolekül (Ausschnitt)

1 Gummibärchen bestehen im Wesentlichen aus Gelatine.

Das charakteristische Merkmal aller Proteine ist die in **regelmäßigen Abständen** auftretende Peptidbindung, über die die Aminosäuren miteinander verknüpft sind. Ein weiteres Kennzeichen der Proteine ist ihre sehr große relative Molekülmasse, die je nach Art des Eiweißes zwischen 10 000 und mehreren Millionen liegt.

Der Name „Protein" leitet sich von griech. protos = der Erste ab. Damit kommt die Bedeutung der Eiweiße als Baustoffe für das Leben zum Ausdruck.

Die Vielfalt der Eiweißstoffe ist in ihrer Struktur begründet. In einem Eiweißmolekül sind die Aminosäuren in einer ganz bestimmten **Reihenfolge** miteinander verknüpft. Für die Eigenschaften des Eiweißstoffes und für sein Verhalten im Körper spielt diese Reihenfolge der Aminosäuren eine große Rolle.
Die **Aminosäuresequenz** nennt man auch die **Primärstruktur** der Proteine.

2 Die Primärstruktur eines Proteins

Ala: Alanin, Asp: Asparaginsäure, Cys: Cystein, Glu: Glutaminsäure, Gly: Glycin, Phe: Phenylalanin, Ser: Serin, Val: Valin

Info: Gelatine ist ein tierisches Eiweiß; sie enthält viele Glycin- und Alanin-Bausteine. Wichtigster Ausgangsstoff ist Kollagen aus Bindegewebe (Häute) und Knochen.

Wird eine genetisch festgelegte Aminosäuresequenz durch Austausch, Wegfall oder Hinzufügen von Aminosäuren verändert, so entsteht ein anderes Protein. Da etwa 20 verschiedene Aminosäuremoleküle Ketten aus bis zu einigen tausend Aminosäuren bilden, kann daraus eine praktisch unbegrenzte Zahl möglicher Proteine entstehen.
Im Allgemeinen liegen die Aminosäureketten der Eiweißstoffe aber nicht gestreckt vor, sondern **spiralig (Helix-Struktur)**. Die Ursache hierfür sind Wasserstoffbrückenbindungen, die innerhalb des Moleküls zwischen den Sauerstoffatomen und Wasser-

stoffatomen der Peptidbindungen ausgebildet werden. Diese Wasserstoffbrückenbindungen können sich aber auch zwischen den Peptidbindungen benachbarter Proteine ausbilden, was zu einer Anordnung der Aminosäurekette führt, die als **Faltblattstruktur** bezeichnet wird.
Helixstruktur bzw. Faltblattstruktur kennzeichnen die räumliche Anordnung von Eiweißmolekülen. Die räumliche Anordnung wird als **Sekundärstruktur** bezeichnet.

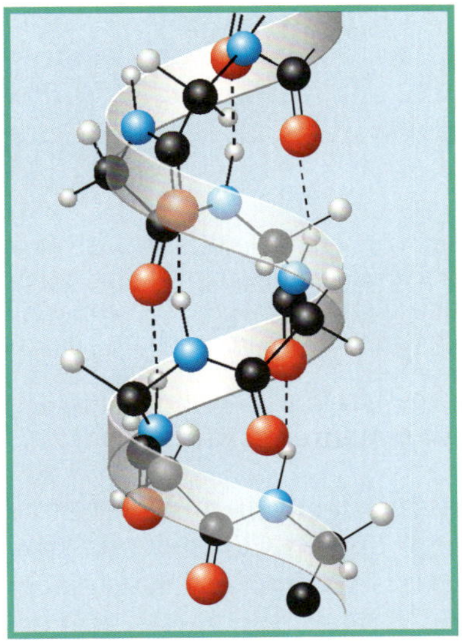

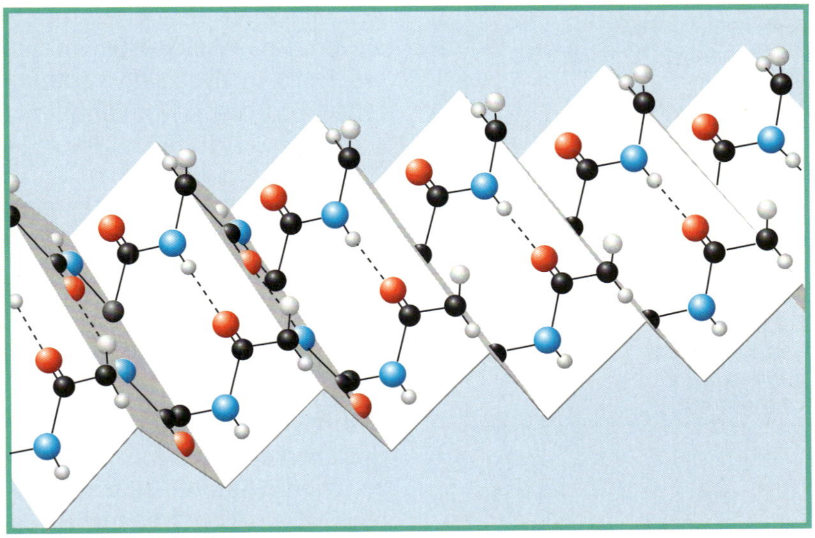

3 Sekundärstrukturen von Proteinen: Helixstruktur (links) und Faltblattstruktur (rechts)

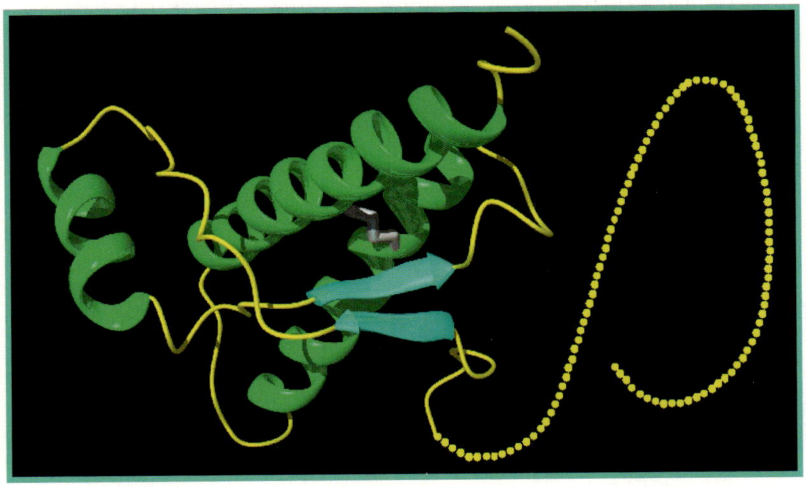

A1 Was versteht man unter Primär- und Sekundärstruktur eines Proteins?

A2 Wie viele verschiedene Möglichkeiten ergeben sich, wenn sich vier verschiedene Aminosäuren zu einem Peptid verbinden?
Zeichnen Sie ein solches Peptid, mit den Aminosäureresten R_1 = Glycin, R_2 = Cystein, R_3 = Phenylalanin, R_4 = Alanin.

4 Modell eines kompletten Proteins (Rinder-Prion) mit Helix- und Faltblattstrukturen (blau)

Eiweiße (Proteine) sind Makromoleküle, die durch Polykondensation von Aminosäuren entstehen. Variationsmöglichkeiten bei der Primärstruktur und der Sekundärstruktur der Proteine sind die Ursache für ihre unvorstellbare Vielfalt.

39 Die sensiblen Starken
Eiweiß – Vorkommen, Bedeutung, Reaktionen

Eiweißgehalt einiger Lebensmittel

Lebensmittel	Gew.-%
Schweinefleisch, mittelfett	18
Rindfleisch, mittelfett	15
Leber (Rind)	18
Schinken (gekocht)	19
Speck, durchwachsen	8
Leberwurst	12
Salami	17
Brathuhn	15
Matjeshering (Filet)	16
Ölsardinen	24
Hühnerei	11
Trinkmilch	3,5
Butter	1
Hartkäse, vollfett	25
Weichkäse, halbfett	26
Reis, poliert	7
Weizenmehl	11
Eierteigwaren	13
Zucker	–
Kartoffeln ohne Schalen	2
Bohnen, weiß	21
Orangensaft	1

V1 Herstellen einer Eiweißlösung: Ein Eiklar wird in 150 ml Kochsalzlösung (0,9%) gelöst. Eventuell über Glaswolle filtrieren!

Vorkommen und Bedeutung von Eiweiß. Die hochmolekularen Proteine spielen für das Leben als **Bau- und Gerüststoffe** eine außerordentlich wichtige Rolle, erfüllen aber auch in den Zellen lebender Organismen entscheidende Aufgaben. Im Gegensatz zu Fetten und Kohlenhydraten können sie nicht durch andere Nährstoffe ersetzt werden. Dem menschlichen Organismus müssen daher täglich mindestens ca. 55 g Eiweiß zugeführt werden.
Eiweißstoffe sind die wesentliche Grundlage aller Lebensvorgänge. Neben ihrer überragenden Bedeutung als Zellbaustoffe sind sie auch als **Wirkstoffe (Enzyme)** für das Funktionieren des Stoffwechsels in der Zelle verantwortlich. Als **Antikörper** sind Proteine Teil des körpereigenen Immunsystems und erfüllen eine wichtige Schutzfunktion.

Man unterscheidet zwei Hauptgruppen von Proteinen: **fibrilläre Proteine** („Faserproteine“) und **globuläre Proteine** („Kugelproteine“). Die fibrillären Proteine treten hauptsächlich als Gerüststoffe auf und sind wasserunlöslich. Hierzu gehören zum Beispiel die Keratine (Haut, Haare, Federn), die Kollagene (Sehnen, Knorpel) und das Myosin (Muskeln). Die meist wasserlöslichen Globuline treten als Reservestoffe (Hühnereiweiß) und Wirkstoffe (Enzyme) im Blut und im Zellplasma auf.

Nachweis von Eiweißstoffen. Zum Nachweis von Proteinen dienen verschiedene Farbreaktionen. So zeigt Eiweiß mit konzentrierter Salpetersäure eine typische Gelbfärbung. Dieser Nachweis ist als **Xanthoproteinreaktion** (griech. xanthos = gelb) bekannt. Bei der **Biuretreaktion**, einer weiteren Erkennungsreaktion für Eiweiß, tritt eine violette Färbung auf, wenn eine alkalische Eiweißlösung mit Kupfersulfat reagiert.

Xanthoproteinreaktion:
Protein + konz. HNO_3 ⟶ Gelbfärbung

Biuretreaktion:
Protein + NaOH + $CuSO_4$ ⟶ Violettfärbung

1 Keimende Sojabohnen enthalten viel pflanzliches Eiweiß.

2 Xanthoproteinreaktion

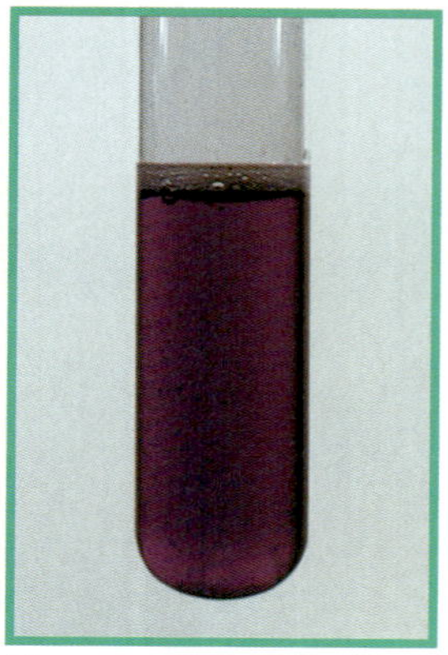

Biuretreaktion

Eigenschaften. Proteine besitzen eine komplizierte Struktur, weswegen sie gegen äußere Einflüsse sehr empfindlich sind. Vor allem die Sekundärstruktur der Proteine wird durch die Einwirkung von Hitze, Säuren, Alkohol, Schwermetall-Ionen und energiereicher Strahlung irreversibel zerstört. Das Eiweiß **gerinnt**. Dieser nicht umkehrbare Vorgang wird auch **Koagulation** oder **Denaturierung** genannt. Denaturiertes Eiweiß kann seine Aufgaben im lebenden Organismus nicht mehr erfüllen, was die schädliche Wirkung der genannten Einflüsse erklärt.

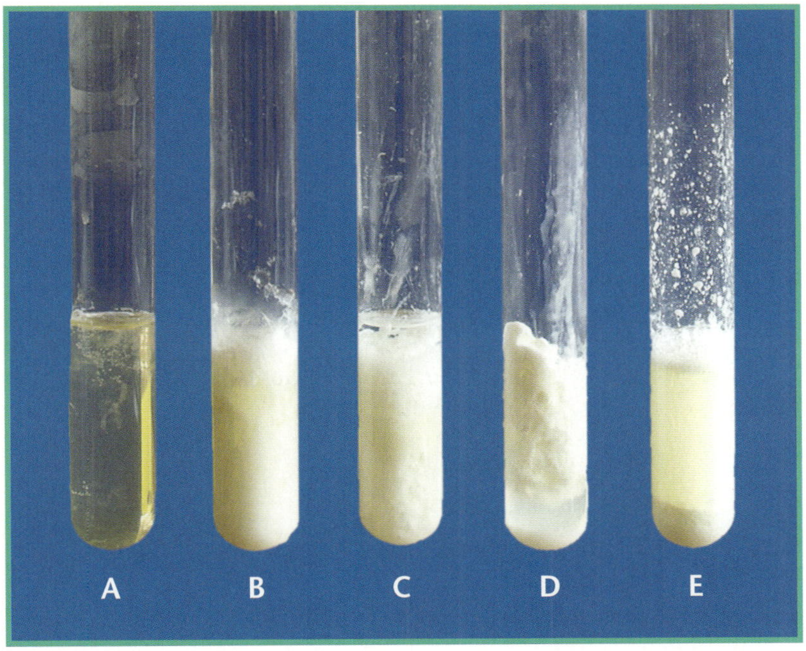

3 Koagulation von Eiweiß (A) durch: Hitze (B), Alkohol (C), Säure (D), Schwermetall-Ionen (E)

Neben den Hauptelementen Kohlenstoff, Wasserstoff, Sauerstoff und Stickstoff kommt in vielen Eiweißstoffen auch Schwefel und manchmal Phosphor vor. Schwefelatome verbinden häufig räumlich benachbarte Eiweißmoleküle miteinander. Über solche „Schwefelbrücken" werden Proteinspiralen stabilisiert.

Eiweiß ist die stoffliche Grundlage des Lebens. Proteine werden durch die Einwirkung von Hitze, Säuren, Alkohol und Schwermetallsalzen denaturiert.

V2 Zu einer Eiweißlösung im Reagenzglas gibt man 2 Plätzchen Natriumhydroxid, erwärmt und prüft das entweichende Gas mit Indikatorpapier und mit der Geruchsprobe.

V3 Bleiacetatlösung wird mit Natronlauge (10%) versetzt, bis die Lösung klar wird. Dann gibt man Eiweißlösung dazu und erwärmt kurz.

V4 In vier verschiedene Reagenzgläser gibt man jeweils etwa 5 ml Eiweißlösung. Das erste Reagenzglas wird erhitzt, in das zweite gibt man etwas verd. Schwefelsäure, in das dritte Ethanol und in das vierte Kupfersulfatlösung. Deuten Sie die Beobachtungen!

V5 Eine Eiweißlösung wird mit etwas konzentrierter Salpetersäure versetzt. Beobachtung?
Anschließend wird erwärmt.

V6 Eine Eiweißlösung wird mit etwas verd. Natronlauge vermischt und anschließend mit stark verd. Kupfersulfatlösung versetzt.

A1 Menschliches Bluteiweiß gerinnt schon bei 42 °C. Was bedeutet dies bei einer Fiebererkrankung?

A2 Warum können Nahrungsmittel durch Erhitzen konserviert werden?

A3 Warum dürfen Batterien mit Cadmium oder Quecksilber auf keinen Fall im Hausmüll entsorgt werden?

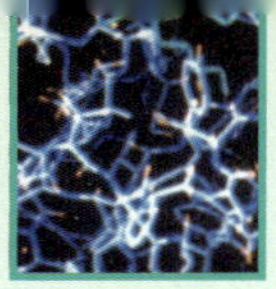

* 40 Die Macher Enzyme

V1 In drei Reagenzgläser gibt man etwa 5–10 ml Wasserstoffperoxidlösung (10%). Dann versetzt man das erste Reagenzglas mit etwas Braunstein, das zweite Reagenzglas mit zerriebener Hefe und das dritte Reagenzglas mit roher Kartoffelmasse. Erklären Sie die allen Versuchen gemeinsame Reaktion!

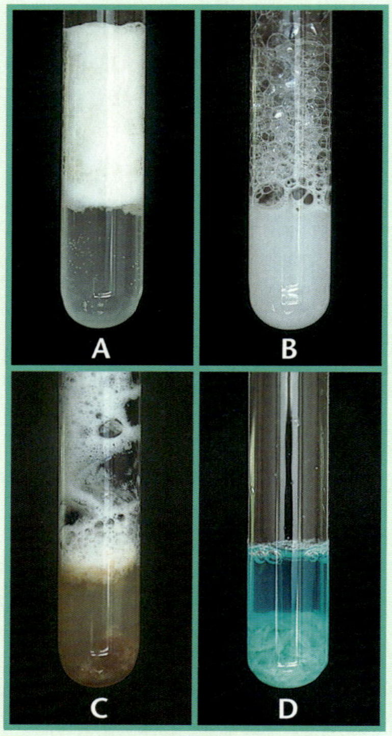

1 Wirkung von Katalase unterschiedlicher Herkunft auf Wasserstoffperoxid. A: aus rohen Kartoffeln; B: aus Hefe; C: aus Leber. D: Die Katalase in der Kartoffel wurde mit Schwermetall-Ionen (Cu^{2+}-Ionen) „vergiftet".

Chemische Reaktionen in Lebewesen. Zur Aufrechterhaltung der Lebensvorgänge laufen gleichzeitig Hunderte von chemischen Reaktionen in den Zellen der Lebewesen ab. Dabei ist es lebenswichtig, mit welcher Geschwindigkeit diese Reaktionen ablaufen. Würde die Verbrennung des Alkohols in der Zelle so plötzlich und mit einer Flammenerscheinung ablaufen wie im Labor, wäre dies genauso tödlich wie z. B. eine zu langsame Zersetzung des giftigen Wasserstoffperoxids. Beide Vorgänge aber verlaufen in der Zelle bei Körpertemperatur so, dass keine Gefährdung besteht. Dies wird ermöglicht durch **Biokatalysatoren**, auch **Enzyme** genannt.

Enzyme sind die Katalysatoren der Zelle. Die Zersetzung von Wasserstoffperoxid ist lebenswichtig, da es im Zellstoffwechsel als giftiges Zwischenprodukt auftritt. Wie wir schon wissen, wird Wasserstoffperoxid unter dem katalytischen Einfluss von Braunstein sehr rasch in Wasser und Sauerstoff unter Freisetzung von Wärmeenergie gespalten. Die gleiche schnelle Reaktion tritt ein, wenn pflanzliches oder tierisches Gewebe mit Wasserstoffperoxid in Berührung kommt. In den Zellen ist also auch ein Katalysator vorhanden, der die schnelle Zersetzung von Wasserstoffperoxid bewirkt; es ist das Enzym Katalase.

$$2\,H_2O_2 \xrightarrow{\text{Katalase}} 2\,H_2O + O_2$$

Die Namen von Enzymen haben die Endung -ase.

So heißen zum Beispiel die Protein spaltenden Enzyme „Proteasen" und die Lipid spaltenden Enzyme „Lipasen". Diese für die Verdauung zuständigen Enzyme sind wahrscheinlich am bekanntesten, aber auch zur Energiegewinnung für die Muskelarbeit sind verschiedene Enzyme notwendig. In allen Fällen hängt die optimale Wirkung eines Enzyms stark von der Temperatur und vom pH-Wert ab.

Enzyme werden zwar in lebenden Zellen hergestellt, wirken aber auch außerhalb. Das nutzt man z. B. in **biologisch aktiven Waschmitteln**. Diese enthalten meist Eiweiß spaltende Enzyme (Proteasen). Sie zersetzen eiweißhaltigen Schmutz auf der Wäsche in Spaltprodukte, die problemlos von der Waschlauge aufgenommen werden.

Die Wirkungsweise von Enzymen. Enzyme fördern wie alle anderen Katalysatoren den Ablauf einer chemischen Reaktion durch Herabsetzung der Aktivierungsenergie. Wie aber können die vielen chemischen Reaktionen in den Organismen geordnet ablaufen und wie kann jeder chemische Vorgang in der Zelle zur richtigen Zeit und am richtigen Ort stattfinden? Eine Erklärung dafür ist die Tatsache, dass die Enzyme auf ganz bestimmte Stoffe spezialisiert sind. Ein Enzym passt zu einem bestimmten Stoff (Substrat) wie ein Schlüssel zu einem bestimmten Schloss. Wir sprechen von einer **Stoffspezifität**. So ist zum Beispiel das Enzym Katalase stoffspezifisch zu Wasserstoffperoxid. Außerdem ermöglicht jedes Enzym nur einen ganz bestimmten Reaktionsschritt, der nächste Reaktionsschritt wird schon von einem anderen Enzym weitergeführt. Wir sprechen von einer **Wirkungsspezifität**.

V2 Eine Aufschwemmung von roher Kartoffelmasse bzw. Hefe wird in je einem Reagenzglas aufgekocht und nach dem Abkühlen mit Wasserstoffperoxidlösung versetzt.

V3 In eine Aufschwemmung von roher Kartoffelmasse tropft man Kupfersulfatlösung und gibt dann Wasserstoffperoxidlösung dazu.

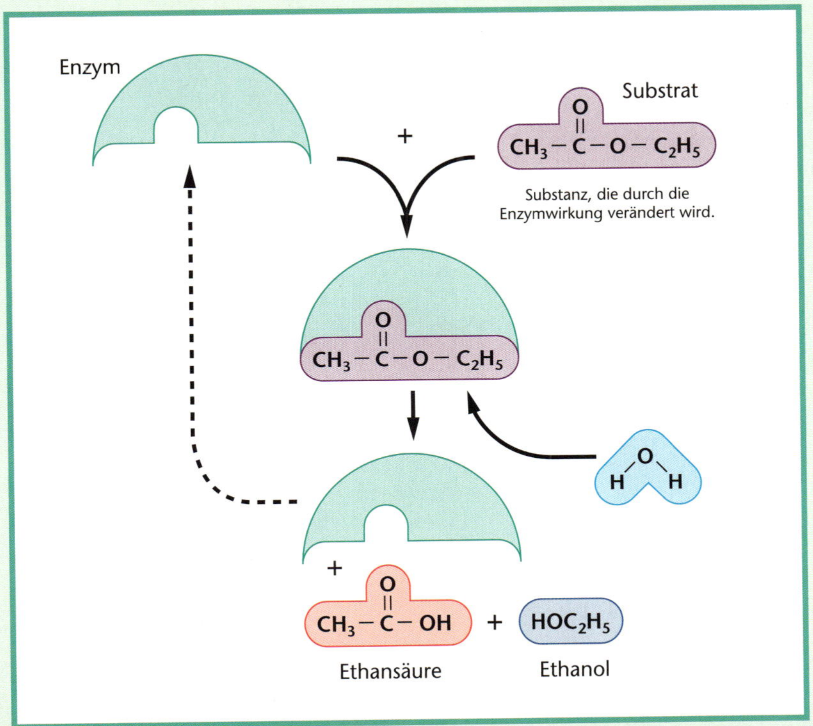

2 Schlüssel-Schloss-Modell der Enzymwirkung. Beispiel: Hydrolyse eines Esters

A1 Erklären Sie mithilfe des Schlüssel-Schloss-Modells die Wirkungsweise der Enzyme.

Enzyme sind Eiweißstoffe. Katalase verliert wie alle anderen Enzyme beim Kontakt mit Eiweißgiften oder beim Erhitzen seine katalytische Fähigkeit, Wasserstoffperoxid zu spalten. Die komplizierte räumliche Eiweißstruktur der Enzyme wird beim Erhitzen oder durch Gifte so verändert, dass der „Schlüssel" nicht mehr ins „Schloss" passt.

Enzyme sind Biokatalysatoren und gehören zu den Eiweißstoffen.
Enzyme wirken stoffspezifisch und wirkungsspezifisch und steuern den gesamten Stoffwechsel des Organismus.

Alles im Griff?

1. Öl ist nicht gleich Öl!

a) Vergleichen Sie die Zusammensetzung der drei Öle!

b) Führen Sie mit den drei Ölen die Fettfleckprobe durch! Geben Sie dafür je einen Tropfen Öl auf ein Blatt Papier.

2. Der Fleck muss weg!

Fittig bemerkt einen hässlichen Fettfleck auf seinem Rucksack. Er weiß genau, welche Lösungsmittel ihm helfen. Sie auch?

3. Zwei Wege zum Speiseöl.

Die Grafik zeigt zwei verschiedene Möglichkeiten zur Gewinnung von Speiseöl – **Pressen** und **Extrahieren.**

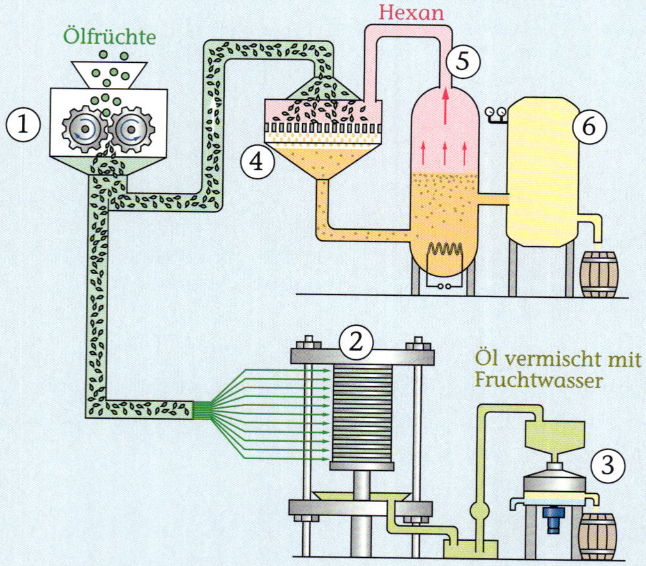

Erhitzt man das Mahlgut, so wird die Ölgewinnung erleichtert.

a) Ordnen Sie den fünf Stationen folgende Begriffe zu!

Zentrifugieren	**Destillieren**	
	Pressen	**Mahlen**
Reinigen	**Extrahieren**	

b) Erklären Sie den Begriff „kaltgepresstes Öl".

c) Kaltgepresste Speiseöle sind teurer als herkömmliche. Vergleichen Sie ihren Wert als Nahrungsmittel sowie Ausbeute und Aufwand bei der Gewinnung!

4. Irrtum nicht ausgeschlossen!

In jedem Kistchen befinden sich fünf Begriffe, die alle eine Gemeinsamkeit aufweisen. Allerdings hat sich überall auch ein *Außenseiter* eingeschlichen.

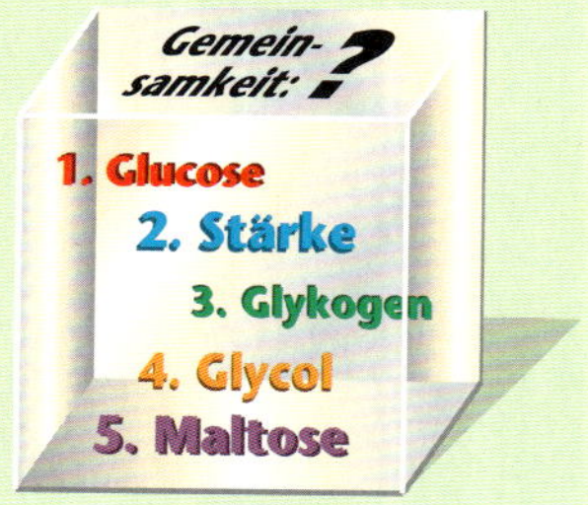

5. Vorsicht – giftig!

Toxin B ist eines der Gifte der Königskobra. Die Grafik zeigt die Primärstruktur dieses Giftes.

a) Wie könnte man mit Strukturformeln die Reaktionsgleichung formulieren, die zur Bildung des markierten Tripeptids führt?

b) Um welchen Reaktionstyp handelt es sich?

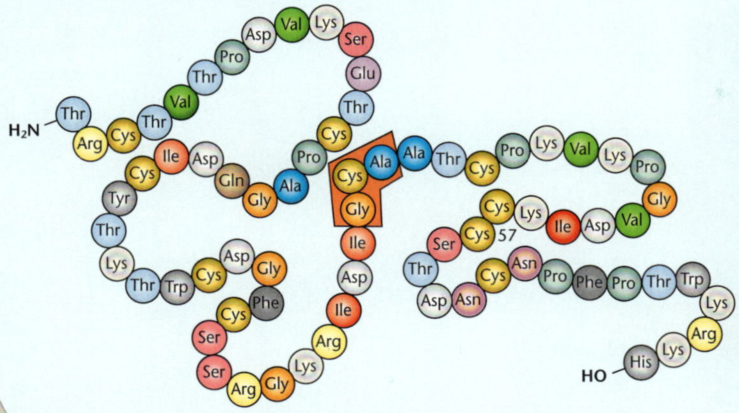

6. Probier's aus!

Trennen Sie von einem Ei das Eiweiß ab, geben Sie es in ein Glas und verdünnen Sie es mit Wasser auf ca. 100 ml.

Verteilen Sie die Eiweißlösung auf zwei Gläser (z.B. Schnapsgläser) und einen kleinen Topf.

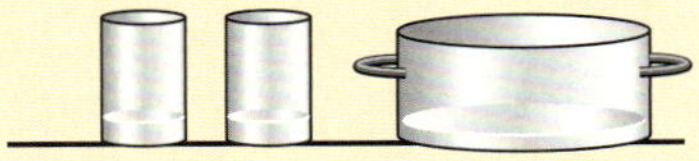

Geben Sie ins erste Glas Essigessenz und ins zweite Glas Alkohol (Schnaps, Rum). Erhitzen Sie auf einer Herdplatte die Eiweißlösung im Topf, bis Sie eine Veränderung beobachten.

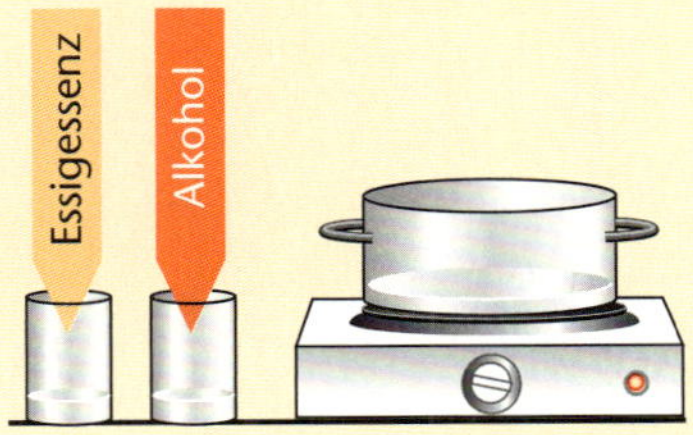

a) Halten Sie die Beobachtungen in einem Versuchsprotokoll fest!

b) Welchen Einfluss haben Hitze, Alkohol und Säuren auf Eiweiße?

7. Die kleine Warenkunde.

Stutzig und Fittig sollen ein Plakat gestalten. Es müssen nur noch die Beschreibungen zugeordnet werden. Können Sie den beiden helfen?

- Raffinadezucker wird angefeuchtet, in Formen gepresst und getrocknet.
- Raffinadezucker mit Pektin, Zitronensäure oder Weinsäure
- kegelförmig gepresster Raffinadezucker
- Zucker mit naturidentischem Vanillinaroma
- grobkörniger Zucker zum Verzieren von Gebäck
- fein gemahlener Raffinadezucker
- Zucker von bester Qualität und Reinheit
- grobe Zuckerkristalle aus karamelisiertem Zuckersirup

8. Probier's aus!

Untersuchen Sie mithilfe einer Iodlösung beliebige Lebensmittel auf Stärke!
Beispiele: Kartoffel, Apfel, Mehl, Wurst, Brot, Käse, ...

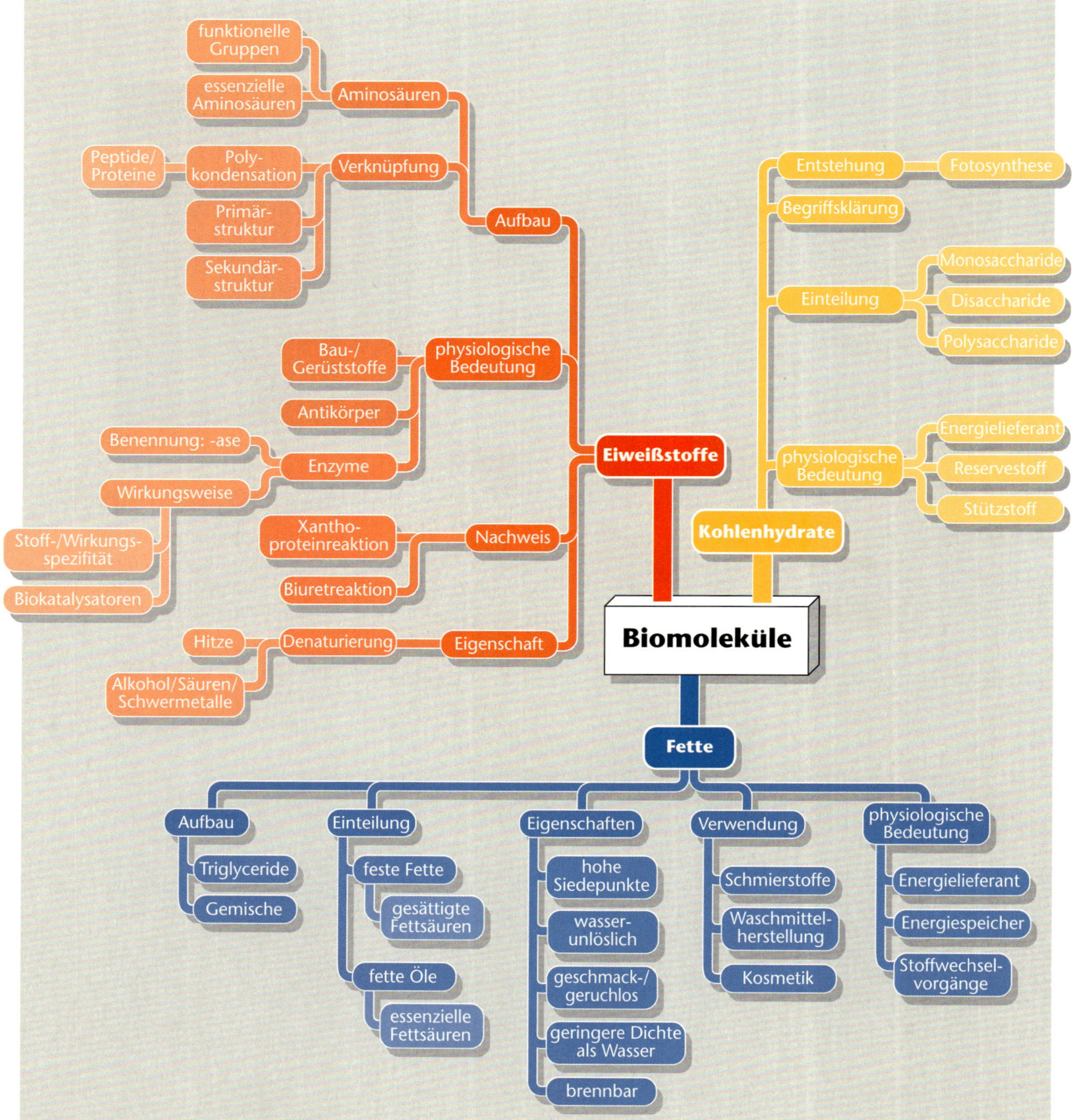

Unklarheit beruht auf oberflächlichem Denken.

41 Noch immer im Trend
Vom Fett zur Seife

1 Seifensieden 1698

Seifensieden, eine alte Kunst. Vor mehr als 4000 Jahren kochte man bereits tierische und pflanzliche Fette mit Asche und erhielt dabei Seifen. Später erkannte man, dass es auf die in der Pflanzenasche enthaltenen alkalischen Verbindungen ankam (V1) und ersetzte die Asche durch Soda (Natriumcarbonat) oder Natronlauge. Lange Zeit gab man nur die von den Seifensiedern gemachten Beobachtungen und Erfahrungen weiter. Etwa ab dem 18. Jahrhundert begann man dann, systematisch die chemischen Hintergründe des Seifensiedens aufzudecken. Basis für die moderne Seifenherstellung war die Kenntnis der chemischen Zusammensetzung der Seife.

Seifen sind die Alkalisalze der höheren Fettsäuren.

Moderne Seifenherstellung. Bei den alten Verfahren bereitete die Abtrennung des Glycerins – heute ein begehrter Rohstoff – Schwierigkeiten. Außerdem entsprach die Qualität der dabei gewonnenen Seife nicht mehr den gestiegenen Ansprüchen. Moderne Anlagen führen daher die Seifenherstellung in zwei Schritten durch. Im ersten Schritt wird Fett unter hohem Druck mit überhitztem Wasserdampf in Glycerin und Fettsäuren gespalten (**Hydrolyse**); dabei fällt Glycerin als wertvolles Nebenprodukt an:

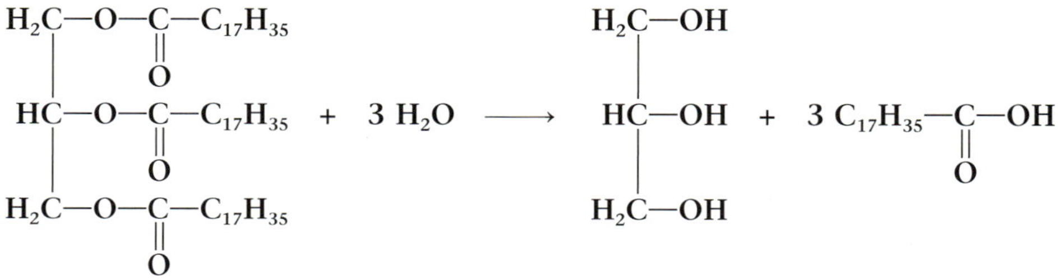

Tristearinsäureglycerinester (Modellverbindung) — Wasser — Glycerin — Stearinsäure

V1 Etwas Pflanzenasche wird in Wasser gegeben und mit Indikatorpapier geprüft. Beobachtung?

Im zweiten Schritt bilden dann die Fettsäuren in einer **Neutralisationsreaktion** (z. B. mit Natronlauge) die entsprechenden Salze, die Seifen:

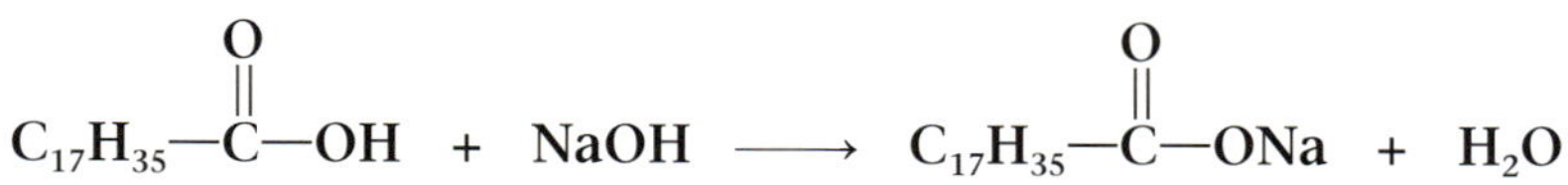

Stearinsäure — Natronlauge — Natriumstearat — Wasser

Geschichtlicher Rückblick	
ca. 3000 v. Chr. Rezept der Sumerer:	„Um mit Wasser rein zu machen, um mit Pottasche zu säubern, vermischt er das reine Öl mit Pottasche."
1. Jh. n. Chr. Germanen, Gallier	Seife aus Buchenholzasche und Ziegentalg
9. Jh. n. Chr. Marseille, Südfrankreich	Seifenproduktion auf Olivenölbasis als wichtiger Gewerbezweig
1334 Deutschland	Gründung der Zunft der Seifensieder
18. Jahrhundert	Beginn der industriellen Seifenproduktion

2 Zwei- bis dreimal pro Woche wird im zehn Tonnen fassenden offenen Kessel Seife hergestellt.

V2 Vorsicht! Schutzbrille, Schutzscheibe! In ein Becherglas gibt man eine kleine Menge (ca. 3 g) festes Pflanzenfett und ca. 50 ml ca. 20%ige Natronlauge. Unter ständigem Rühren wird 5 bis 10 Minuten lang erhitzt. Das auf der Lauge schwimmende Reaktionsprodukt kann anschließend vorsichtig entnommen und durch Schütteln mit dest. Wasser überprüft werden. (Schaumbildung!)

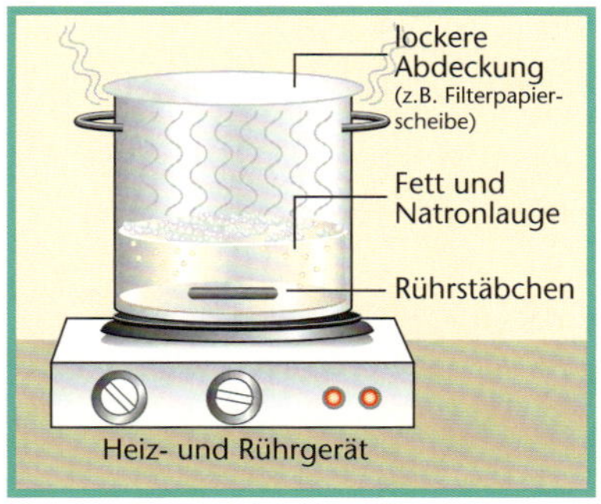

3

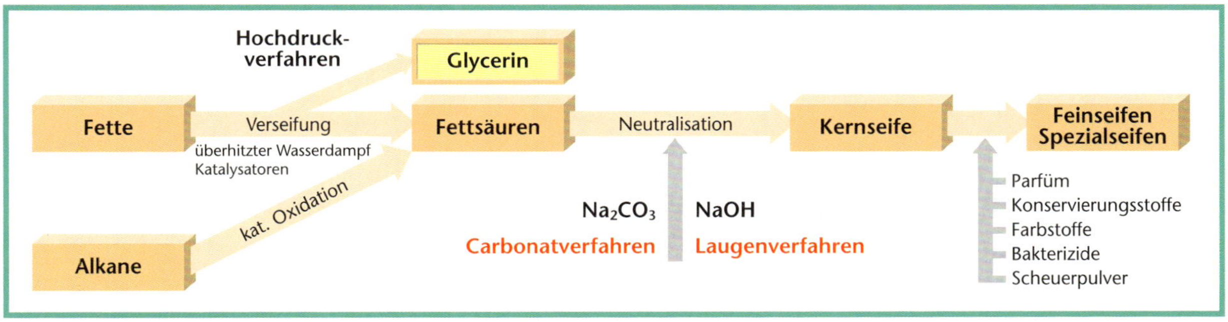

4 Seifenproduktion heute

Feste Fette ergeben mit Natronlauge härtere Seifen (Natriumseifen, **Kernseifen**). Kaliumseifen sind weicher und besser löslich (Schmierseifen). Salze eines Gemisches von Fettsäuren, deren Moleküle nur 8 bis 10 Kohlenstoffatome besitzen, sind **Flüssigseifen**.
Durch die Auswahl und Zusammenstellung der verwendeten Fette und durch entsprechende Zusätze (B4) lässt sich die Vielfalt der im Handel erhältlichen **Fein-** und **Spezialseifen** herstellen.

A1 Formulieren Sie die Reaktion von Stearinsäure mit Natriumcarbonat Na_2CO_3.

Seifen sind die Alkalisalze (meist Natriumsalze) der höheren Fettsäuren. Die Fettsäuren gewinnt man aus der Hydrolyse von Fetten.

42 Waschbremse Grenzflächenspannung

Wasser allein genügt nicht. Die Alltagserfahrung lehrt uns, dass Schmutz mit Wasser allein nur unzureichend entfernt werden kann. Erst durch Zusatz von Seife oder anderen Reinigungsmitteln erreicht man den erwünschten Effekt. Warum ist das so? Eine Reihe physikalischer und chemischer Einzelvorgänge macht das Waschen zu einem recht komplizierten Vorgang. Eine Schwierigkeit liegt in der besonderen Natur des Wassers begründet.

Hinweis: Bei der Kraft an der Grenzfläche Flüssigkeit/Luft spricht man auch von der **Oberflächenspannung**.

Grenzflächenspannung des Wassers. Eine Flüssigkeit besteht aus Teilchen, zwischen denen Anziehungskräfte wirken. Im Innern der Flüssigkeit ist jedes Molekül von Nachbarmolekülen umgeben; die Anziehungskräfte zwischen den Teilchen heben sich daher auf (B1). Anders sieht es an der **Grenzfläche** zu Luft (Flüssigkeitsoberfläche) aus. Bei den Molekülen an der Oberfläche sind die **resultierenden zwischenmolekularen Kräfte nach innen gerichtet**, es entsteht eine **Grenzflächenspannung**.

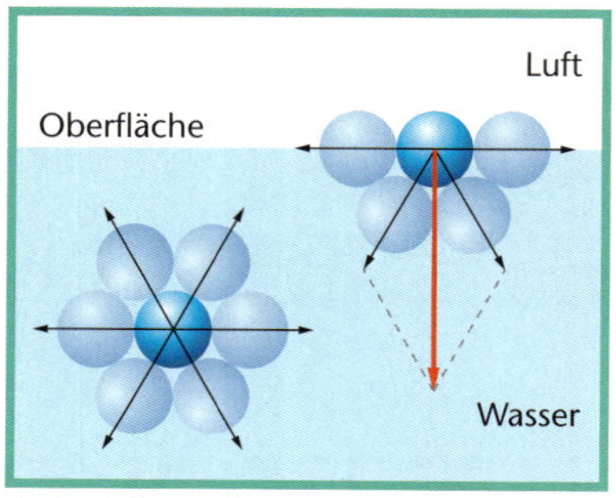

1 Anziehungskräfte innerhalb einer Flüssigkeit und an ihrer Oberfläche

2 Die Wirkung der Grenzflächenspannung des Wassers. links: Wassertropfen auf Wolle, rechts: Wasserläufer

A1 Welche Eigenschaften des Wassers sind auffallend anders als bei anderen Flüssigkeiten? (Anomalie des Wassers)

V1 Auf ein schräg gehaltenes Stück eines geeigneten Stoffes (Samt, Jersey, Taft, …) lässt man aus einer Pipette Leitungswasser tropfen, dann zum Vergleich daneben Seifenlösung.

Jede Flüssigkeit ist daher bestrebt, eine möglichst kleine Oberfläche einzunehmen (Tropfenbildung, B3!). Wegen der besonderen Eigenschaften seiner Moleküle (Dipolmoleküle und Wasserstoffbrücken) hat Wasser eine ungewöhnlich große Grenzflächenspannung. Dadurch wird das Eindringen in das Gewebe (**Benetzung**), eine wichtige Voraussetzung für die Beseitigung des Schmutzes, sehr behindert.

Reines Wasser hat gegenüber anderen Flüssigkeiten eine besonders hohe Grenzflächenspannung.

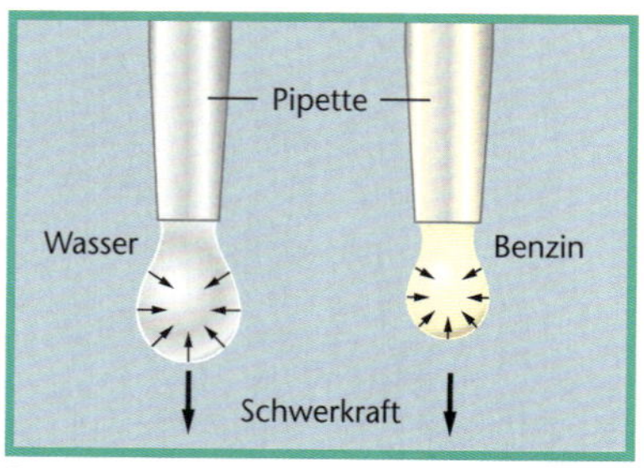

3 Beim Wasser ist die Grenzflächenspannung besonders groß, daher bilden sich große Tropfen. Warum?

Herabsetzung der Grenzflächenspannung. Durch Zugabe von Seife wird die Grenzflächenspannung des Wassers stark vermindert; das Wasser wird sozusagen „flüssiger“ und kann besser benetzen (V1). Wie ist das möglich? Seifen sind Salze aus Alkalimetall-Ionen und den Anionen höherer Fettsäuren. Beispiel: Natriumstearat $C_{17}H_{35}COONa$. Beim Lösen in Wasser werden die Ionen frei beweglich:

$$C_{17}H_{35}COONa \xrightarrow{H_2O} C_{17}H_{35}COO^- + Na^+$$

V2 Aus Büretten (oder Pipetten) lässt man Wasser und anschließend die gleiche Menge Seifenlösung tropfen. Vergleichen Sie die Tropfenzahl!

V3 Die Mitte einer Wasseroberfläche, auf der Holzstaub (oder Schwefelpulver) verstreut ist, wird mit einem Stück Seife berührt. Beobachtung?

A2 Warum leitet eine Seifenlösung den elektrischen Strom?

A3 Aus welchen entscheidenden Bestandteilen besteht ein Tensidmolekül?

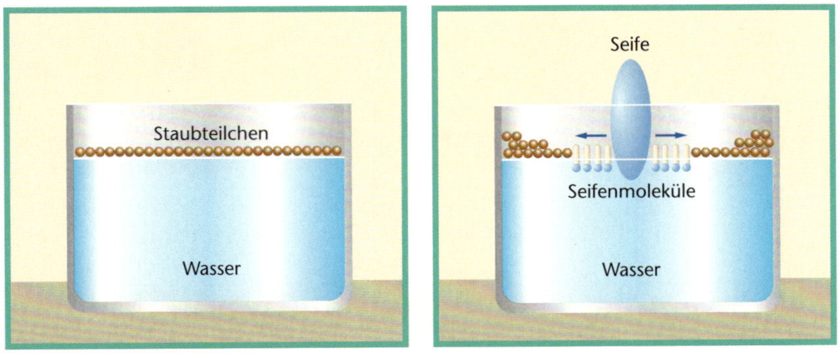

4 schematische Darstellung zum Ablauf von Versuch 3

Die „Seifenanionen" sind für die Verringerung der Grenzflächenspannung verantwortlich. Das wird aus ihrem Bau verständlich (B5): Sie enthalten die hydrophile COO^--Gruppe und den hydrophoben Kohlenwasserstoffrest. Wird Seife in Wasser gelöst, reichern sich die Seifenanionen an der Wasseroberfläche an, bis diese vollkommen besetzt ist. Dabei ragen die hydrophoben Alkylreste aus dem Wasser heraus und bilden nun die Grenzfläche gegenüber der Luft. Da zwischen diesen unpolaren Kohlenwasserstoffresten wesentlich geringere Anziehungskräfte als zwischen den polaren Wassermolekülen herrschen, resultiert daraus eine deutliche **Verminderung der Grenzflächenspannung**. In ähnlicher Weise wird auch die Grenzflächenspannung an anderen Oberflächen (z. B. Textilfasern) herabgesetzt. Weitere Seifenanionen bilden in der Flüssigkeit größere Verbände (Micellen; B6) und stehen für den Waschvorgang zur Verfügung.

Verbindungen, die die Grenzflächenspannung des Wassers stark herabsetzen, sind **grenzflächenaktive Substanzen**. Sie werden als **Tenside** oder **Detergenzien** bezeichnet und entsprechen in ihrem Aufbau den Seifenanionen (hydrophobes und hydrophiles Ende).

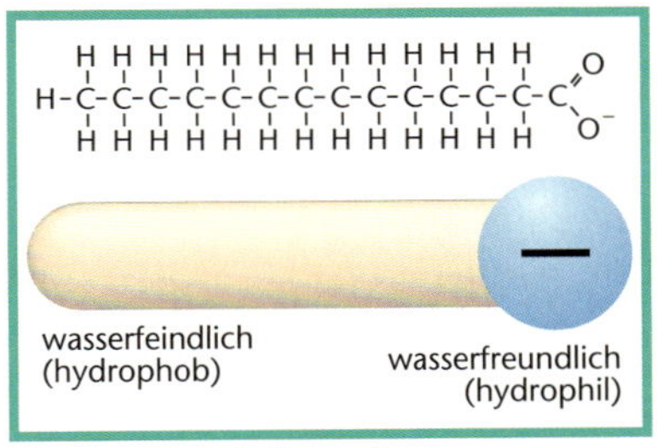

5 Bau eines Seifenanions

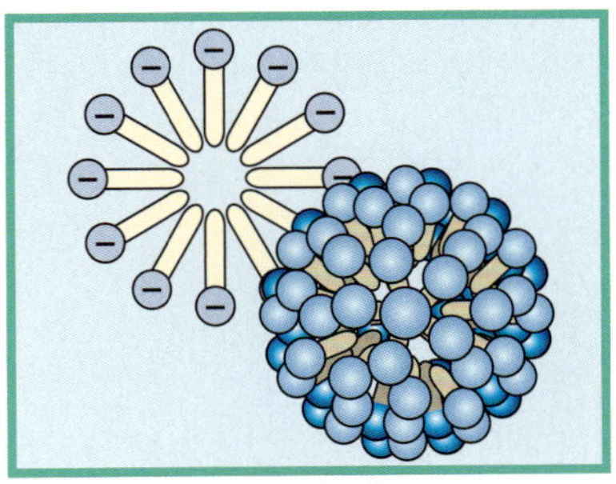

6 Seifenanionen-Micellen

Seifen (allg.: Tenside) vermindern die Grenzflächenspannung zwischen Wasser und anderen Stoffen. Dadurch wird die Benetzungsfähigkeit verbessert.

43 Porentief rein Der Waschvorgang

1 Blick zurück in eine Waschküche zu Beginn des 20. Jahrhunderts

Aus der Geschichte. Waschen war viele Jahrhunderte lang ein Vorgang, der mit Kräfte raubender Handarbeit verbunden war. Schlaghölzer, Waschbretter oder Wäschestampfer finden wir heute nur noch in Museen. Wir sollten aber nicht vergessen, dass es keine 100 Jahre her ist, dass diese Geräte noch hoch aktuell waren! Heute übernimmt die Waschmaschine in weit schonenderer Weise die mechanische Bearbeitung der Wäsche, wirkungsvoll unterstützt von den modernen Waschmitteln. Die Grundaufgabe ist allerdings die gleiche geblieben: die Schmutzbestandteile von den Fasern ablösen, fein zerteilen und bis zum Abspülen in der Schwebe halten.

Verunreinigungen in einer durchschnittlich verschmutzten Wäsche

Menge (%)	Art der Bestandteile	Entfernbarkeit
15–20 5–7	Kochsalz Harnstoff	wasserlöslich, leicht entfernbar
20–25 ca. 20	Eiweiß (Hautschuppen, ...) Kohlenhydrate (Stärke, Faserreste, ...)	wasserunlöslich, grobteilig, leicht entfernbar
5–10 25–30	Fett, Wachse, Kohlenwasserstoffe Pigmente (Ruß, Carbonate, Silicate, ...)	wasserunlöslich, feinteilig, schwer entfernbar

A1 Erklären Sie die Verbesserung der Waschwirkung durch Verwendung heißen Wassers, „Rubbeln" der Wäsche, Bewegen der Wäsche in der Trommel!

V1 Durch kräftiges Schütteln werden in zwei Reagenzgläsern Emulsionen aus Wasser und Öl bzw. Seifenlösung und Öl hergestellt. Was beobachten Sie nach kurzer Zeit in den beiden Reagenzgläsern?

Ablösung und Zerteilung des Schmutzes. Im letzten Kapitel haben wir erfahren, wie durch Tenside die störende Grenzflächenspannung des Wassers herabgesetzt und dadurch die **Benetzung** verbessert wird. In einer Seifenlösung lagern sich die Seifenanionen mit ihrem hydrophoben Ende an das Schmutzfett, das auf der Faser haftet. Dabei ragen ihre hydrophilen Enden in das Wasser. Die hydrophoben Enden besetzen nach und nach die ganze Schmutz- und Faseroberfläche. Die verschmutzte Faseroberfläche ist somit durch die Seifenanionen hydrophil geworden. Allmählich drängen sich die Tensidmoleküle zwischen Schmutz und Faser, der Schmutzfilm wird gelockert und zusam-

2 Aus einer offenen Flasche mit Öl fließt in dem Gefäß mit Wasser nichts aus. Gibt man eine Tensidlösung dazu, fließt das Öl von selbst aus. Wie ist dies zu erklären?

mengeschoben. Die Schmutzteilchen können nun **abgeschwemmt** und vom Seifenwasser aufgenommen werden. Diese Vorgänge werden natürlich unterstützt durch erhöhte Temperatur der Waschlauge und die Bewegung der Wäsche in der Waschtrommel.

Verhinderung der Schmutzablagerung. Die Schmutzteilchen sind von den Seifenanionen umhüllt. Wie wir bereits wissen, lagern sich die hydrophoben Enden der Seifenanionen an die fettigen Teilchen an; die hydrophilen Enden ragen nach außen ins Waschwasser. Diese Endgruppen sind **negativ geladen** und damit haben alle Schmutzteilchen und auch die Fasern eine gleichsinnige Ladung. Die daraus resultierende gegenseitige Abstoßung verhindert ein Zusammenklumpen der Schmutzteilchen und das Absetzen auf der Wäsche.
V1 zeigt uns, dass ein Wasser-Fetttröpfchen-Gemisch (**Emulsion**) sich nach kurzer Zeit entmischt. Oben schwimmt das Öl, das vom Wasser durch eine Grenzschicht getrennt ist. Dagegen ist die Seifenlösung-Öl-Emulsion beständig. Die fettigen Schmutzteilchen schweben **fein verteilt** im Wasser (sie werden „getragen“) und können fortgespült werden.
Auch Feststoffteilchen (Ruß, Staub, ...) werden auf diese Weise zerteilt und in der Schwebe gehalten (V2). B4 zeigt die einzelnen Teilprozesse des Waschvorgangs:

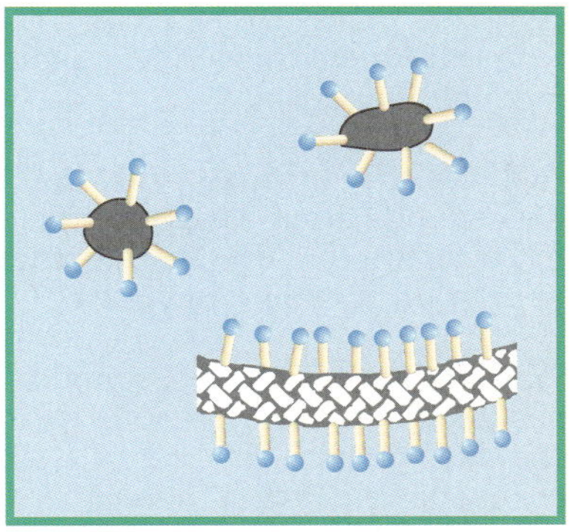

3 Tensidmoleküle an Schmutzteilchen und Fasern

V2 In zwei Bechergläsern wird ein Gemisch aus Ruß und Wasser bzw. Ruß und Seifenlösung hergestellt und anschließend filtriert. Vergleichen Sie das Aussehen der Filtrate!

A2 Erklären Sie mit B4 die Phasen des Waschvorgangs!

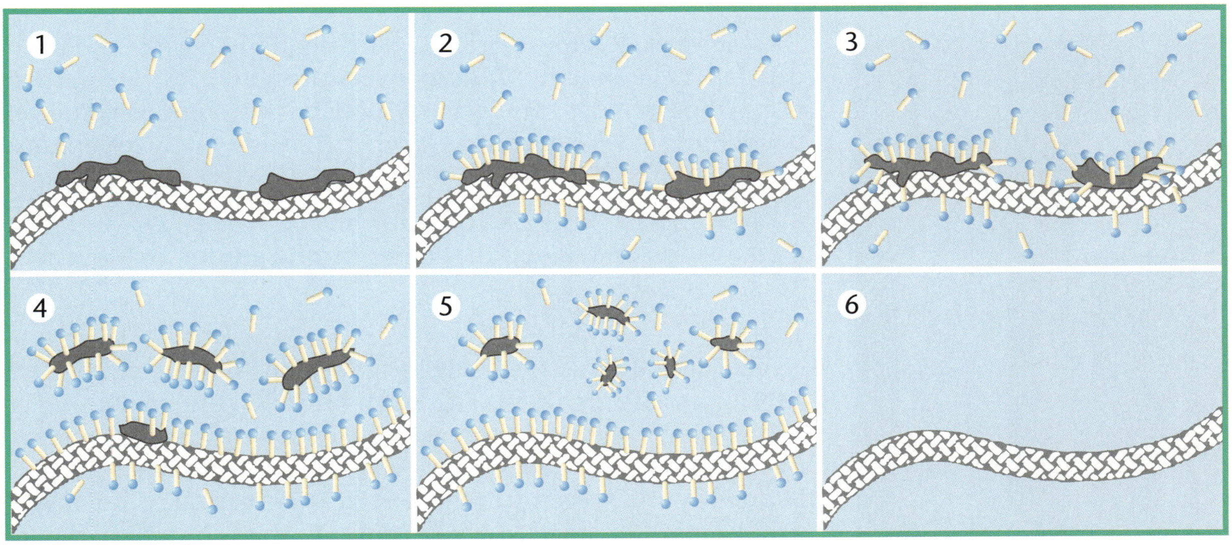

4 Phasen des Waschvorgangs am Beispiel der Ablösung von Schmutz auf einer Textilfaser

Beim Waschvorgang bewirkt das hydrophobe und hydrophile Zusammenwirken der Seifenanionen die dauerhafte Ablösung der Schmutzteilchen von der Faser.
Die wichtigsten Teilprozesse sind: Benetzen, Ablösen, Zerteilen, Tragen des Schmutzes.

44 Nichts für Schaumschläger
Waschaktive Substanzen und Umwelt

V1 Überprüfen Sie eine alkoholische und eine wässrige Seifenlösung mit Indikatorpapier!

V2 Gleiche Mengen von dest. Wasser und hartem Wasser werden mit einigen Millilitern Seifenlösung versetzt und kräftig geschüttelt.

V3 Mit der Lösung eines modernen Tensids werden folgende Versuche durchgeführt:
- Zugabe verdünnter Säuren;
- Überprüfen mit Indikatorpapier;
- Zugabe von hartem Wasser und kräftiges Schütteln.

Führen Sie die entsprechenden Vergleichsversuche mit Seifenlösung durch!

Eine entthronte „Königin". Seife hat als Tensid einige Nachteile, die uns aus dem Alltag vertraut sind: Sie reagiert in wässriger Lösung alkalisch (Brennen in den Augen, Schädigung von Wolle) und wird in „hartem Wasser" ausgefällt (Bildung von „Kalkseifen"). Zwar behauptet sie sich noch als Körperpflegemittel, aber ihre frühere Bedeutung als Tensid für Wasch- und Spülmittel („Königin der Waschmittel") hat sie weitgehend eingebüßt. In Haushalt und Industrie verwendet man heute meist andere **w**asch**a**ktive **S**ubstanzen (**WAS**). Dabei ersetzte man die wasserfreundliche COO^--Gruppe des Seifenanions durch andere hydrophile Gruppen und gelangte so zu **synthetischen Tensiden**.

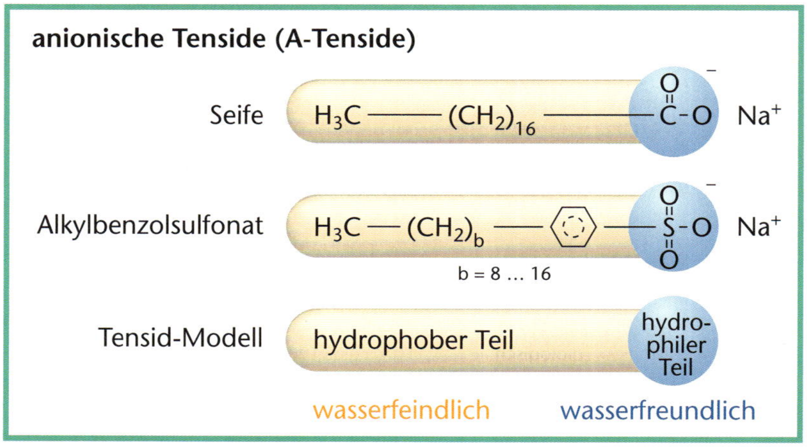

1 Wichtige Beispiele für anionische Tenside

2 Modernes Tensid und hartes Wasser (links) sowie Seifenlösung und hartes Wasser nach Schütteln

Die wichtigste Gruppe der in B1 dargestellten Tenside sind nach den Seifen die **linearen Alkylbenzolsulfonate** (LAS). Sie werden als „Arbeitspferde" der meisten Wasch- und Reinigungsmittel bezeichnet. Die Versuche mit solchen Tensiden (V3) zeigen uns:

Synthetische Tenside reagieren in wässriger Lösung nicht alkalisch, sind kaum säureempfindlich und sind auch in hartem Wasser wirksam.

Neben den anionischen Tensiden wurden inzwischen weitere Tensidklassen entwickelt (B4). Auch bei ihnen finden wir wieder den von den Seifenanionen gewohnten Bau: hydrophiler Teil – hydrophober Teil.

Bei der Synthese von Tensiden setzt man verstärkt auf **nachwachsende Rohstoffe**. Tenside, die auf dieser Grundlage hergestellt werden, sind leicht abbaubar und damit umweltfreundlich.

Synthetische Tenside und Umwelt. Eine unangenehme Überraschung erlebte man, als Ende der 50er-Jahre synthetische Tenside anstelle von Seife eingesetzt wurden. Auf den Gewässern bildeten sich Schaumberge. Man stellte bald fest, dass die neuen Verbindungen nicht mehr in genügendem Umfang durch Mikroorganismen abgebaut wurden. Der Grund: Die Moleküle bzw. Anionen der synthetischen Tenside besaßen im Gegensatz zu den Fettsäureanionen der Seifen stark verzweigte Kohlenwasserstoffketten und diese waren das Problem:

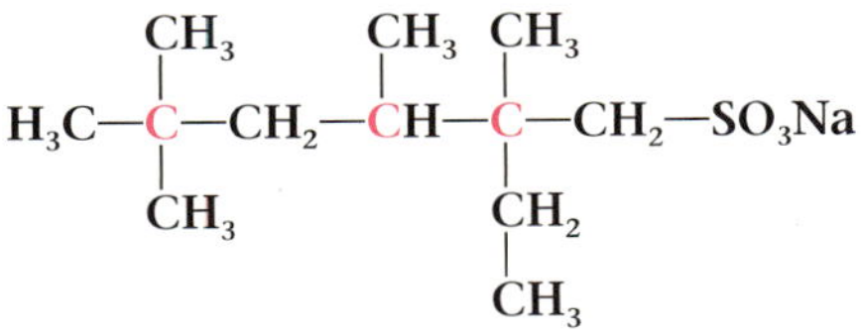

Tenside mit verzweigten Kohlenstoffketten können nur teilweise durch Mikroorganismen abgebaut werden. (An den markierten C-Atomen ist der Abbau gestört.)

3 Schaumberge auf Gewässern gehören der Vergangenheit an.

$$H_3C{-}CH_2{-}CH_2{-}CH_2{-}CH_2{-}CH_2{-}CH_2{-}CH_2{-}CH_2{-}CH_2{-}CH_2{-}CH_2{-}SO_3Na$$

biologisch weitgehend abbaubares Tensid

Wenn der **biologische Abbau** nicht möglich ist, besitzt ein Gewässer für diese Substanzen auch keine **Selbstreinigungskraft** mehr. Unter dem Druck entsprechender Gesetze (Verordnung zum Detergenziengesetz von 1964) hat die Waschmittelindustrie dieses Problem gelöst. Wasch- und Reinigungsmittel dürfen seitdem nur noch Tenside enthalten, die mindestens zu 80% biologisch abgebaut werden können. Das war mit viel Forschungsarbeit und beträchtlichen Kosten verbunden. Der sich rasch einstellende Erfolg lieferte jedoch ein Paradebeispiel dafür, wie wirksame Maßnahmen zum Schutz unserer vielfältig bedrohten Umwelt getroffen und durchgesetzt werden können.

Der biologische Abbau der heute verwendeten Tenside durch Mikroorganismen erfolgt so, wie es bei natürlichen Fettsäuren der Fall ist, und führt letztlich zu Kohlenstoffdioxid und Wasser. Dies muss in leistungsfähigen **Kläranlagen** geschehen. Tensidabwässer dürfen auf keinen Fall direkt in ein Gewässer gelangen, denn sie schädigen Fische und andere Wasserlebewesen.

Moderne synthetische Tenside sind waschaktive Substanzen ohne die Nachteile der Seifen.
Da Tenside bei den meisten Anwendungen weder verbraucht noch chemisch verändert werden, müssen sie in Kläranlagen vollkommen abgebaut werden.

A1 Beim Waschen mit Seife wird der „Säureschutzmantel" der Haut zerstört. Erklärung?

A2 Nach dem Waschen mit Seife kann man in der Wanne oder im Waschbecken Ablagerungen beobachten. Erklärung?

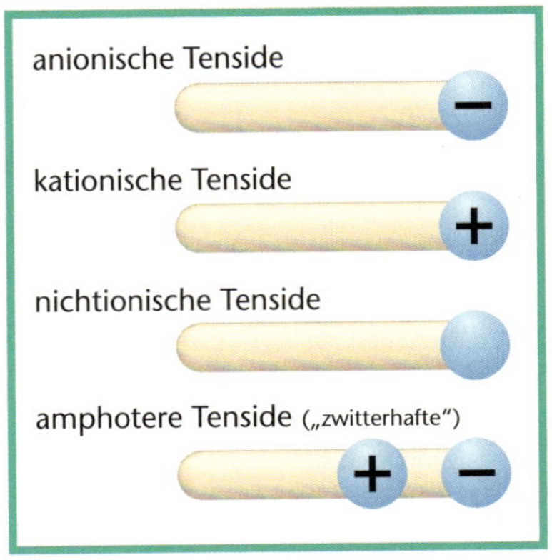

4 Tensidklassen (Modelldarstellung)

Info: Anionische und nichtionische Tenside haben weltweit einen Produktionsanteil von 90%.

45 Das Beste, das es je gab
Moderne Waschmittel

V1 Je drei kleine Baumwollstreifen werden mit Filzschreiber, Fett, Öl, Eigelb, Stärkekleister und Farbe beschmutzt. Jeweils ein Streifen davon wird in einer warmen (ca. 60 °C) Lösung Vollwaschmittel für ca. 5 Minuten eingeweicht. Die Streifen werden dabei mit der Pinzette bewegt. Mit einer Lösung eines Feinwaschmittels wird ebenso vorgegangen. Die Streifen werden in reinem Wasser ausgespült, beschriftet („1", „2"), getrocknet und mit den nicht gewaschenen Streifen verglichen! Beobachtung und Folgerung? (Versuchsdurchführung in Stationen oder mit zwölf Schülern)

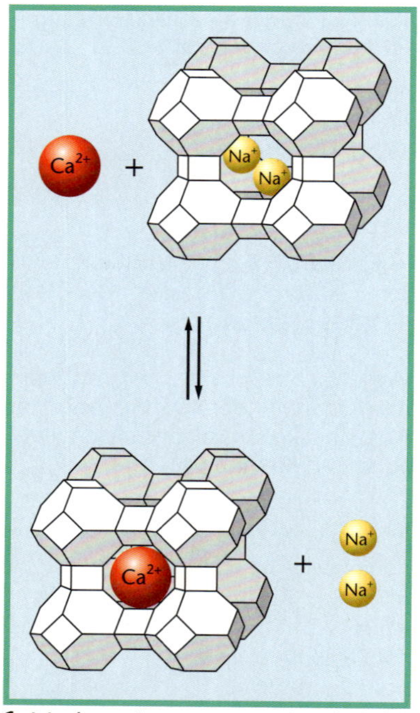

1 Moderne Ionenaustauscher (s. Info) holen Ca^{2+}-Ionen im Austausch gegen Na^+-Ionen aus dem Wasser.

Info: Zeolithe sind Natrium-Aluminium-Silicate, die Wasser enthärten, Kalkablagerungen verhindern und die Reinigungskraft unterstützen. Kristalline Schichtsilicate reagieren alkalisch, binden Calcium- und Magnesium-Ionen und „vertragen" sich mit dem Bleichmittel Percarbonat.

Viele Angebotsformen – ein Zweck: Schmutzentfernung. Moderne Waschmittel finden wir in Supermarktregalen als Gele, Tabletten, in flüssiger Form und als Pulver. Allen diesen „Formulierungen" ist gemeinsam, dass sie sehr wenig Raum einnehmen. Auf diese Weise kann Verpackungsmaterial eingespart und die Transportkosten können gesenkt werden. Da es sich um hochkonzentrierte Formulierungen handelt, werden nur geringe Waschmittelmengen pro Waschgang benötigt; sie müssen genau dosiert werden.

Viele Schmutzarten – viele Inhaltsstoffe. Waschmittel sollen öligen, fettigen, eiweißhaltigen und farbigen Schmutz von unterschiedlichen Gewebearten (Fasern) entfernen. Das Weiß soll strahlen, die Farben sollen leuchten und trotzdem soll die Wäsche schonend gewaschen werden. Das alles kann man nicht mit einem Stoff erreichen. Deshalb enthalten moderne Waschmittel viele unterschiedliche chemische Substanzen. Die vier wichtigsten Gruppen von Waschmittelinhaltsstoffen sind **Tenside, Gerüststoffe, Bleichmittel** und **Additive**. Unter den Additiven sind Eiweiß und Stärke spaltende Enzyme (Proteasen bzw. Amylasen) besonders wichtig. „Unwirksame" aber unverzichtbare Additive sind Duftstoffe!

Feinwaschmittel enthalten weder Bleichmittel noch optische Aufheller oder alkalische Substanzen. Sie werden bei besonders empfindlichen Geweben wie Wollgeweben eingesetzt.

Entfernung des Schmutzes durch Tenside: Nichtionische und anionische Tenside übernehmen hauptsächlich die Aufgabe der Schmutzentfernung, ohne die Nachteile der Seife aufzuweisen (s. Kap. 44). Spezielle Oberflächen wie Fußböden, Autolack oder Geschirr erfordern spezifische Tensidmischungen. Zunehmend finden nichtionische Tenside aus nachwachsenden Rohstoffen Verwendung. Sie reinigen schonend, sind biologisch gut abbaubar, aber in der Herstellung teurer als anionische Tenside.

Was ein Vollwaschmittel alles können muss: Die **Gerüststoffe** enthärten das Wasser durch Ionenaustausch. Die Härte bildenden Calcium- und Magnesium-Ionen werden gegen Natrium-Ionen ausgetauscht. Dafür eignen sich z. B. Zeolithe oder Schichtsilicate.

Umweltverträglichkeit. Polyphosphate wurden früher als „Enthärter" eingesetzt, sie haben aber zur Überdüngung der Gewässer geführt. Deshalb sind sie in Waschmitteln seit 1983 nicht mehr in Gebrauch. Generell sind Waschmittel seit den 80er-Jahren sehr viel umweltverträglicher geworden. Dennoch belasten die in großen Mengen verbrauchten Waschmittel die Umwelt.

Richtige Waschmitteldosierung und richtige Temperaturwahl sind wichtige Beiträge zum Umweltschutz und sie sparen Geld.

Für „**strahlendes Weiß**“ nutzt man einen Trick aus der Physik: Bestimmte Verbindungen („**Weißmacher**“) verstärken den relativen Anteil an blauem Licht, das von der Faser reflektiert wird. Dies ergibt zusammen mit dem gelblichen Grundton weißer Wäsche ein strahlendes Weiß. Farbstoffe wie Heidelbeer- oder Kirschsaft werden auf weißer Wäsche durch **Bleichmittel** entfärbt. Sie entwickeln Sauerstoff, der den Farbstoff durch Oxidation zerstört. Dies ist aber erst bei Temperaturen über 60 °C der Fall. **Bleichaktivatoren** ermöglichen diese Sauerstoffbleiche schon ab 30 °C.

Leuchtende Farben. Farbige Wäschestücke verblassen bei häufigem Waschen, weil von den Fasern abgeschilferte Teile den Farbeindruck verschlechtern. Bestimmte Enzyme lösen diese Faserteile ab. Die Farben wirken dadurch aufgefrischt. Spezielle Stoffe verhindern die Übertragung von Farben von einem Wäschestück auf ein anderes. Bunte Wäsche färbt sich so beim Waschen nicht gegenseitig ein.

Schmutz abweisende Zusätze: Verbindungen auf Polyesterbasis (s. Kap. *47) können auf vielen Fasermaterialien einen Überzug bilden und weisen so den Schmutz ab. Nach baumwollspezifischen Wirksubstanzen wird noch geforscht.

2 Zwei runde Papierfilter, bestrahlt mit kurzwelligem UV-Licht: links mit Leitungswasser befeuchtet, rechts mit der Lösung eines Vollwaschmittels „beschrieben“.

Hauptbestandteile von Waschmitteln sind Tenside, Gerüststoffe, Bleichmittel, Enzyme, Weißmacher und Duftstoffe.

A1 Wie wirken Enzyme in Waschmitteln?

A2 Wie können wir dazu beitragen, die Umwelt durch Waschmittelinhaltsstoffe so wenig wie möglich zu belasten?

A3 Suchen Sie aus dem Internet Angaben über die Zusammensetzung von Waschmitteln in Deutschland und im benachbarten Ausland!

A4 Wie heißen die Waschmittelinhaltsstoffe, die es ermöglichen, dass bei niedrigeren Waschtemperaturen genügend Sauerstoff zur Bleiche freigesetzt wird?

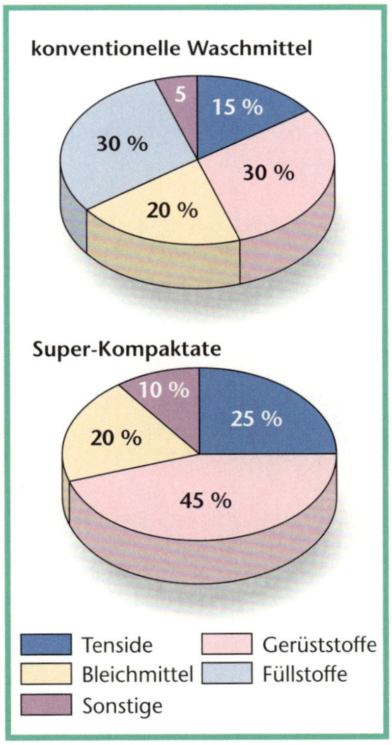

3 Vergleich konventioneller Waschmittel und moderner „**Super-Kompaktate**“: Super-Kompaktate enthalten keine Füll- und Hilfsstoffe.

46 Die hohe Kunst der Chemie Was sind Kunststoffe?

Aus der Geschichte. Kunststoffe verbinden wir zu Recht mit unserer modernen Zeit, in der sie alle Gebiete des persönlichen und gewerblichen Lebens durchdrungen haben. Es mag daher viele überraschen, dass bereits im 19. Jahrhundert Kunststoffe hergestellt wurden. Meistens war das den Chemikern ausgesprochen lästig, weil sich diese ungewollt entstandenen harzartigen Reaktionsprodukte („Kunstharze") in den Reaktionsgefäßen festsetzten und sich kaum mehr entfernen ließen. Ihr chemischer Aufbau blieb den Forschern lange unklar, sodass sie zunächst nicht viel mit ihnen anzufangen wussten. Der Durchbruch gelang zu Beginn des 20. Jahrhunderts, als man den hochmolekularen Aufbau dieser Stoffe erkannte. Entscheidendes leistete dabei **Hermann Staudinger**, der die theoretischen Grundlagen für die Kunststoffchemie schuf. Er führte 1922 den Begriff **Makromoleküle** ein. Den ersten echten Kunststoff, der technische Bedeutung erlangte, schuf L. H. **Baekeland** (Bakelit!). W. H. **Carothers** gelang 1934 die Herstellung einer Kunstfaser, die unter dem Namen Nylon einen Siegeszug um die Welt antreten sollte.

1 Hermann Staudinger (1881 bis 1965), Professor der Chemie in Karlsruhe, Zürich und zuletzt Freiburg, schuf die theoretischen Grundlagen für die Kunststoffchemie.

Was sind Kunststoffe? Zu Beginn des letzten Jahrhunderts hatte man erkannt, dass das entscheidende Merkmal der Kunststoffe ihr Aufbau aus Makromolekülen ist. Makromolekulare Stoffe finden wir auch in der Natur, z. B. Eiweiß, Polysaccharide (Stärke, Cellulose), Naturkautschuk. Die ersten Kunststoffe erhielt man, indem man makromolekulare Naturstoffe chemisch so veränderte, dass sie gewünschte Werkstoffeigenschaften erhielten.

A1 Welche Naturstoffe bestehen aus Makromolekülen?

A2 Welches Element ist in Kunststoffen nach unserer Definition immer enthalten?

Kunststoffe sind makromolekulare organische Werkstoffe.

3 Bakelit war ein beliebtes Material für Radiogehäuse und Telefonapparate.

2 Vergrößert man ein Polyethenmolekül in Gedanken auf die Dicke 1 m, dann könnte es bis zu 5 km lang sein.

Der Aufbau von Makromolekülen ist im Prinzip sehr einfach: Sie bestehen aus Molekülbausteinen, die in großer Zahl (einige hundert bis über 100 000) chemisch miteinander verknüpft sind. Wir kennen bereits die Aminosäuren als Bausteine der Eiweißstoffe oder Glucosemoleküle, die miteinander zu Stärke und Cellulose reagieren können. Man nennt die Bausteine, aus denen Riesenmoleküle (**Polymere**) aufgebaut sind, **Monomere**.

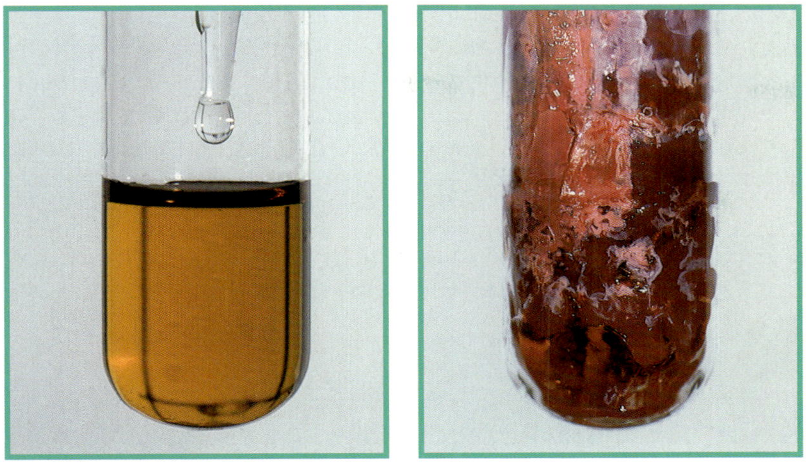

4 Herstellung eines Kunstharzes (V1)

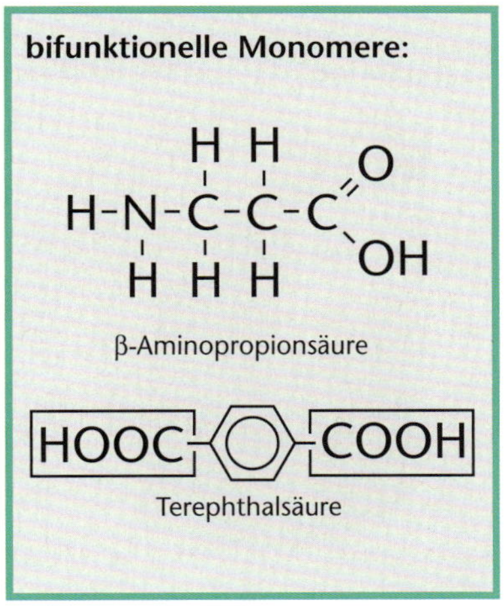

Bausteine der Kunststoffe. Monomere, aus denen Makromoleküle aufgebaut werden sollen, müssen eine ganz bestimmte Funktion erfüllen – sie müssen mindestens **bifunktionell** sein. Das bedeutet, an jedem Monomer befinden sich mindestens zwei Stellen, an denen Bindungen geknüpft werden können. Nur dann ist eine Vereinigung zu großen Molekülen möglich. Wir können solche Monomere mit Eisenbahnwaggons vergleichen, die sich wegen der je zwei Kupplungsmöglichkeiten zu langen Zügen zusammenstellen lassen.

Sind die Monomere tri- oder sogar polyfunktionell, so können auch verzweigte oder vernetzte Makromoleküle entstehen.
Viele Monomere, aus denen wichtige Kunststoffe gewonnen werden, enthalten eine **Doppelbindung**, z. B. Ethen $CH_2{=}CH_2$. Durch Aufspaltung der Doppelbindung entstehen jeweils zwei freie (ungepaarte) Elektronen, an denen die Verbindung mit weiteren Molekülen erfolgen kann.
Geeignete Monomere werden großtechnisch vor allem aus Erdölprodukten gewonnen. Dafür benötigt die Kunststoffindustrie ca. 4% der aus den Raffinerien kommenden Erdölprodukte.

Kunststoffe werden durch Umwandlung hochmolekularer Naturstoffe oder durch Synthese aus geeigneten Monomeren gewonnen.

A3 Wieso kann man Ethen als bifunktionelles Molekül bezeichnen?

A4 Schlagen Sie einen geeigneten Bindungspartner für das abgebildete Terephthalsäuremolekül vor! Nach welchem uns bereits bekannten Reaktionstyp würde die Makromolekülbildung erfolgen?

V1 **Vorsicht! Schutzbrille, Abzug!** In ein Reagenzglas gibt man etwa 4 cm hoch Resorcin und so viel Formalin, dass das Resorcin gerade davon bedeckt wird. Durch vorsichtiges Erwärmen löst man das Resorcin. Dann fügt man einige Tropfen Natronlauge (ca. 20%ig) oder konzentrierte Salzsäure dazu. Vorsicht, die Reaktion kann sehr heftig ablaufen!

* 47 Größe ist gefragt. Synthese von Kunststoffen

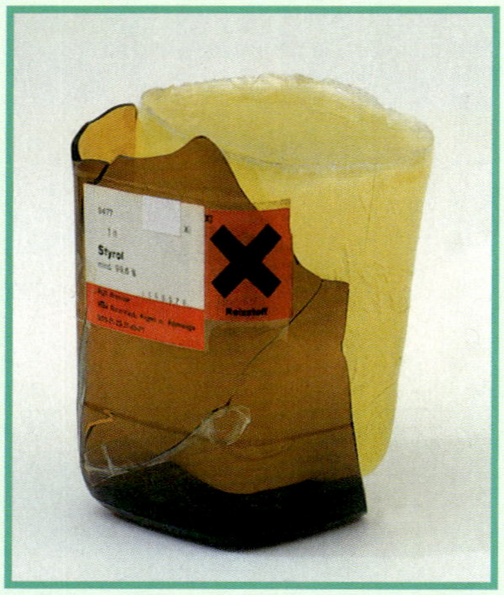

1 In dieser Flasche entstand aus Styrol im Lauf der Zeit Polystyrol.

Überraschung! B1 zeigt das Ergebnis eines interessanten Vorgangs. In der Flasche war Styrol, $H_2C{=}CH{-}C_6H_5$. Das ist eine Flüssigkeit, die sich im Lauf der Zeit in einen Feststoff umwandelte und dabei die Flasche sprengte.

Vom Monomer zum Polymer. Wie aus vielen kleinen Bausteinen (Monomeren) ein Kunststoff entsteht, haben wir am einfachsten Beispiel kennengelernt: Durch den Vorgang der **Polymerisation** entsteht aus dem gasförmigen **Ethen** das feste **Polyethen** (Polyethylen; **PE**), einer der wichtigsten Kunststoffe im Alltag und in der Technik (s. Kap. 20).

Bei einer Polymerisation verbinden sich viele kleine, ungesättigte Moleküle unter Aufspaltung der Doppelbindung zu Makromolekülen.

Vom einfachen Ethen lassen sich wichtige Ausgangsstoffe für die Kunststoffproduktion ableiten, indem man einzelne oder alle Wasserstoffatome durch andere Atome oder Atomgruppen ersetzt. Beim **Styrol**molekül ist ein Wasserstoffatom durch den Phenylrest $-C_6H_5$ ersetzt. Styrol lässt sich sehr leicht polymerisieren, wie B1 zeigt. In der Technik startet man Polymerisationsreaktionen durch Zufuhr von Licht, Wärme oder sogenannten **Starter**substanzen (V1). Dabei werden die Doppelbindungen aufgespalten und die Moleküle vereinigen sich zu **Makromolekülen** – aus Styrol wird **Polystyrol**:

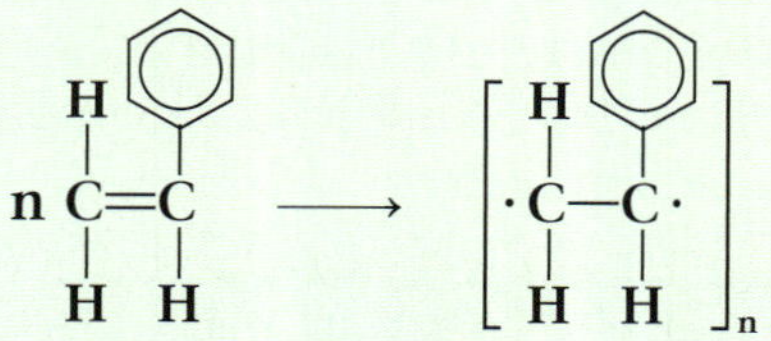

A1 Nennen Sie Beispiele für Kunststoffe, die durch Polymerisation hergestellt werden! Wozu werden sie verwendet? Können dafür andere Werkstoffe eingesetzt werden?

Styropor ist aufgeschäumtes Polystyrol, ein viel verwendetes Dämm- und Verpackungsmaterial. Weitere Massenkunststoffe, die durch Polymerisation hergestellt werden, sind z. B. **Polypropen (PP)**, **Polyvinylchlorid** (Polymonochlorethen; **PVC**) und **Polytetrafluorethen (PTFE)**.

Wichtigstes Aufbauprinzip in der Natur. Makromoleküle werden in der Natur durch **Polykondensation** aufgebaut. Beispiele: Stärke und Cellulose durch Kondensation von Glucosemolekülen, Eiweiß durch Kondensation von Aminosäuremolekülen. Dabei wird als Nebenprodukt jeweils Wasser abgespalten.

Die Vereinigung vieler Monomere zu Makromolekülen unter Abspaltung eines Nebenproduktes nennt man Polykondensation.

2 Trevira – eine Polyesterfaser

Voraussetzung für eine Polykondensation sind Monomere, die **mindestens bifunktionell** sind. So kann man den zweiwertigen Alkohol Ethandiol (Glykol) mit einer Dicarbonsäure verestern. Das entstandene Produkt ist ein **Polyester**, aus dessen linearen Fadenmolekülen **Synthesefasern** hergestellt werden können (Handelsnamen: Trevira®, Diolen®):

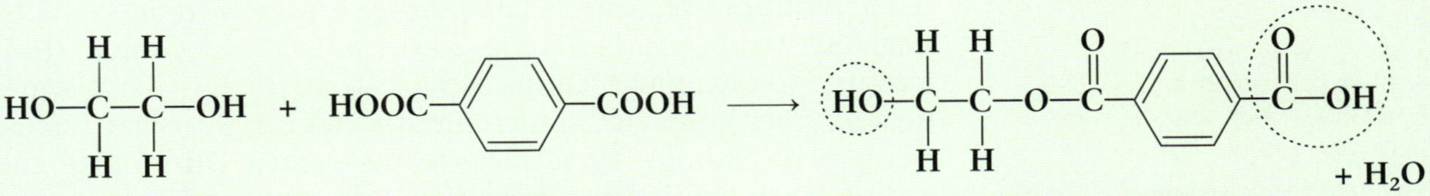

Glycol Terephthalsäure Polyethenterephthalat (PET)

An den gekennzeichneten Enden des gebildeten Moleküls kann wieder ein Säuremolekül (links) bzw. ein Alkoholmolekül (rechts) durch Veresterung gebunden werden; so lange, bis Makromoleküle entstanden sind.

Die „klassischen" Synthesefasern Nylon und Perlon werden ebenfalls durch Polykondensation hergestellt. Beide Kunststoffe enthalten wie die Eiweiße „Peptidbindungen", es sind **Polyamide**.

Stark **vernetzte Makromoleküle** liegen bei den **Phenoplasten** (Beispiel: Bakelit) und bei den **Aminoplasten** (s. V2) vor.

3 Nylon war 1935 das Rohmaterial für die erste Fallschirmseide.

Polymerisation und Polykondensation sind wichtige Synthesereaktionen zur Herstellung von Kunststoffen. In beiden Fällen werden reaktionsfreudige Monomere zu Makromolekülen verbunden.

V1 **Vorsicht! Abzug, Schutzhandschuhe, Schutzbrille!** In ein Reagenzglas gibt man 5 ml Styrol und rührt mit einem Glasstab 0,5 g Dibenzoylperoxid ein. Das Reagenzglas stellt man in ein Wasserbad und erhitzt auf ca. 90 °C. Der Reagenzglasinhalt wird langsam fest.

A2 In welchen Naturstoffen finden wir die NH—CO-Gruppe?

V2 **Vorsicht! Schutzbrille, Abzug!** 10 g Harnstoff werden in 30 ml Formalin gelöst; dann gibt man etwa 1 bis 2 ml konz. Salzsäure dazu und schwenkt den Behälter kurz um.

48 Das Innenleben entscheidet. Kunststoffe – Struktur und Eigenschaften

V1 Man legt nacheinander Proben verschiedener Kunststoffe auf eine Heizplatte (ca. 60 °C). Dann nimmt man die Proben mit der Tiegelzange weg und prüft, ob sie verformt werden können.

Info:
aus dem Griechischen:
- thermos = warm
- plastos = geformt
- elastos = dehnbar
- meros = Teil

aus dem Lateinischen:
- durus = hart

Verhalten der Kunststoffe beim Erwärmen. In V1 kann man ein unterschiedliches Verhalten der Kunststoffproben beim Erhitzen feststellen. Eine Gruppe wird ohne erkennbare Veränderung beim Erwärmen weich und formbar (plastisch); einige Proben schmelzen sogar. Diese Kunststoffe werden beim Abkühlen wieder fest und können durch erneutes Erwärmen wieder plastisch gemacht werden. Man nennt diese Gruppe von Kunststoffen **Thermoplaste**. Eine zweite Gruppe erweist sich als verhältnismäßig temperaturbeständig. Kunststoffe dieser Gruppe sind hart und spröde, nicht schmelzbar und auch nicht in der Wärme formbar. Bei höheren Temperaturen werden sie zersetzt (Bräunung, Schwärzung). Diese Kunststoffe werden **Duroplaste** genannt. Noch eine dritte Gruppe von Kunststoffen lässt sich unterscheiden. Es sind **Elastomere**. In der Kälte sind sie hartelastisch, werden aber beim Erwärmen gummielastisch.

Nach ihrem Verhalten beim Erwärmen kann man Kunststoffe in Thermoplaste, Duroplaste und Elastomere einteilen.

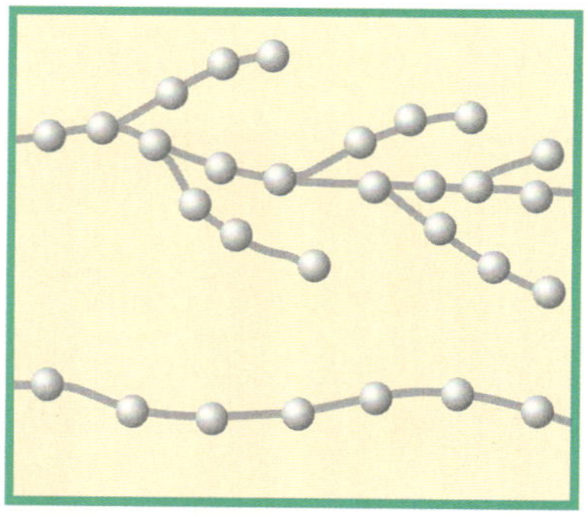

1 Thermoplaste: locker verbundene Makromoleküle

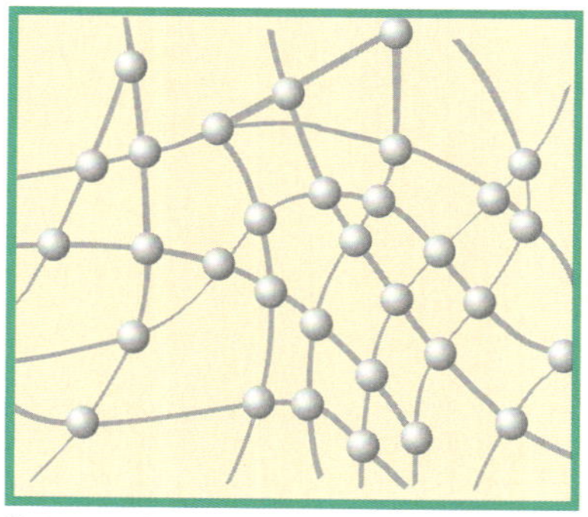

2 Duroplaste: eng vernetzte Makromoleküle

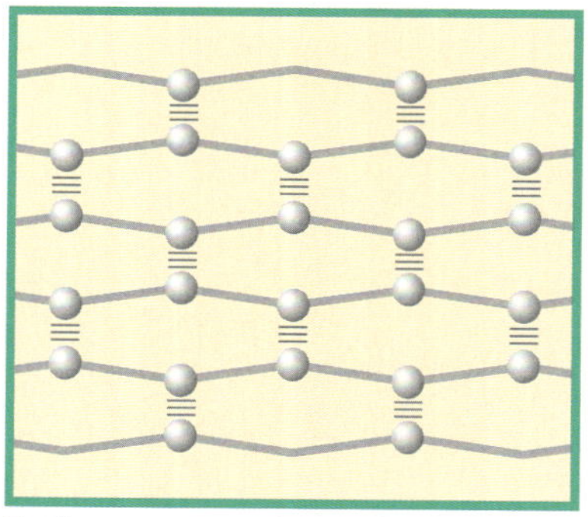

3 Elastomere: weitmaschig verknüpfte Makromoleküle

A1 Welche Kunststoffklassen kann man hinsichtlich ihres Verhaltens beim Erhitzen unterscheiden?

Das Verhalten dieser drei Gruppen von Kunststoffen hängt mit der besonderen Anordnung und Verknüpfung ihrer Makromoleküle zusammen. Bei den **Thermoplasten** liegen kettenförmig oder strauchähnlich verzweigte Molekülketten lose nebeneinander. Dadurch sind diese Kunststoffe in der Wärme formbar (Zu-

nahme der Molekülbewegung). Bei den **Duroplasten** bilden die Makromoleküle ein eng verknüpftes, starres Netzwerk. Sie können deshalb auch nicht verformt werden. Diesen Zustand behalten sie bis zur Hitzezersetzung. Bei den **Elastomeren** ist die Vernetzung nur weitmaschig; die Moleküle sind dennoch lose nach allen Richtungen miteinander verbunden. Deshalb sind sie gummielastisch.

Maßgeschneiderte Werkstoffe. Durch gezielte Maßnahmen können die Eigenschaften der Kunststoffe beeinflusst werden. So erhält man durch Zugabe bestimmter **Füllstoffe** bei manchen Kunststoffen z. B. eine Erhöhung der Festigkeit und eine Verbesserung der Oberflächenbeschaffenheit. Kunststoffe, die mit Fasern (Glas-, Kohlenstofffasern) verstärkt sind, nennt man **Verbundwerkstoffe**. Sie sind als **Hightech-Materialien** bereits unverzichtbar im modernen Fahrzeugbau und bei bestimmten Sportgeräten. Durch Zugabe von sogenannten **Weichmachern** (niedermolekulare Substanzen, z. B. bestimmte Ester) wird aus dem normalerweise harten PVC ein weiches, plastisches Produkt, bestens geeignet für die Herstellung von Folien und Planen. Auch die **elektrische Leitfähigkeit**, die bei Kunststoffen normalerweise äußerst gering ist, kann durch Veränderung der Struktur oder durch Aufdampfen von Metallen gezielt beeinflusst werden. Bei den meisten Polymerisaten ist die Zugabe von **UV-Stabilisatoren** notwendig, um eine Verbesserung der Lichtbeständigkeit (Alterungsschutz!) zu erreichen.

V2 Vorsicht! Abzug! Ein Becherglas (50 ml) füllt man zur Hälfte mit Methanol und gibt dazu eine Folie aus PVC. Dann stellt man das Becherglas auf eine Heizplatte und erwärmt etwa 30 Minuten.
Anschließend nimmt man die Folie heraus, lässt sie kurz trocknen und vergleicht sie mit unbehandelter PVC-Folie.

Hinweis: Methanol ist ein Lösemittel für Weichmacher.

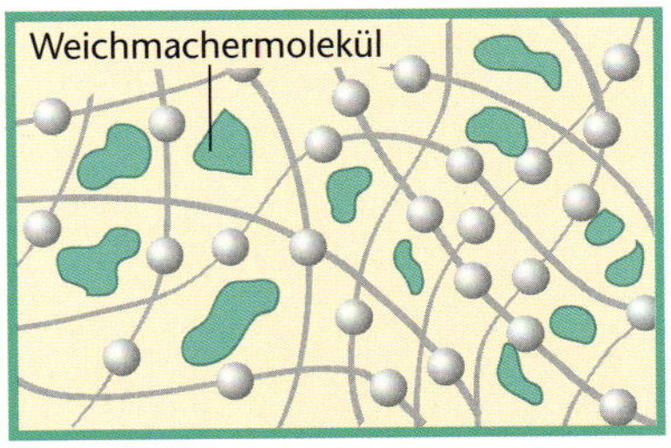

4 Wirkung eines Weichmachers (Modell): Die Makromolekülketten werden auseinander gedrängt.

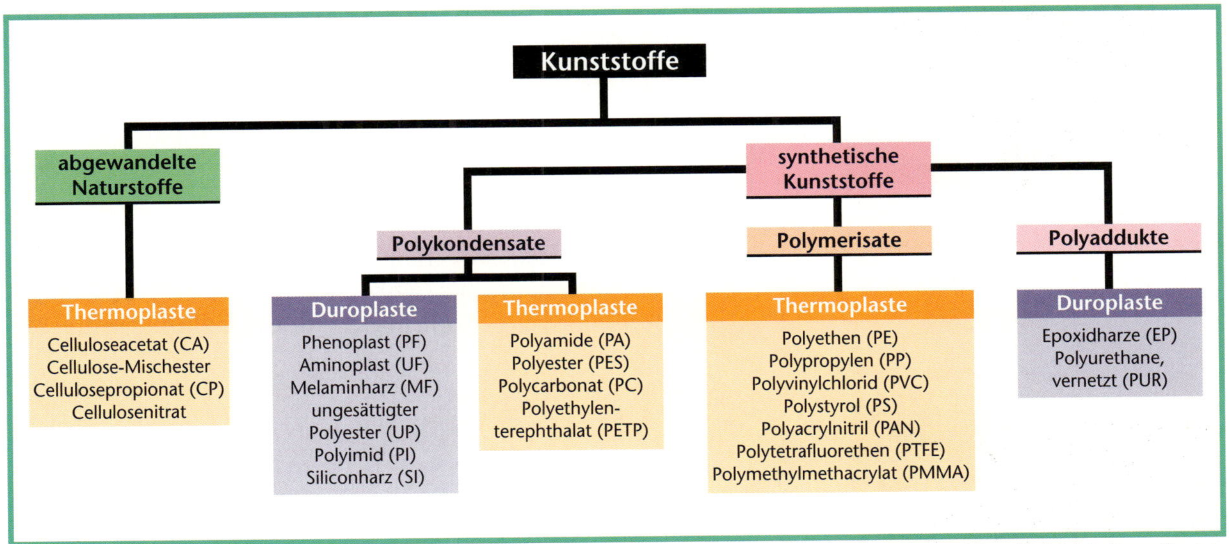

5 Einteilung gebräuchlicher Kunststoffe nach ihrer Bildungsreaktion und ihrer Eigenschaft als Duroplast oder Thermoplast

Die Struktur der Kunststoffe bestimmt weitgehend ihre mechanischen und chemischen Eigenschaften. Durch gezielte Veränderungen der Kunststoffe lassen sich „Werkstoffe nach Maß“ herstellen.

49 In der Machbarkeit liegt Verantwortung. Bedeutung und Problematik der Kunststoffe

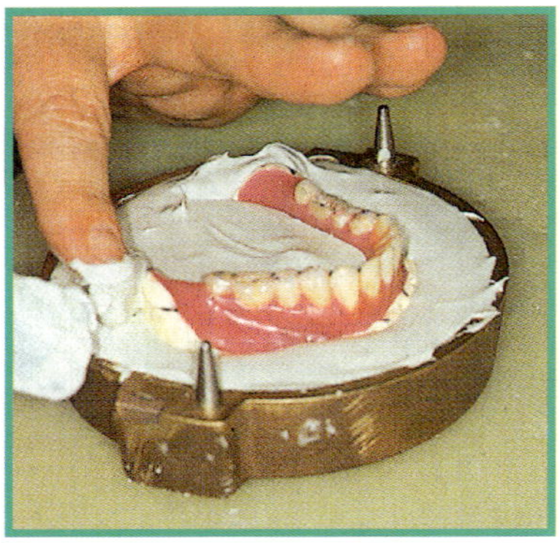

1 Bei den Herstellungsschritten für eine Zahnprothese müssen anorganische und polymere Werkstoffe optimal aufeinander abgestimmt sein.

Im Alltag unersetzlich. Dichte, Wärmeleitfähigkeit und elektrische Leitfähigkeit sind bei Kunststoffen geringer als bei anderen Materialien, wie z. B. Metallen. Daraus erklärt sich ihr Einsatz im Fahrzeugbau und als Wärmedämmplatten im Bauwesen. Aber auch die geringen Abmessungen von Kühlschränken wären ohne entsprechendes Dämmmaterial nicht möglich. Als Isolator in der Elektrotechnik sind Kunststoffe ebenso unentbehrlich. Mittlerweile gibt es aber auch schon leitfähige Kunststoffe, die für die Energiespeicherung eine Rolle spielen können. Die CD aus Polycarbonat hat als Datenträger in den letzten Jahren die Schallplatte fast verdrängt. Als Speichermedium CD-ROM für den Computer ist sie noch relativ neu. Noch leistungsfähiger ist die DVD. Eine Besonderheit ist die Entwicklung von Polymergeweben mit extremer Saugfähigkeit (z. B. Babywindeln).

Der richtige Kunststoff für den richtigen Zweck. Obwohl die Bandbreite für den Einsatz von Kunststoffen vom Verpackungsmaterial bis zum Hubschrauber-Rotorblatt reicht, hat der Einsatz von Kunststoffen auch **Grenzen** (geringe Temperaturbeständigkeit von Thermoplasten). Aber auch hier geht die Entwicklung weiter zu Polymeren (Hochleistungs-Thermoplasten) mit hoher Temperaturbeständigkeit für Flugzeug-, Schiff- und Tunnelbau. Dies bedeutet aber letztlich nur, dass der **richtige Kunststoff** aus der Palette der Möglichkeiten für den jeweiligen **Zweck** ausgewählt werden muss. Für die Zukunft zeichnen sich mehrere Wege ab: weitere Veredelung von Standardkunststoffen durch Steuerung der Aufbaureaktionen und fortschrittliche Verarbeitung. So erhält man durch gezielte Polymerisation PE-Folien, die sich selbst mit spitzen Gegenständen nicht durchbohren lassen. Mischungen aus mehreren Kunststoffen (Blends) führen zu verbesserten Werkstoffeigenschaften, z. B. hinsichtlich der Schlagzähigkeit. Polypropylen, welches zur Kristallisation fähig ist, liefert hochsteife Pkw-Stoßfänger.
Spezialpolymere liefern Impulse für Mikroelektronik, Sensortechnik und Biomedizin. Sie machen aber mengenmäßig nur einen geringen Anteil an der Kunststoffproduktion aus. Wirtschaftlich bilden die spezialisierten Standardkunststoffe die Basis.

2 Für die Anti-Radar-Beschichtung spielen Kunststoffe eine entscheidende Rolle.

Maßgeschneiderte Kunststoffe können viele Probleme lösen, wenn sie sinnvoll eingesetzt werden. Bei der Entwicklung neuer Kunststoffe sollte heute aber auch bereits an das Recycling gedacht werden!

3 Faltenbalg aus Polyurethan für einen Gelenkbus

Kunststoffe im Hausmüll. Während bei der Herstellung und Verarbeitung von Kunststoffen die Prinzipien des Vermeidens und des Verwertens von (sortenreinen) Kunststoffabfällen gut funktionieren, ist das beim Hausmüll nicht der Fall. Der Gewichtsanteil der Kunststoffe im Hausmüll beträgt etwa 5–7%, der Volumenanteil ist jedoch doppelt so hoch. Insgesamt sind mit dem Hausmüll etwa 2 Millionen Tonnen Kunststoff pro Jahr zu entsorgen. Das entspricht etwas weniger als 1% des gesamten Müllaufkommens pro Jahr. Das bedeutete in der Vergangenheit, dass sie vorwiegend deponiert wurden. Der drastische Mangel an Deponieflächen setzt dieser Art der Entsorgung jedoch enge Grenzen. In der Deponie selbst verhalten sich Kunststoffe umweltneutral, denn sie verrotten nicht.
Nach dem Gesetz über die Vermeidung und Entsorgung von Abfällen ist **vorrangig** für eine **Verwertung** der Kunststoffabfälle zu sorgen. Dies ist ökologisch und auch ökonomisch sinnvoll, denn Kunststoffe sind zu schade, um sie nach Gebrauch zu deponieren. Eine Form der Verwertung ist zweifellos die Verbrennung, denn der Heizwert der Kunststoffe ist beachtlich (s. Tabelle). Auf diese Weise lassen sich in Müllverbrennungsanlagen Fernwärme und Strom gewinnen. Moderne Rauchgasreinigungsanlagen und kontrollierte Verbrennungsbedingungen stellen sicher, dass von Müllheizkraftwerken keine schädlichen Emissionen ausgehen. Als besonderes Problem wurden in diesem Zusammenhang die PVC-Abfälle gesehen, denn bei der Verbrennung entstehen u. a. Chlorwasserstoffgas bzw. Salzsäure (V1).

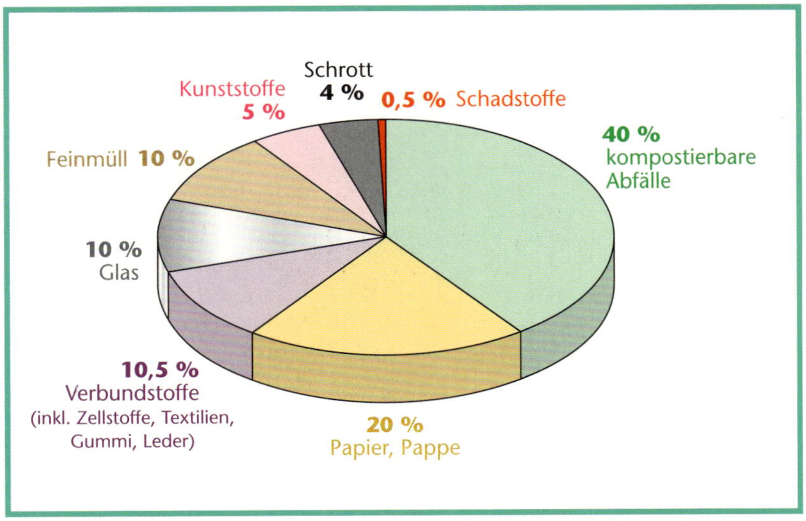

5 Zusammensetzung des Hausmülls (in Gewichtsprozenten). Der Volumenanteil der Kunststoffe ist doppelt so hoch wie der Gewichtsanteil.

Heizwert verschiedener Materialien

Polystyrol	ca. 46 000 kJ/kg
Polyethen	ca. 46 000 kJ/kg
PVC	ca. 49 000 kJ/kg
Heizöl	ca. 44 000 kJ/kg

V1 **Abzug!** Eine PVC-Probe wird in die Flamme gehalten und ein feuchtes Indikatorpapier in die aufsteigenden Dämpfe (B4). Erklärung?

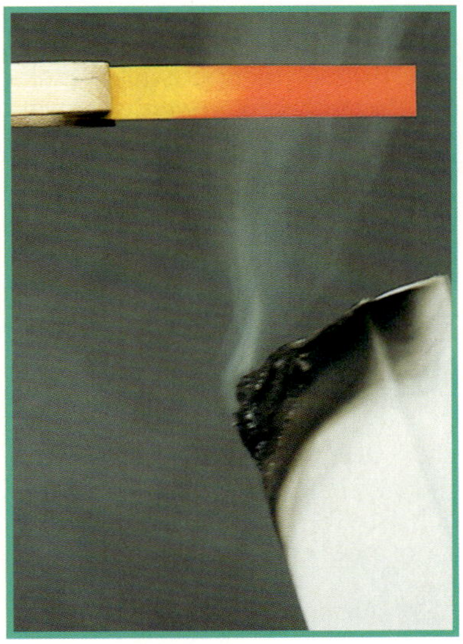

4

V2 Schutzbrille! Zwei Streifen Trevira-Gewebe (ca. 5 cm × 1 cm) werden in einem Erlenmeyerkolben in ca. 15 ml methanolischer Kalilauge (ca. 20%) vorsichtig erhitzt (Siedesteinchen!). Nach ca. 5 Minuten entnimmt man eine Probe und versetzt mit verdünnter Schwefelsäure (c = 2 mol/l)! Beobachtung?

V3 Abzug! Klein geschnittene Stücke eines gereinigten Polystyrol-Joghurtbechers (PS) lassen sich thermisch depolymerisieren: Die Polystyrolschnitzelchen werden in einem großen Reagenzglas mit dem Brenner im Abzug erhitzt und die überdestillierenden Dämpfe werden im zweiten, in Eiswasser befindlichen Reagenzglas aufgefangen. Man erhält eine wasserklare Flüssigkeit: Styrol. Prüfen Sie das Verhalten gegenüber Bromwasser!

A1 Welches Problem bereiten Kunststoffe im Müll? Welche Lösungsmöglichkeiten gibt es?

A2 Welchen Eindruck hinterlassen „Müllberge" beim unbefangenen Betrachter? Welche Bestandteile des Hausmülls werden in erster Linie für die Müllberge verantwortlich gemacht? Betrachten Sie die Abbildung und nehmen Sie differenziert Stellung!

Fortschritte bei der Abfallverminderung und -verwertung. Leistungsfähige Kunststoffe und verbesserte Verarbeitungsverfahren haben dazu beigetragen, dass für gleiche Problemlösungen immer weniger Kunststoffmaterial benötigt wird. Dies wird im Packmittelbereich besonders deutlich, wo Gewichtseinsparungen bis zu 50% und mehr feststellbar sind, z. B. bei Tragetaschen und Joghurtbechern (Gewicht von 12 g auf 4,5 g reduziert). Durch wiederholte Verwendung wird eine deutliche Abfallentlastung erreicht, z. B. durch Mehrweggetränkeflaschen. Eine wichtige Weichenstellung für die Zukunft ist die Entwicklung von Wiederverwertungsverfahren von Kunststoffen.

Verwertung durch Materialrecycling oder Werkstoffrecycling. Unter Materialrecycling versteht man das Wiederaufschmelzen thermoplastischer Kunststofferzeugnisse mit anschließender Formgebung zu einem neuen Produkt. Über 500 000 t werden auf diesem Weg pro Jahr wieder verwertet. Eine wichtige Voraussetzung ist aber **Sortenreinheit**. Beispiele: Telefongehäuse, Polyamide aus Fahrzeugbau, Glasfaser-verstärktes Polypropylen im Kfz-Bau, expandierbares Polystyrol. Vermischte Kunststoffe liefern z. B. Blumenkübel, Parkbänke, mobile Verkehrsschilder, Bauelemente für Lärmschutzwälle.
Im Zusammenhang mit der Entsorgung von Kunststoffabfällen ist die Reihenfolge bindend:

Vermeiden – Verwerten – Beseitigen

6 Geschredderte Polyolefinabfälle lassen sich zu flüssigen Produkten umsetzen, die in Raffinerien wie Rohöl verarbeitet werden können.

Rohstoffrecycling. Sind Produktkreisläufe nicht (mehr) möglich, kann die Verwertung von Kunststoffabfällen auf der Grundlage von Material- und Stoffkreisläufen erfolgen: eigentliches **Kunststoffrecycling oder Rohstoffrecycling**. Derzeit werden verschiedene technische Verfahren erprobt, wie aus Kunststoffabfällen wieder chemische Grundstoffe als Ausgangsstoffe für Synthesen zurückgewonnen werden können. Hierzu stehen grundsätzlich zwei chemisch-technische Methoden zur Verfügung:

Umkehrung der Polyreaktion. Das ist die chemische Rückspaltung der Polymere, z. B. Spaltung von Polyestern zu Carbonsäuren und Alkoholen durch Hydrolyse (V2) oder Zerlegung eines Polymeren in seine Bausteine (Depolymerisation, V3). Nach diesem Prinzip können im Idealfall die Ausgangsstoffe für eine neue Polyreaktion wiedergewonnen werden, z. B. Polyole bei der Polyurethanspaltung oder Bausteine zur Herstellung von Perlon und Nylon.

Hitzespaltung von Kunststoffen. (Pyrolyse: pyro = Feuer, lyein = lösen) Bei diesen Methoden werden in einem Reaktor bei 700–800 °C die Polymere in niedermolekulare Bruchstücke zersetzt, **nicht** verbrannt. Als Zersetzungsprodukte erhält man Gemische aus gasförmigen und flüssigen **Kohlenwasserstoffverbindungen**, z. B. Pyrolyseöl mit einem hohen Anteil an Aromaten. Die Hauptbestandteile können abgetrennt und wieder für chemisch-industrielle Verfahren eingesetzt werden. Nah verwandt ist ein Verfahren, bei welchem Kunststoffe bei erhöhten Temperaturen und Drücken in Gegenwart von Wasserstoff zu Kohlenwasserstoffen abgebaut werden. Vereinfacht dargestellt, kehrt man auf diese Wiese wieder zu Erdölbestandteilen zurück – der Kreislauf hätte sich geschlossen. Heiß umstritten ist jedoch die Energiebilanz bei dieser Form des Kunststoffrecyclings. Was wissenschaftlich-technisch möglich ist, muss sich noch unter wirtschaftlich-industriellen Bedingungen bewähren. Als Ziel gilt es, Ökonomie und Ökologie zu verbinden.

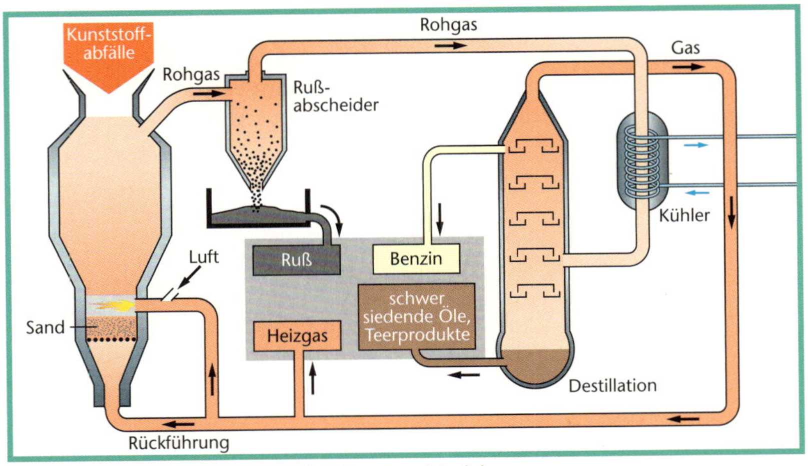

7 Schematische Darstellung des Pyrolyse-Verfahrens

8 Anfang und Ende einer Pyrolyse

Recycling von Kunststoffabfällen ist auf verschiedenen Wegen möglich. Materialrecycling führt zu neuen Kunststoffprodukten. Durch chemische Abbaureaktionen (Hydrolyse, Pyrolyse) lassen sich Grundstoffe für neue Synthesen gewinnen: Rohstoffrecycling.

Alles im Griff?

1. Probier's aus!

a) Füllen Sie Wasser in ein flaches Gefäß. Legen Sie eine Büroklammer ganz vorsichtig auf die Wasseroberfläche.

b) Geben Sie vorsichtig einen Tropfen Wasser in die Nähe der Büroklammer.

c) Geben Sie vorsichtig einen Tropfen Seifenlösung in die Nähe der Büroklammer.

Erklären Sie Ihre Beobachtungen bei a), b) und c)!

2. Der Text fehlt!

Vielleicht einmal in Germanien …

a) Erzählen Sie zu den Bildern eine passende Geschichte!

b) Formulieren Sie eine mögliche Reaktionsgleichung!

3. Stutzig experimentiert!

In einem Reagenzglas befinden sich Seifenlösung und Olivenöl, im anderen Wasser und Olivenöl. Stutzig schüttelt die beiden Reagenzgläser. In welchem Gefäß ist die Seifenlösung? Begründen Sie Ihre Entscheidung!

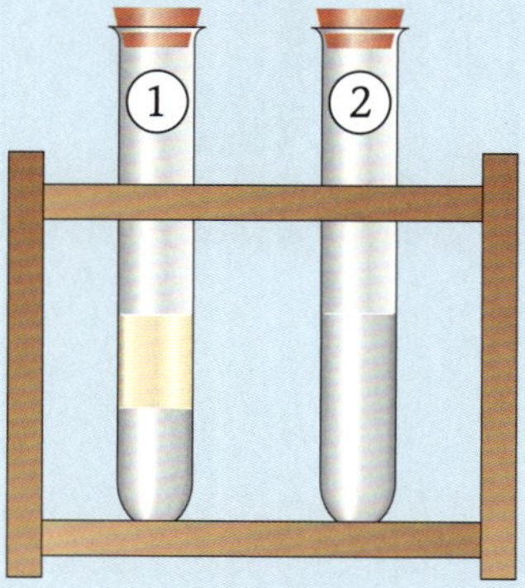

4. Tenside im Test!

Der OECD-Test (OECD: Organisation für wirtschaftliche Zusammenarbeit und Entwicklung) überprüft die biologische Abbaubarkeit der Tenside. Beschreiben Sie mithilfe folgender Ausdrücke den vermutlichen Ablauf des Tests.

… abbauen …

… Tenside-Lösung …

… mindestens 80 % …

… Abbauprodukte …

… versetzen …

… nach 19 Tagen …

… nicht mehr Oberflächen entspannend …

… Abwasserbakterien …

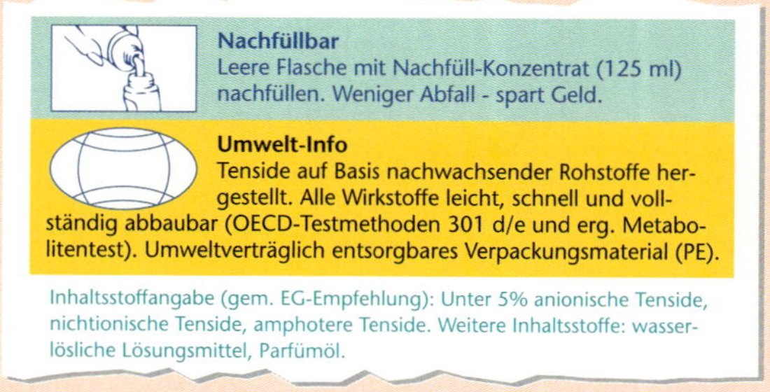

Nachfüllbar
Leere Flasche mit Nachfüll-Konzentrat (125 ml) nachfüllen. Weniger Abfall - spart Geld.

Umwelt-Info
Tenside auf Basis nachwachsender Rohstoffe hergestellt. Alle Wirkstoffe leicht, schnell und vollständig abbaubar (OECD-Testmethoden 301 d/e und erg. Metabolitentest). Umweltverträglich entsorgbares Verpackungsmaterial (PE).

Inhaltsstoffangabe (gem. EG-Empfehlung): Unter 5% anionische Tenside, nichtionische Tenside, amphotere Tenside. Weitere Inhaltsstoffe: wasserlösliche Lösungsmittel, Parfümöl.

* 5. Die Chemie der Nylonstrümpfe.

Nylon ist ein Polyamid aus den Monomeren 1,6-Diaminohexan $H_2N\text{-}CH_2\text{-}CH_2\text{-}CH_2\text{-}CH_2\text{-}CH_2\text{-}CH_2\text{-}NH_2$ und Adipinsäure $HOOC\text{-}CH_2\text{-}CH_2\text{-}CH_2\text{-}CH_2\text{-}COOH$.

a) Beschreiben Sie den Versuch zur Herstellung eines Nylonfadens!
b) Formulieren Sie die Reaktionsgleichung zur Herstellung von Nylon! Verwenden Sie Strukturformeln!
c) Um welchen Reaktionstyp handelt es sich?
d) Nylonfäden werden durch Schmelzspinnen hergestellt. Beschreiben Sie anhand der Grafik das Verfahren!

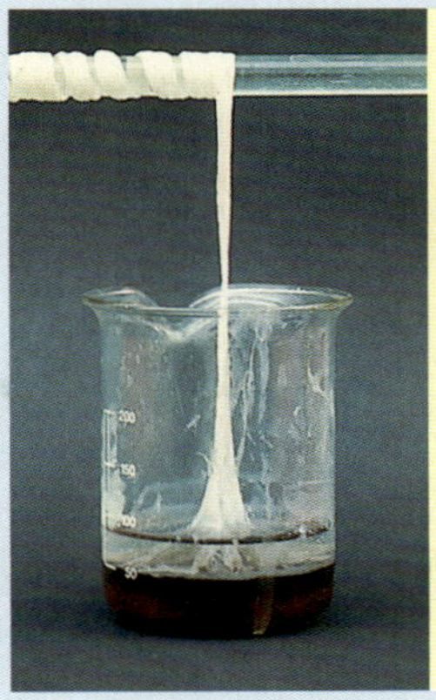

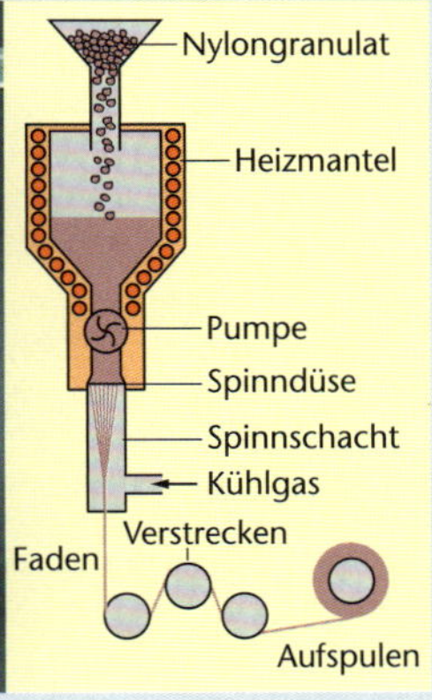

6. Textilfasern – Ordnung gesucht!

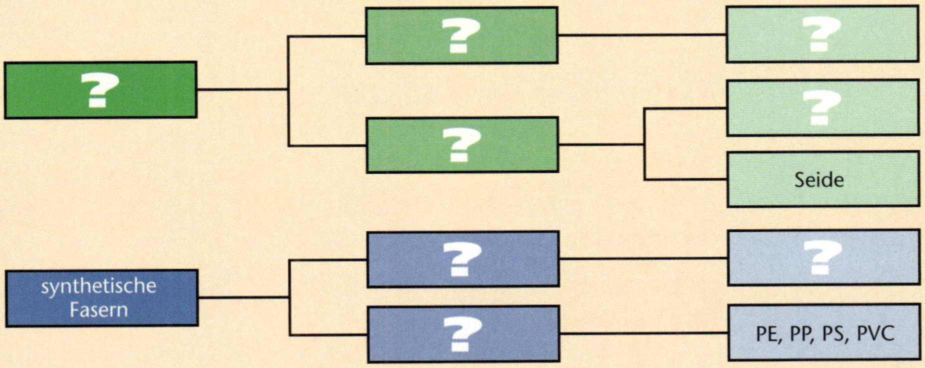

Schafwolle, Angora, Kaschmir, Mohair	tierische Fasern (Eiweiß)	pflanzliche Fasern (Zellulose)	Baumwolle, Flachs, Jute, Hanf, Kokos
Fasern aus Polymerisation	Naturfasern	Fasern aus Polykondensation	Polyester, Polyamid

7. Probier's aus!

Füllen Sie ein Gefäß (großes Trinkglas oder Schüssel) mit Wasser und geben Sie einen Tropfen Spülmittel hinzu. Schneiden Sie aus verschiedenen Joghurtbechern (PE, PP, PS) und aus dem Deckel (Metall) Quadrate (ca. 2 cm x 2 cm) aus. Bringen Sie die Quadrate ins Wasser.

a) Erläutern Sie Ihre Beobachtungen!
b) Ähnlich verfährt man bei der Mülltrennung. Erklären Sie!
c) Was geschieht, wenn Sie dem Wasser Kochsalz zugeben?

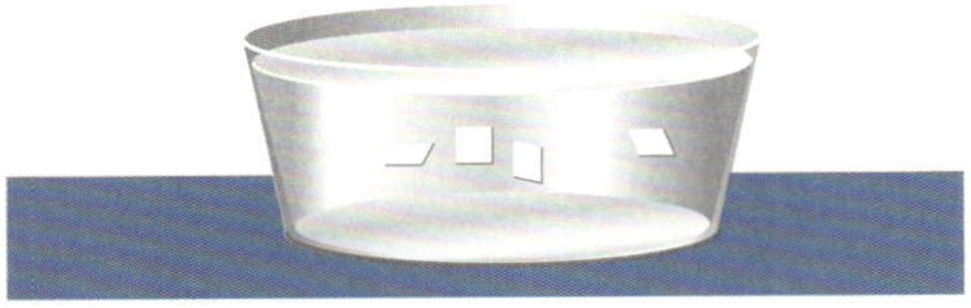

8. Glas oder PET?

a) Informieren Sie sich über die Zusammensetzung von Glas und PET (= Polyesterterephthalat).
Hinweis: S. 119 oder Lexikon
b) Diskutieren Sie Vor- und Nachteile der PET-Flasche.

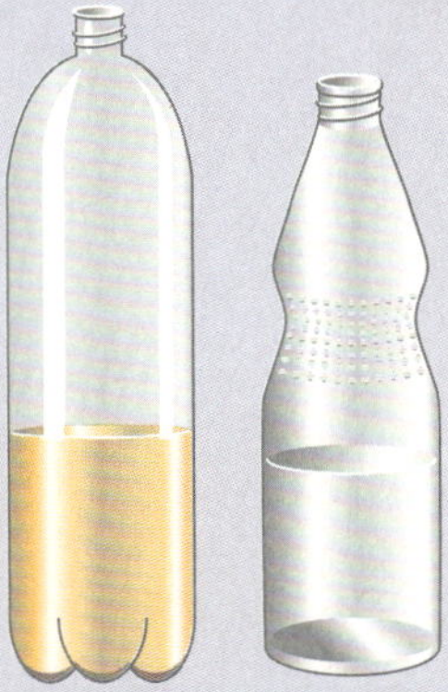

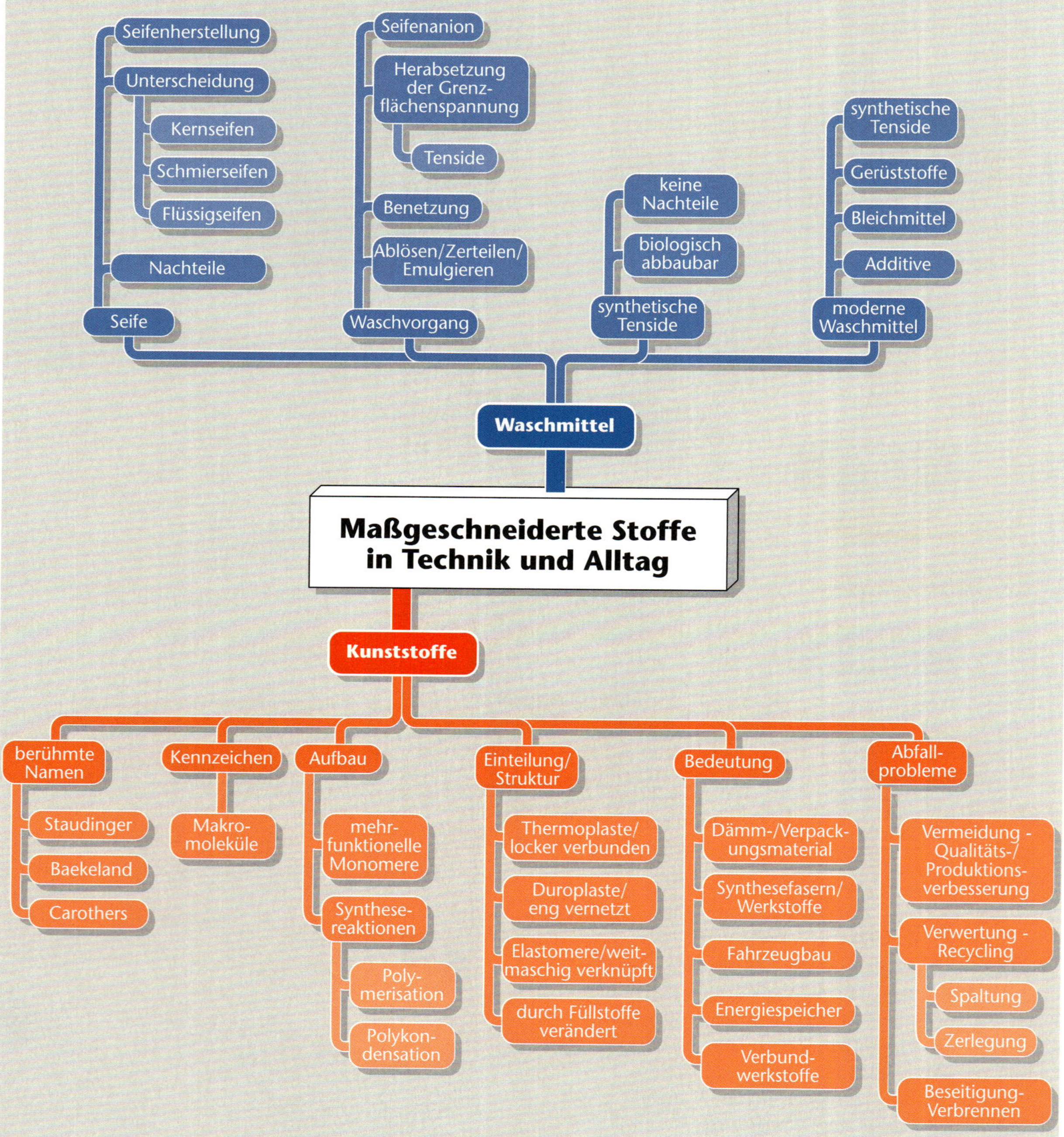

Wertvolle Dinge können nicht rasch vollendet sein.

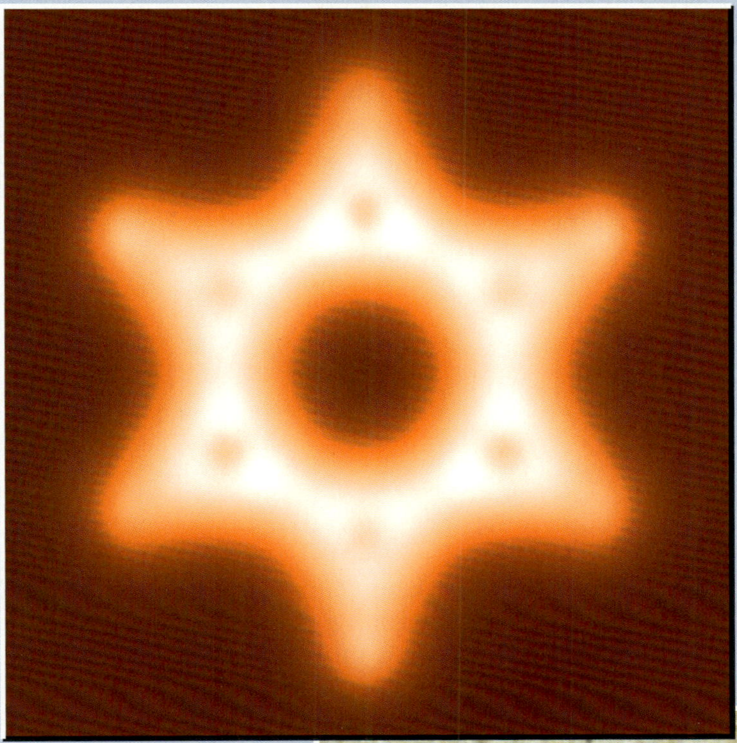

DEUTSCHE BUNDESPOST
Kekulé
C_6H_6
H C C C C C C H H H H H
10
100 JAHRE BENZOLFORMEL

1 Nach langem Forscherstreit ein freundlicher Abschluss: Comic von 1886 zur Theorie des Benzolrings

Das Benzolproblem. Die Elementaranalyse und die Molekülmassenbestimmung ergeben, dass es sich bei Benzol um einen Kohlenwasserstoff mit der Summenformel C_6H_6 handelt. Zunächst gelang es nicht, eine Strukturformel anzugeben, mit der die Eigenschaften des Benzols erklärt werden konnten. Es dauerte 40 Jahre von der Entdeckung des Benzols (1825) bis zur Lösung dieses Rätsels durch den deutschen Chemiker Kekulé. Er nahm für das Benzolmolekül eine **ringförmige Struktur** an. Im Ring sind 6 Kohlenstoffatome in regelmäßiger Folge über 3 Doppelbindungen und 3 Einfachbindungen verbunden.

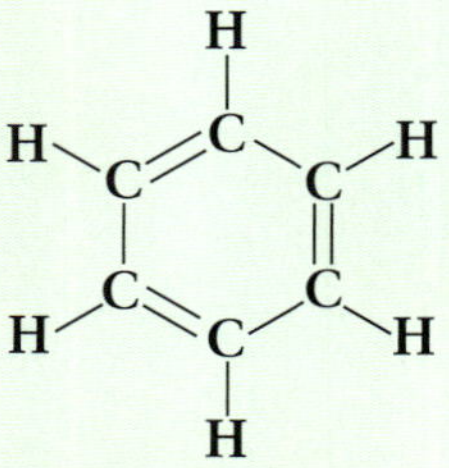

oder abgekürzt:

Bei dieser Formel hat kein Kohlenstoffatom und kein Wasserstoffatom eine Sonderstellung; das entsprach den Beobachtungen, die bei Experimenten mit Benzol gemacht worden waren. Eine andere Beobachtung blieb jedoch rätselhaft: Führt man mit Benzol die Bromwasser-Probe durch, versagt diese Reaktion, obwohl nach der Kekulé-Formel 3 Doppelbindungen im Molekül vorkommen. Da entgegen der Erwartung beim Benzol **keine Addition** stattfindet, können trotz des Eindrucks, den die Strukturformel erweckt, keine Doppelbindungen wie bei den Alkenen vorliegen.

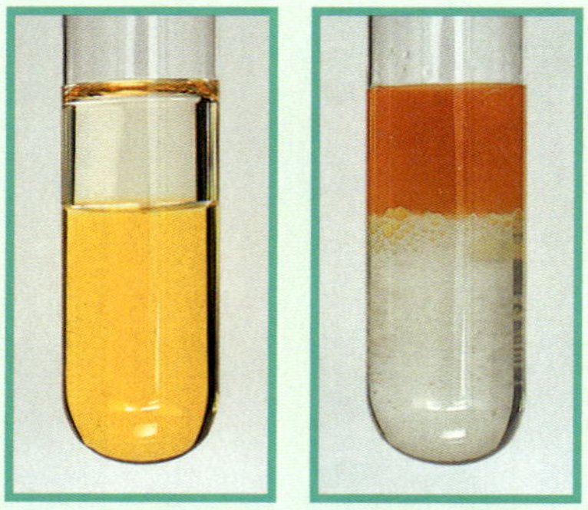

2 Bromwasserprobe **(Abzug! Handschuhe!)**
Links: Benzol schwimmt auf Bromwasser.
Rechts: Nach Schütteln löst sich das Brom im Benzol, Entfärbung tritt nicht ein.

3 Ausschnitt aus 217 Vorschlägen, mit denen ein Computer auf die Frage antwortete: „Was ist C_6H_6?"

Die Erklärung der Bindungsverhältnisse im Benzolmolekül. Das chemische Verhalten des Benzols weist darauf hin, dass die Ringstruktur sehr stabil ist. Man nimmt heute an, dass im Benzolring die 6 Elektronen der drei von Kekulé angenommenen Doppelbindungen nicht paarweise fest miteinander verbunden, sondern über den ganzen Ring gleichmäßig verteilt sind („Elektronenwolke"). Dieser Zustand ist verantwortlich für die besondere Stabilität des Benzols.
Ursprünglich bezog sich der Begriff „aromatisch" auf den Geruch des Benzols und seiner verwandten Verbindungen. Heute umfasst der Begriff **aromatische Verbindungen (Aromaten)** unabhängig vom Geruch alle Verbindungen, die den Benzolring und seine charakteristische Elektronenverteilung als Grundbaustein besitzen.

A1 Welche Reaktionen sind aufgrund der angenommenen Molekülstruktur zu erwarten?

A2 Wie kann Hexen experimentell von Benzol unterschieden werden?

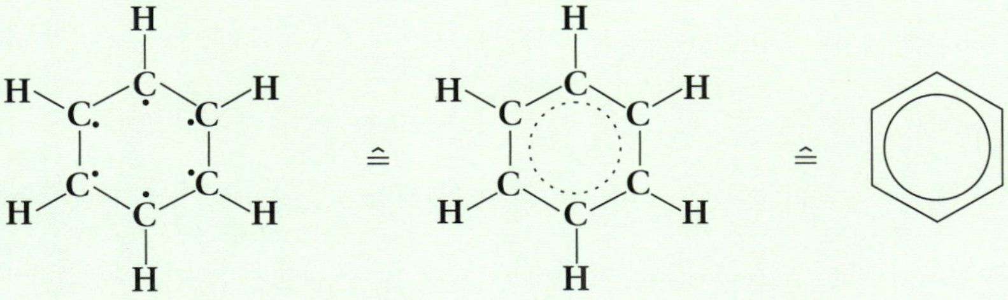

A3 Welche Verbindungen umfasst der Begriff „Aromaten"?

Eigenschaften des Benzols. Das wasserunlösliche Benzol ist ein organisches Lösemittel, dessen Anwendung wegen seiner Giftigkeit und krebserregenden Wirkung immer mehr eingeschränkt wird. Benzol ist eine brennbare Flüssigkeit, leichter als Wasser und verbrennt mit starker Rußentwicklung.

A4 Welche Gefahren drohen beim Umgang mit Benzol?

4 Benzol brennt mit leuchtender, stark rußender Flamme. Das ist ein Zeichen für den hohen Kohlenstoffanteil im Benzolmolekül.

Benzol ist der einfachste aromatische Kohlenwasserstoff. Der Benzolring ist der Grundbaustein aller Aromaten und besitzt Bindungen besonderen Charakters.

*51 Im Wappen ein Ring
Benzolabkömmlinge im Überblick

1 Steinkohlenteer
Der scheinbare Abfall barg chemische „Schätze".

Die Entdeckung der Aromaten im Steinkohlenteer, der eine Vielzahl solcher Verbindungen enthält, gab in der Mitte des 19. Jahrhunderts den Anstoß zur Entwicklung der chemischen Industrie. Wurden die Aromaten früher fast ausschließlich aus dem Steinkohlenteer gewonnen, so stützt sich heute die Versorgung immer mehr auf die Petrochemie.

Benzolabkömmlinge. Die Aromaten sind in Natur und Technik eine weit verbreitete Stoffklasse von sehr großer Bedeutung. Ungefähr 30% aller bekannten organischen Verbindungen sind Aromaten.
Die Benzolderivate **Toluol** und **Xylol** bieten sich als Ersatz für das giftige Benzol an. Beide Verbindungen finden als organische Lösemittel Verwendung.
Toluol dient auch zur Herstellung des bekannten Sprengstoffes **TNT** (Trinitrotoluol). TNT ist eine gelbe, kristalline Masse; seine Sprengkraft wird allgemein als Maßstab für die Sprengwirkung verwendet.

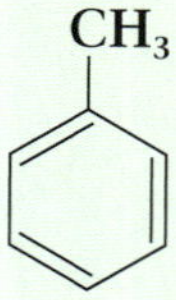

Toluol
(Monomethylbenzol)

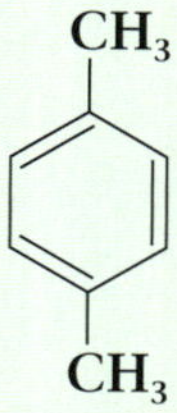

Xylol
(1,4-Dimethylbenzol)

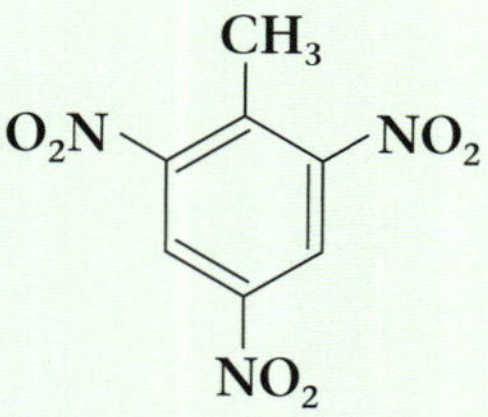

Trinitrotoluol

Schmelz- und Siedepunkte wichtiger Aromaten

Aromat	Smp. °C	Sdp. °C
Toluol	–95	110,6
Xylol	–25	144
Nitrobenzol	6	211
Trinitrotoluol	80,8	312
Phenol	41	182
Benzoesäure	122	250
Anilin	–6	184
Styrol	–31	145
Naphthalin	80,5	218
Anthracen	217	340
Benzpyren	179	312

Das gelbliche, ölige **Nitrobenzol** wurde früher trotz seiner Giftigkeit bei der Herstellung billiger Seifen als „Parfüm" verwendet. Die nach bitteren Mandeln riechende Flüssigkeit dient auch als Ausgangsstoff für wichtige aromatische Zwischenprodukte.
Phenol, ein aromatischer Alkohol, ist ein wichtiges Zwischenprodukt in der Kunststoff-, Farbstoff- und Arzneimittelindustrie.
Benzoesäure wird in der Nahrungsmittelchemie als Konservierungsstoff verwendet. In reiner Form bildet dieser Stoff weiße, glänzende und wasserunlösliche Blättchen.

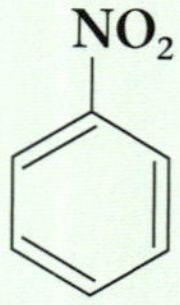

Nitrobenzol

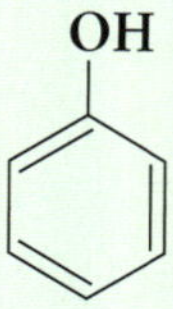

Phenol
(Monohydroxybenzol)

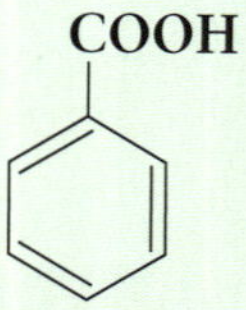

Benzoesäure
(Benzolcarbonsäure)

Das giftige **Anilin** ist eine farblose, ölige Flüssigkeit, die an der Luft braun wird. Dieser Stoff hat eine große historische Bedeutung und findet auch heute noch für zahlreiche Synthesen Verwendung. Besonders in der Farbstoffherstellung, aber auch in der Arzneimittel- und Kunststoffproduktion, wird Anilin benötigt.

Das **Azobenzol** ist der Grundkörper der Azofarbstoffe, einer sehr wichtigen Farbstoffgruppe.

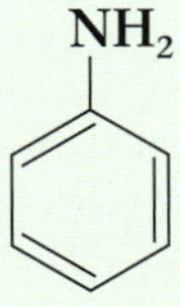

Anilin
(Aminobenzol)

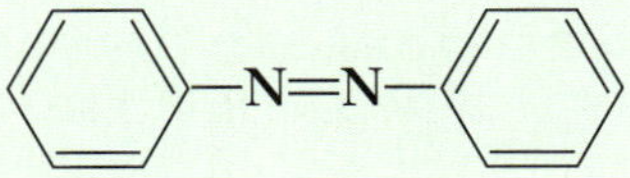

Azobenzol

Das **Anisol** ist ein in der Natur vorkommender Aromastoff.
Für die Kunststoffindustrie ist das benzolähnlich riechende **Styrol** von großer Bedeutung.
Die in der Weide vorkommende **Salicylsäure** weist eine gewisse schmerzstillende und antirheumatische Wirkung auf.

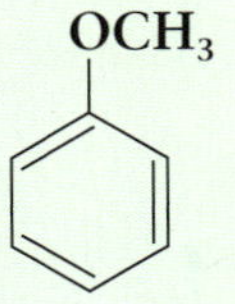

Anisol

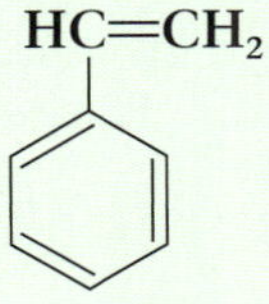

Styrol
(Vinylbenzol)

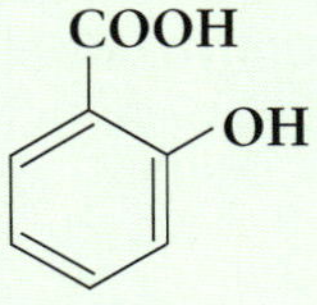

Salicylsäure
(2-Hydroxybenzoesäure)

2 Azofarbstoffe trugen Ende des 19. Jahrhunderts erheblich zum Aufschwung der chemischen Industrie bei. (Musterkoffer für Farbstoffproben, ca. 1875)

Eine bekannte und wichtige aromatische Verbindung ist das **Naphthalin**. Es bildet glänzende, weiße Schuppen und besitzt einen charakteristisch süßlichen Geruch. Früher fand es als Mottenpulver Verwendung. Heute wird es in der Lack- und Schuhcremeindustrie eingesetzt und findet Verwendung in der Farbstoff- und Arzneimittelherstellung.
Auch **Anthracen** wird zur Synthese von Farbstoffen eingesetzt. Unter den aromatischen Verbindungen gibt es eine ganze Reihe, die im Verdacht stehen, Krebs zu erzeugen. Beim **Benzpyren** ist eine stark krebserregende Wirkung eindeutig nachgewiesen. Diesen Stoff findet man im Tabakrauch und in Auspuffgasen, aber auch beim starken Erhitzen (Rösten) und Räuchern von Lebensmitteln kann Benzpyren entstehen.

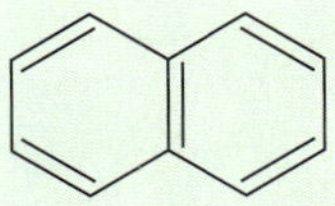

Naphthalin

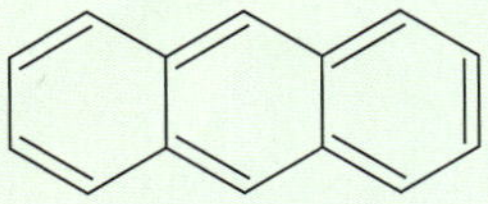

Anthracen

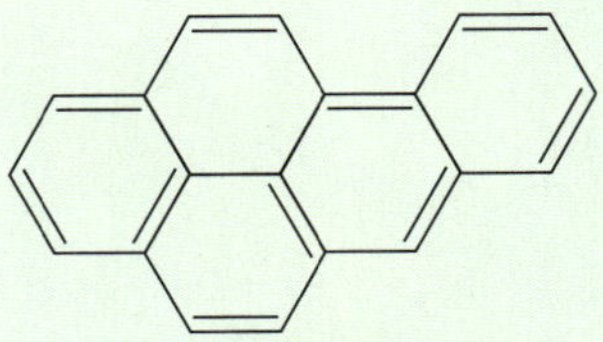

Benzpyren

3 Wärmedämmung – eine wichtige Anwendung für Produkte aus aufgeschäumtem Styrol

Aromatische Verbindungen dienen zur Herstellung von Lösemitteln, Riechstoffen, Farbstoffen, Kunststoffen, Pharmazeutika, Pestiziden und Sprengstoffen.

*52 Ungebremster Erfolg Acetylsalicylsäure

Zum Abendessen, an K.'s Bett, trank ich Punsch, der mir warme Füße machte, und nahm Aspirin. Besserung.

Thomas Mann, Tagebuchaufzeichnung vom 25. 11. 1918

1 Kopfschmerzen
Stich von George Cruikshank, 1819

Die ersten Anfänge. Die Menschen der Altsteinzeit sehen im Schmerz einen bösen Geist, der sich im Kopf eingenistet hat. Um den Patienten von diesem Dämon zu befreien, wird ein Loch in die Schädeldecke gebohrt. Die Ägypter nutzen bereits Blätter, Zweige und Rinde der Weide, um Wunden und Schwellungen zu heilen. Hippokrates (460–377 v. Chr.) weiß ebenfalls um die Bedeutung des aus der Rinde des Weidenbaumes gewonnenen Saftes. Doch im Laufe der Jahrhunderte gerät dieses Wissen bei den Ärzten in Vergessenheit. An die Stelle des Weidensaftes tritt der Saft der Chinarinde aus Peru. Im 18. Jahrhundert gewinnt die Weidenrinde wieder an Bedeutung, aber erst die von Napoleon im Jahre 1806 verhängte Kontinentalsperre verhilft dem Weidensaft zu einem großen Comeback. Sein Wirkstoff ist die **Salicylsäure**. Ihr Name leitet sich von salix ab, dem lateinischen Wort für Weide.

Der Geburtstag. Die Nachfrage nach einem fiebersenkenden und schmerzstillenden Heilmittel ist groß. 1874 beginnt man mit der industriellen Herstellung der Salicylsäure, obwohl bei seiner Einnahme Nebenwirkungen wie Übelkeit, Erbrechen und Magenbluten auftreten. 1897 „veredelt" der Chemiker **Felix Hoffmann** das Medikament. Er verestert die Salicylsäure mit Essigsäure zu reiner **Acetylsalicylsäure (ASS)**.

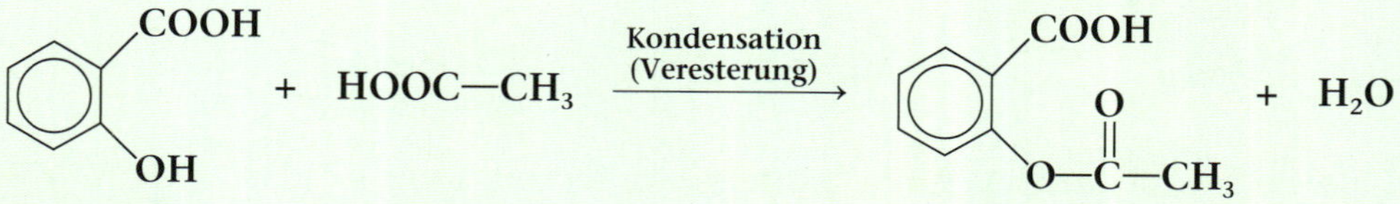

Salicylsäure — Essigsäure — Acetylsalicylsäure (ASS)

3 salix alba

2 Acetylsalicylsäurekristalle aus Ethanollösung im polarisierten Licht

Der Name. Der Chemiekonzern, dessen Angestellter Hoffmann ist, wählt als Handelsnamen die wohlklingende Bezeichnung Aspirin®. Das „A" steht für Acetyl, „spir" leitet sich von Spirsäure ab, einem Synonym für Salicylsäure, und das „in" ist eine in der damaligen chemischen Nomenklatur gebräuchliche Endung für Wirkstoffe. Heute wird ASS von vielen Herstellern angeboten.

Die Wirkungsweise. Anfang des 20. Jahrhunderts wird ASS verabreicht, ohne die genaue Wirkungsweise im Körper zu kennen. (Selbst heute sind noch nicht alle Fragen geklärt.) Den Schlüssel für das Wirkprofil liefert 1971 der Pharmakologe Sir John Vane (Nobelpreis). Er findet heraus, dass ASS im Körper die Synthese bestimmter Hormone, der Prostaglandine, hemmt. Diese bilden sich aus ungesättigten Fettsäuren. Sie sind an der Entstehung von Fieber, Entzündungen und Schmerz beteiligt und erhöhen im Körper die Empfindlichkeit der Schmerzrezeptoren. Wird die Prostaglandinproduktion durch ASS blockiert, sinkt die erhöhte Erregbarkeit an den Nervenenden. ASS wirkt zudem auf den Thalamusbereich ein, in dem periphere Schmerzen bewusst gemacht werden.

4 Jährlich werden 50 000 t ASS hergestellt. Würde man diese Menge ausschließlich in 500 mg-Tabletten pressen, so könnte man mit den Tabletten eine Kette von der Erde bis zum Mond und wieder zurück bilden.

V1 ASS-Pulver wird längere Zeit an der Luft stehen gelassen. Was sagt Ihnen die Geruchsprobe?

V2 ASS-Pulver wird vorsichtig erhitzt. Entstehende Dämpfe werden auf ihren Geruch hin überprüft. Die auftretende braune bis schwarze Färbung kann von Beimengungen, z. B. Stärke, herrühren.

Beispiele für Anwendungsgebiete der Acetylsalicylsäure

Grippe	Herzinfarkt	Sonnenbrand
	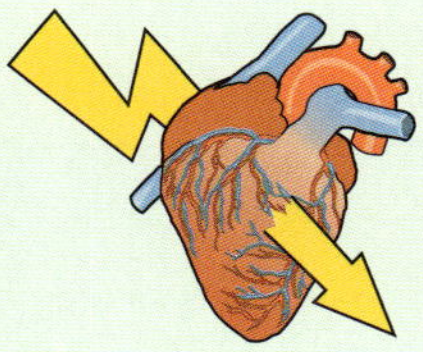	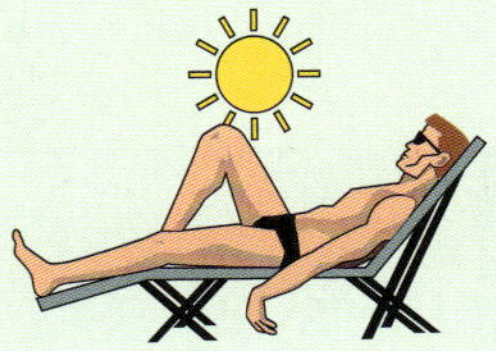
unterstützt Immunsystem	hemmt Blutgerinnung	senkt Hauttemperatur

Wirkstoff mit Zukunft. Obwohl seit Mitte der 80er-Jahre neue Wirkstoffe am Bildschirm maßgeschneidert werden können, ist die Erfolgsgeschichte der „alten" ASS noch nicht zu Ende. Immer wieder veröffentlichen Wissenschaftler neue erstaunliche Indikationen. Da die ASS im Körper schnell in Salicyl- und Essigsäure zerlegt wird, gilt das Interesse auch diesen Abbauprodukten. Wegen der vielfältigen Wirkungen von ASS sind ASS-haltige Präparate **keine harmlosen Hausmittel**!

A1 Informieren Sie sich, in welchen Medikamenten ASS enthalten ist.

A2 Informieren Sie sich über weitere Anwendungsgebiete von ASS.

A3 Informieren Sie sich, wann ASS nicht eingenommen werden darf.

Acetylsalicylsäure (ASS) ist auch heute noch weltweit der Inbegriff eines Schmerzmittels. Es gibt inzwischen jedoch ein breites Spektrum an Indikationen für ASS.

Alles im Griff?

* 1. Ein grober Fehler!

Auf der Benzolflasche fehlen die Gefahrensymbole. Welche Symbole müssen aufgeklebt werden?

* 2. Die Verbrennung von „C_6"!

In einem Versuch werden Hexan und Benzol verbrannt.
Erklären Sie, bei welcher Flamme es sich um die Verbrennung von Benzol handelt.
Formulieren Sie die Reaktionsgleichung!

* 3. Nur ein Werbeslogan?

Eine Tankstelle verspricht: „Umweltfreundlich tanken durch Gasrückführung". Erklären Sie anhand der Bilder das Prinzip!

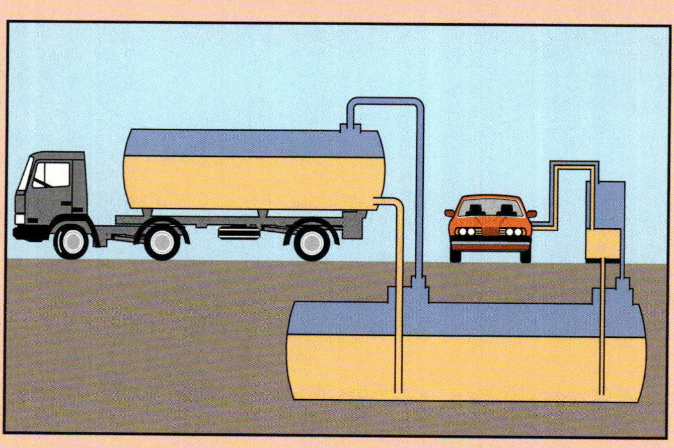

Diskutieren Sie Vor- und Nachteile des Gasrückführsystems!

* 4. Summenformel gesucht!

Strukturformel:	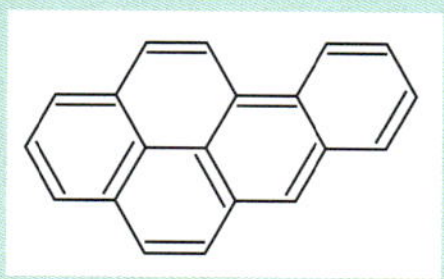	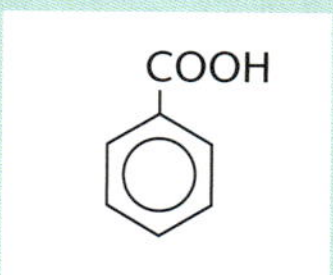	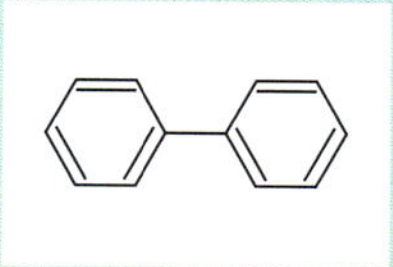	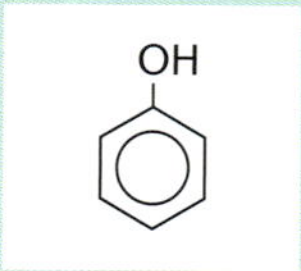
Name:	Benzpyren	Benzoesäure	Phenylbenzol	Phenol
Summenformel:	?	?	?	?

✱ 5. DDT – Was steckt dahinter?

Der Name:

Dichlordiphenyl-
trichlorethan

Die Strukturformel:

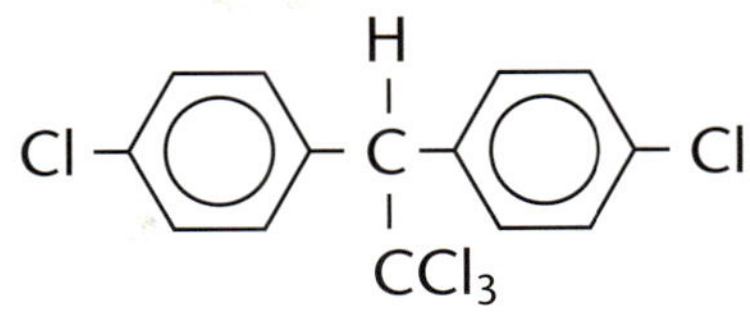

a) Erklären Sie anhand der Strukturformel den Namen und die Abkürzung DDT!
Hinweis: Phenyl ist der Benzolrest $-C_6H_5$

b) Erkundigen Sie sich über die Verwendung und Gefahren von DDT!

✱ 6. Vom Traum zur Strukturformel!

Wer hat das geträumt und wovon hat er geträumt? „Atome tanzen vor meinen Augen: Lange Reihen, alles windet und dreht sich schlangenartig. Und plötzlich erfasst die Schlange ihren eigenen Schwanz und wirbelt im Kreis herum.“

7. Aromatische Einkaufsliste!

Apotheke:
Schmerzmittel
Medikament gegen Sodbrennen
Desinfektionsmittel

Supermarkt
Zucker, Anis, Rum
Schuhcreme
Kunststoffbecher aus PS

Baumarkt
Mottenkugeln, Kernseife, Stofffarben
Kanister destilliertes Wasser
Löse-/Verdünnungsmittel

Nicht vergessen!
voll tanken

a) Suchen Sie fünf Bestandteile auf der Einkaufsliste, die keine aromatischen Verbindungen enthalten.

b) Die eingekauften Waren könnten folgende Aromaten enthalten. Ordnen Sie zu!

Naphthalin	Acetylsalicylsäure
Benzol	Anisol
Toluol	Chlorphenol
Polystyrol	Azobenzol

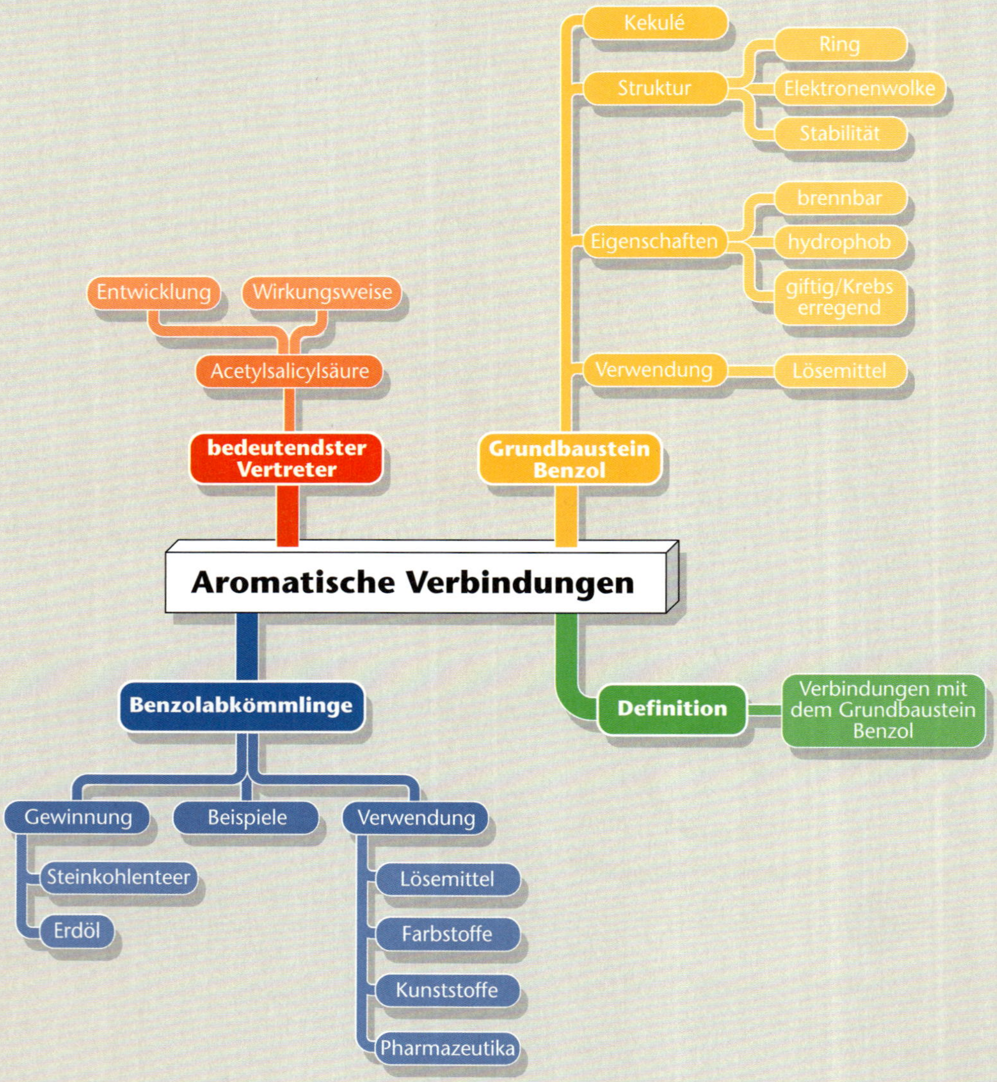

Wer Erfolg haben will, muss sich darum bemühen.

Addition: Anlagerung von Atomen oder Atomgruppen an eine Mehrfachbindung

Aldehyde: Organische Verbindungen, die als funktionelle Gruppe die Aldehydgruppe enthalten.
Allgemeine Formel: R—CHO

Alkane: Kettenförmige gesättigte Kohlenwasserstoffverbindungen, deren Moleküle nur Einfachbindungen enthalten.
Allgemeine Summenformel: C_nH_{2n+2}

Alkanole: systematische Bezeichnung für gesättigte kettenförmige Alkohole

Alkansäuren: gesättigte kettenförmige Carbonsäuren.
Allgemeine Summenformel: $C_nH_{2n+1}COOH$.
Mittlere bis höhere Monoalkansäuren werden als Fettsäuren bezeichnet, weil sie wichtige Bestandteile der Fette sind.

Alkene: Ungesättigte kettenförmige Kohlenwasserstoffverbindungen, deren Moleküle mindestens eine C=C-Doppelbindung enthalten.
Allgemeine Summenformel: C_nH_{2n}

Alkine: Ungesättigte kettenförmige Kohlenwasserstoffverbindungen mit einer C≡C-Dreifachbindung. Allgemeine Summenformel: C_nH_{2n-2}

Alkohole: Organische Verbindungen, die als funktionelle Gruppe die Hydroxygruppe enthalten.
Allgemeine Formel: R—OH

Aromaten: Historische Bezeichnung für ringförmige organische Verbindungen, die das besondere Bindungssystem des Benzols enthalten.

Atombindung (Elektronenpaarbindung): Chemische Bindung zwischen Atomen, die auf gemeinsamen Elektronenpaaren beruht.

Bromwasserprobe: Die braune Reagenzlösung „Bromwasser" wird durch Lösen von etwas Brom in Wasser hergestellt. Sie dient zum Nachweis ungesättigter organischer Verbindungen durch Entfärbung.

Carbonsäuren: Organische Verbindungen, die als funktionelle Gruppe die Carboxygruppe enthalten.
Allgemeine Formel: R—COOH

cyclische Verbindungen: ringförmige Verbindungen, z. B. Cycloalkane

Dehydrierung: Abspaltung von Wasserstoffmolekülen aus chemischen Verbindungen

Eiweiße (Proteine): Makromolekulare Verbindungen, deren Bausteine Aminosäuren sind; charakteristisches Strukturelement ist die Peptidgruppe. Die Vielfalt der Proteine beruht auf der Sequenz der Aminosäuren (Primärstruktur) und der räumlichen Struktur der Moleküle (Sekundärstruktur).

Enzyme: Biokatalysatoren, ihrer chemischen Natur nach Eiweißstoffe. Kennzeichnend sind ihre Stoff- und Wirkungsspezifität. Für den Ablauf der Lebensvorgänge sind Enzyme unentbehrlich.

Erdöl: Vor vielen Jahrmillionen entstandenes Stoffgemisch organischen Ursprungs, bestehend aus einer Vielzahl von Kohlenwasserstoffverbindungen, vor allem kettenförmige und ringförmige Alkane. Erdöl ist vermutlich aus tierischen und pflanzlichen Meeresorganismen entstanden.

Ester: Organische Verbindungen, die durch Reaktion von Säuren mit Alkoholen entstehen. Dabei wird als Nebenprodukt Wasser abgespalten (Kondensationsreaktion).

Fette: Ester aus dem dreiwertigen Alkohol Glycerin und Fettsäuren (gesättigt und ungesättigt mit mittlerer bis höherer Kettenlänge). Fette sind die wichtigsten Energiespeicher für Lebewesen.

funktionelle Gruppe: Atom oder Atomgruppe in einer organischen Verbindung; bestimmt deren typische Eigenschaften.
Bsp.: die Hydroxygruppe bei den Alkoholen

grenzflächenaktive Substanzen: Verbindungen, die die Grenzflächenspannung des Wassers herabsetzen und in ihrem Aufbau (hydrophob-hydrophil) den Seifenanionen entsprechen. Sie werden als Tenside oder Detergenzien bezeichnet.

homologe Reihe: Reihe von verwandten organischen Verbindungen, deren aufeinander folgende Glieder sich jeweils um eine CH_2-Gruppe unterscheiden. Beispiele: Alkane C_nH_{2n+2}, Alkene C_nH_{2n}, Alkanole $C_nH_{2n+1}OH$

Hydrierung: Addition von Wasserstoff an Mehrfachbindungen

Hydrolyse: Zerlegung einer chemischen Verbindung in zwei Produkte durch Wasser; z. B. führt die Esterhydrolyse zu Säure und Alkohol.

Isomerie: Isomerie tritt auf, wenn Verbindungen gleicher Summenformel existieren, die sich in der Anordnung der Atome im Molekül und damit auch in ihren Eigenschaften unterscheiden.

Kohlenhydrate: Weit verbreitete Gruppe von Naturstoffen; gehören neben den Fetten und Proteinen zu den wichtigsten Nahrungsmitteln. Zu den Kohlenhydraten (= Saccharide) zählen alle Zuckerarten sowie die Polysaccharide Stärke und Cellulose.

Kondensation: Chemische Reaktion, bei der sich zwei Moleküle unter Abspaltung eines einfachen Moleküls (z. B. Wasser) zu einem größeren Molekül vereinigen. Beispiele: Esterbildung; Bildung von Peptiden aus Aminosäuren; Bildung von Disacchariden aus Monosacchariden

Kunststoffe: Makromolekulare organische Werkstoffe, die man entweder durch Umwandlung makromolekularer Naturstoffe (z. B. Cellulose, Kautschuk) herstellt oder vollsynthetisch aus reaktionsfreudigen niedermolekularen Monomeren (z. B. Ethen). Man kann Kunststoffe nach der Art ihrer Herstellung einteilen (z. B. Polymerisate, Polykondensate) oder nach ihren physikalischen Eigenschaften (Thermoplaste, Duroplaste, Elastomere).

organische Chemie: Teilgebiet der Chemie, das sich mit den Verbindungen des Kohlenstoffs befasst. Einige wenige Verbindungen (z. B. Kohlenstoffoxide, Carbonate) werden der anorganischen Chemie zugerechnet.

Polykondensation: Kondensationsreaktionen (s. dort) zwischen zwei mindestens bifunktionellen Molekülarten. Beispiele: Bildung von Eiweißmolekülen aus Aminosäuren; Herstellung von Kunststoffen wie Polyamide oder Phenoplaste; Bildung von Polysacchariden

Polymerisation: Chemische Reaktion, bei der sich viele ungesättigte Moleküle unter Auflösung ihrer Mehrfachbindung zu Makromolekülen vereinigen. Beispiel: Bildung von Polyethen aus Ethen

Primärenergie: Darunter versteht man die Energie, die von den natürlichen Energieträgern (z. B. Kohle, Erdöl, Wasserkraft) bereit gestellt wird. Die vom Verbraucher genutzte Energie nennt man Endenergie (z. B. elektr. Strom, Treibstoffe).

Radikale: Atome oder Atomgruppen mit einem einzelnen (ungepaarten) Elektron. Radikale sind extrem reaktionsfreudig und daher in der Regel unter normalen Bedingungen nur kurzzeitig existenzfähig.

Säurelösungen: Als Säurelösungen bezeichnet man die wässrigen Lösungen von Säuren. Sie enthalten H^+-Ionen und negativ geladene Säurerest-Ionen. Auf die H^+-Ionen gehen die übereinstimmenden (allgemeinen) Eigenschaften von Säurelösungen zurück (z. B. typische Färbung von Indikatoren, Reaktion mit unedlen Metallen, Neutralisation von Laugen).

Substitution: Chemische Reaktion, bei der Atome oder Atomgruppen in einem Molekül durch andere Atome oder Atomgruppen ersetzt werden.

Treibstoffe: Auch Kraftstoffe genannt. Energie liefernde Betriebsstoffe, die durch Verbrennung etwas antreiben. Beispiele: Benzin, Dieselkraftstoff, Kerosin (Düsenkraftstoff). Aus Gründen des Umweltschutzes und weil die fossilen Treibstoffquellen (v.a. Erdöl) endlich sind, fördert man den Einsatz alternativer Treibstoffe, z. B. Methanol, Ethanol, Wasserstoff, Biogas.

Wasserstoffbrückenbindung: Relativ starke zwischenmolekulare Bindung (s. zwischenmolekulare Kräfte) zwischen einem positiv polarisierten Wasserstoffatom und dem freien Elektronenpaar eines Atoms (wie O oder N) von einem benachbarten Molekül. Beispiel: „Wasserstoffbrücken" sind für den relativ starken Zusammenhalt der Wassermoleküle verantwortlich (hoher Siedepunkt von Wasser!) und spielen eine große Rolle in der Biochemie, z. B. beim Aufbau von Proteinen und beim Zusammenhalt der komplementären Basen im DNS-Molekül.

zwischenmolekulare Kräfte: Anziehungskräfte, die zwischen gleichen oder unterschiedlichen Molekülen wirken. Man unterscheidet, nach zunehmender Stärke geordnet, van-der-Waals-Kräfte, Dipol-Dipol-Kräfte und Wasserstoffbrücken.

Wichtige funktionelle Gruppen

mit Stoffklassen

Doppelbindung	$>C=C<$	Alkene
Dreifachbindung	—C≡C—	Alkine
Halogenatom	—Br (Bsp.)	Halogenalkane
Hydroxygruppe	—OH	Alkohole
Aldehydgruppe	—CHO	Aldehyde
Carboxygruppe	—COOH	Carbonsäuren
Estergruppe	—C(=O)—O—	Ester
Aminogruppe	$—NH_2$	Aminosäuren
Peptidgruppe	—N(H)—C(=O)—	Eiweiße

Bildquellenverzeichnis

akg-images, Berlin: S. 106, 134.1;
AP Photo/Roberto Borea: S. 17.3, 42.1 (oben rechts), 45.3, 63.4/Chris Kasson;
Ballard Power System AG, Kirchheim/Teck-Nabern: S. 66.2;
BASF, Ludwigshafen: S. 9, S. 105, 122.3, 124, 133.2;
Bayer AG, Leverkusen: S. 86, 135.4;
Bayer Vital GmbH, Köln: S. 134.2;
Bayer. Landesamt für Arbeitsschutz, Arbeitsmedizin und Sicherheitstechnik(LfAS), München: S. 87;
BfB, München: S. 58.2;
Biotechnologie TUHH/Prof. Antranikian: S. 44;
Blue Box GmbH, Hamburg: S. 71.2 (rechts);
BW Photoagentur ©Katar: S. 42.1 (unten rechts);
CMA, Bonn-Bad Godesberg: S. 90.1;
ddp Nachrichtenagentur, München: S. 45.1;
Deutsches Museum, München: S. 7, S. 116.1;
Donoslovìc, I., Neuried: S. 10;
dpa, Frankfurt/M: S. 45.2, 59, 89.5, 113, 122.2;
DSMZ, Braunschweig: S. 73;
Eiblmeier, Ch., Regensburg: S. 31;
Eisenbeiss, H., Bad Kohlgrub: S. 108.2 (rechts);
Flughafen München, GmbH/Alex Tino Friedel: S. 68;
GEOMAR, Kiel: S. 41.5;
Gerau, 1904: S. 134.3;
Greenpeace, Hamburg/Manfred Scharnagel: S. 45.4;
H & D Fotostudio, Hamburg: S. 125;
Henkel KgaA, Düsseldorf: S. 108.2 (links);
HistoCom GmbH/Industrie Archiv, Frankfurt/M: S. 85;
Hoechst AG, Frankfurt/M: S. 133.3;
Holmenkohl, Ditzingen: S. 50;
Hughes Christensen Company, Celle: S. 11.2;
Interfoto, München: S. 89.4;
Jilka, Johannes, Altenstadt: S. 17.4;
Jones, R., School of Physics, University of Exeter: S. 129.1;
Linde AG, Höllriegelskreuth: S. 35;
López Garcia, F., Zahn, R. Riek, R. and Wüthrich, K. (2000). NMR structure of the bovine prion protein, Proc. Natl. Acad.Sci. USA 97, 8334–8339: S. 97;
Lutz, B., Würzburg: S. 92.1;
Mauritius Bildagentur, Mittenwald: S. 15, S. 57.1–3, 58.1 (Rosenfeld), 119.3;
Mettler AG, Hornussen/Schweiz: S. 107;
MEV, Augsburg: S. 79.3;
Okapia Bilder Pur/I-L Klein & M-L Hubert, München: S. 76.1 (unten);
OMV Deutschland GmbH, Burghausen: S. 24.1, 26.3;
Pavenzinger, W., Wenzenbach: S. 99;
Pfeifer, P., Bayreuth: S. 78;
Pfeifer, P./Wittenbeck, P., Bayreuth: S. 25;
Presseagentur Kaempre, Selze: S. 71.2 (links);
Rampf. H., München/Reichelt, R., Ebersberg: S. 8, 11.3, 16, 21, 26.1, 26.2, 27, 32, 37, 42.1, 42.2, 46, 51, 52, 61, 62, 63.3, 65, 66.1, 67, 69, 70, 71.1, 74, 75, 76.1 (oben), 77, 79.2, 80, 88, 90.3, 92.2, 93.4, 94, 96, 98, 100, 110.2, 109, 112, 115, 116.3, 117, 118, 119.4, 123, 127, 129.2, 130.2, 130.3, 131, 132, 136 (oben);
Stock Food, München/David Loftus: S. 71.3;
Südd.Verlag Bilderdienst, München: S. 110.1;
Theophel, E., Giessen: S. 30, 120;
Thomé, W., Dr., Flora von Deutschland, Österreich u. d. Schweiz, Band 2, Gerau 1904: S. 134.3;
Tierbildarchiv Angermayer, Holzkirchen, Foto: Hans Pfletschinger: S. 57.4;
vario-press, Bonn/U. Baumgarten: S. 136 (Mitte);
Verlag Neuer Merkur, München: Die Ausbildung zum Zahntechniker, Bd. 3, Abb. 650: S. 122.1;
Wildlife/S. Muller, Hamburg: S. 103;
Württ. Landesmuseum, Stuttgart, Foto: P. Frankenstein/H. Zwietasch: S. 72;
ZEFA, Düsseldorf/P. Arsenault: S. 17.1, 17.2

Geräte und Arbeitsverfahren des Chemikers

Filtrieren

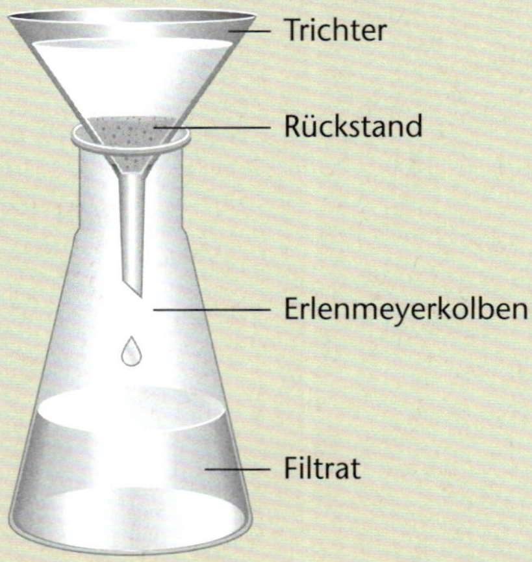

Destillieren

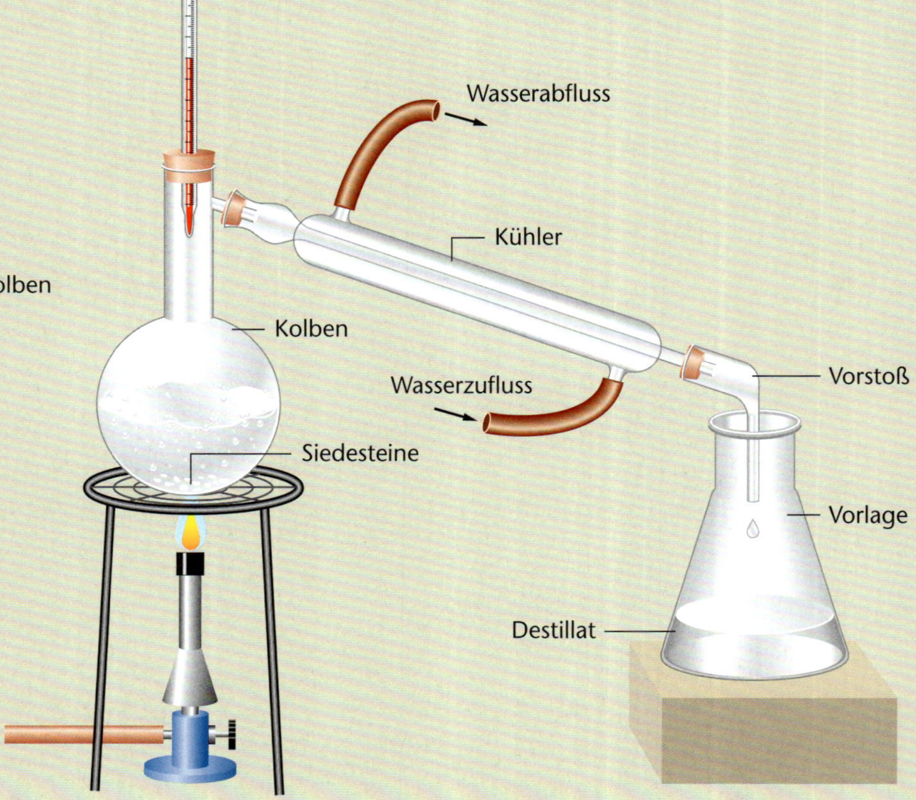

Gaserzeugung

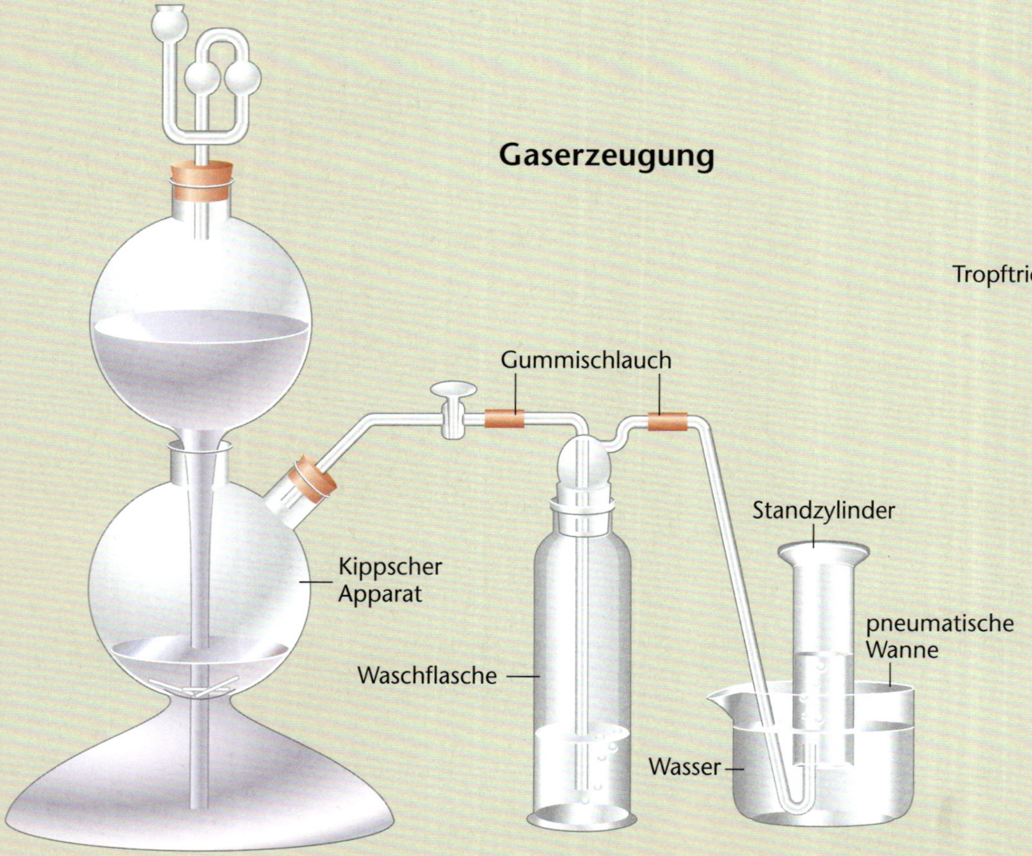

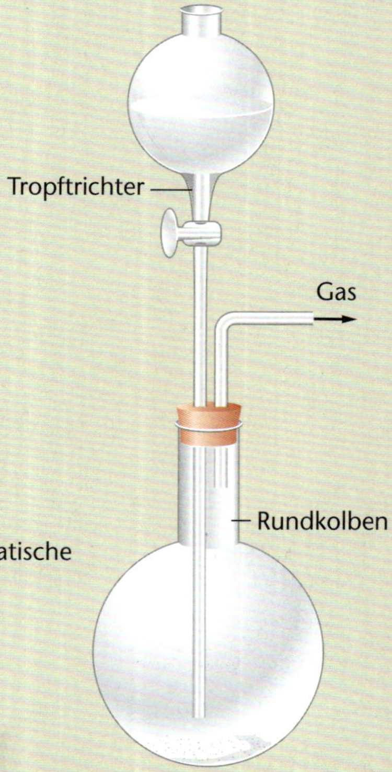